庆祝河南大学建校 110 周年

内容提要

本卷从《河南大学学报(社会科学版)》2010 至 2021 年所刊发的相关论文中精选优秀论文 21 篇,既有对中国共产党百年奋斗历史经验的深入探索与总结,又有从哲学、政治和社会学视角对当代社会问题以及当代中国特色社会主义发展新方位的深度思考与探索,充分展现了新时代、新理论、新思维。

总 主 编　李伟昉
副总主编　赵建吉　张先飞

新时代、新理论、新思维

哲学、政治与社会学卷

主编　王华生

静斋行云书系

河南大学出版社
HENAN UNIVERSITY PRESS
·郑州·

图书在版编目(CIP)数据

新时代、新理论、新思维：哲学、政治与社会学卷／王华生主编．--郑州：河南大学出版社，2022.12
（静斋行云书系；4）
ISBN 978-7-5649-5394-2

Ⅰ.①新… Ⅱ.①王… Ⅲ.①哲学-中国-文集②政治学-中国-文集 Ⅳ.①B2-53②D6-53③C91-53

中国版本图书馆 CIP 数据核字（2022）第 256245 号

责任编辑	马　博
责任校对	肖凤英
封面设计	陈盛杰
封面摄影	郭　林

出版发行　河南大学出版社
　　　　　地址：郑州市郑东新区商务外环中华大厦 2401 号　　邮编：450046
　　　　　电话：0371-86059701（营销部）
　　　　　　　　0371-22860116（人文社科分公司）
　　　　　网址：hupress.henu.edu.cn
排　　版　郑州市今日文教印制有限公司
印　　刷　广东虎彩云印刷有限公司
版　　次　2022 年 12 月第 1 版　　　　　印　次　2022 年 12 月第 1 次印刷
开　　本　787 mm×1092 mm　1/16　　　印　张　23.75
字　　数　365 千字　　　　　　　　　　定　价　698.00 元（全 8 册）

（本书如有印装质量问题，请与河南大学出版社营销部联系调换）

序

从1912年到2022年,河南大学走过了110年不平凡的发展历程,《河南大学学报》伴随着河南大学的发展也度过了88个春秋,并将迎来90周年刊庆。值此之际,河南大学学报编辑部编选的"静斋行云书系"也将面世。这既是对学校110周年庆典的献礼,又是对新世纪第二个十年学报编辑工作的回顾和小结。

"静斋行云书系"共分8卷,分别是《新时代、新理论、新思维(哲学、政治与社会学卷)》《城乡经济发展与转型(经济学管理学卷)》《法律的理论之思与制度之辨(法学卷)》《上下求索的文明考辨(历史学卷)》《品风骚之美 鉴思辨之光(文学艺术学卷)》《教育转型与教育创新(教育学卷)》《编辑学理与出版史论(教育部学报名栏编辑学研究卷1)》《媒体变革与编辑创新(教育部学报名栏编辑学研究卷2)》,其中所编选的论文均刊发于2010年至2021年的《河南大学学报(社会科学版)》。这些论文对近年来相关学科领域所关注的理论问题、学术热点多有反映和探讨,具有一定的代表性。我们之所以取新世纪第二个十年这个节点来编选该套书系,主要是因为中国在这十年里,方方面面都发生了有目共睹的巨大变化,特别是进入了习近平中国特色社会主义新时代,我们正面临的这个百年未有之大变局的动荡变革期,为中华民族伟大复兴的战略全局提供了难得的历史机遇。中国所倡导的和平发展、积极构建人类命运共同体的价值理念,因顺应当今人类社会的大趋势和总主题而不可逆转。在这一现实环境下,《河南大学学报(社会科学版)》在原有基础上迎来了新的发展与突破,获得了良好的学术品牌和学术影响,先后入选中文社会科学引文索引来源期刊(CSSCI)、教育部高校哲学社会科学学报名栏建设期刊、"中国人文社会科学综合评价 AMI"核心期刊、中国人民大学《复印报刊资料》重要转载来源期刊、河南省哲学社会科学基金资助期刊，荣获了"全国高校文科名刊""致敬创刊七十年"（社会科学版与自然科学版）等荣誉称号。

这套书系按学报设置栏目为类别分别编辑，论文收录每卷控制在20篇上下。这些论文既有来自著名学者的力作，也有出于年轻学者的新构，都体现了鲜明的问题意识和创新意识，某种程度上代表着各自相关学术领域创新的思考，其中多篇被各种相关转载机构的期刊所转载。而且，透过这些学术文字，可以感知社会的发展，时代的进步，变化的焦点等等。虽然说这是对学报目前已有成绩的阶段性展示，不过，成绩面前，我们丝毫不敢懈怠自满，我们清醒地认识到，在不少方面尚有待继续改进和提升。"坚守初心、引领创新，展示高水平研究成果"，这是习近平总书记给《文史哲》编辑部的回信中对编辑工作者的殷切期望，他明确指出了期刊引领创新的重要价值和意义，为办好哲学社会科学期刊指明了方向。我们当牢记这一嘱托，提高政治站位，坚持高质量办刊，让期刊发挥支持培养学术人才成长、展现文化思想价值、促进文明交流互鉴的功能与作用。

这里有必要交代一下该套书系为何取名"静斋行云"。从河南大学南门进入右转，前行十余米，即可看到一条向北延伸的林荫小路。这条小路叫"静斋路"，路边由南向北依次排列着十幢三层斋楼，古朴典雅，别有韵味，东临明清城墙，北望千年铁塔。这十幢斋楼和周边的大礼堂、6号楼、7号楼等构成全国重点文物保护的"近代建筑群"。其中的东二斋就是编辑部的办公地址。"行云"寓意时间如空中流动的云烟，喻指过去的十年时光与绵延的思绪。常年工作在东二斋的编辑们，和这所大学里的老师们一样，有着自己的职业追求，有着编辑的智慧和情怀，同样有"又得书窗一夜明"的辛勤付出。他们怀着一颗虔诚之心，默默耕耘，敬畏学术的神圣，呵护学人的平台，坚守学报的初心，守望可期的未来。他们持之以恒地每天都做着同样单调的事情：审文稿，纠错字，改标点，核注释，通语句，润文笔，他们不人云亦云，随波逐流，却常常在文中与作者对话，在深思熟虑中帮助作者提升文章的高度与深度，带着宽阔的学术视野与前瞻眼光，用追求完美的工匠精神甘为他人作嫁衣裳。这是一种状态,一种生活,一种修炼,一种境界。"静斋"默默地矗立在"行云"般流动的岁月里,或无语沉思,或静默遐想,"静斋""行云"相看两不厌,唯有执着情。自然,这套小书凝结着编辑们的辛勤汗水,见证着他们的认真严谨。愿这套小书成为他们精神世界的折射和内心追求的表征。

明天适逢教师节、中秋节并至,借此机会,向编辑部全体同仁道一声:双节快乐!

书系编选过程中,分管学报工作的孙君健副校长很关心这项工作,多次问询进展情况,并给予出版经费鼎力支持,在此表示由衷的感谢!

是为序。

李伟昉

2022 年 9 月 9 日

目 录

"新时代"思想理论研究

马克思主义世界历史思想与新时代中国特色社会主义发展新方位
……………………………………… 范明英　刘旭雯（ 3 ）
新时代增强理论自信的现实进路
——学习习近平总书记关于"增强理论自信"的重要论述
………………………………………… 竟　辉　王新生（ 19 ）
马克思人民主体思想及其当代价值
——兼论习近平新时代"以人民为中心"思想的马克思主义之源
………………………………………………… 熊治东（ 36 ）

"纪念中国共产党成立100周年"专题研究

马克思主义指导地位制度化建设百年历程与基本经验
………………………………………………… 孟　轲（ 53 ）
百年来中国共产党应对重大考验的历史考察及启示 … 何云峰（ 68 ）
中国共产党百年共同富裕实践的三重逻辑向度研究 … 刘旭雯（ 85 ）

哲学研究

关于价值哲学的自设性对话……………………… 张曙光（105）

唯物史观视域中我国核心价值观建设 ……… 吕世荣 平成涛（124）
马克思人的全面发展理论的生态学阈限及其当代拓展… 朱荣英（138）
应然、实然、必然：论马克思"真正的共同体"… 钟科代 郑永扣（153）
生态文明建设需要关照的两类基础性问题 ……… 郑慧子（166）
道德扩展的合理性及其边界
　　——兼论激进环境主义的困境与出路 ……… 姬志闯（181）
语言学的哲学转向及哲学的语言转向与回归 ……… 李志岭（192）

政治学研究

公民社会的"民情"与民主政治的质量 ……… 杨光斌 李楠龙（209）
民主观：二元对立或近似值 …………………… 杨光斌（238）
论毛泽东对改革开放的贡献与中国未来蓝图的勾略 … 王良学（264）
试论毛泽东的执政忧患意识 …………………… 何云峰（284）
民生视阈下的中国梦解析 ……………………… 贺方彬（299）

社会学研究

从"权力的文化网络"到"资源的文化网络"
　　——一个乡村振兴视角下的分析框架 … 苑　丰 金太军（317）
公民意识形成的内在机制及启示 ……… 蒋笃运 张雪琴（335）
现代化进程中的社会分化与整合 ……………… 吴晓林（347）
社会冲突的常规化管理：必要性、障碍与路径选择 …… 韦长伟（360）

「新时代」思想理论研究

马克思主义世界历史思想与新时代中国特色社会主义发展新方位

范明英　刘旭雯①

马克思主义世界历史思想从整体角度出发把握了人类历史发展的规律,为中国找准自己的定位并参与到全球化进程中提供了重要的理论指导和分析问题解决问题的框架。党的十九大宣告中国特色社会主义进入新时代,我国的主要矛盾发生了巨大变化,但我国所处的发展阶段和国际地位仍然没有改变,我国仍然处在社会主义初级阶段,仍然是世界上最大的发展中国家。如何用马克思世界历史的眼光看问题,把我国所处的发展阶段与我国在世界上的地位联系起来,把国内发展与对外开放统一起来,对当下我们实现决胜小康社会和伟大复兴的中国梦具有重要价值和意义。

一、中国特色社会主义发展历程体现了马克思世界历史思想的精髓

马克思主义世界历史观是在把握整体世界历史的基础上对世界历史中的个人与民族国家共同体之间的关系进行的科学认识与把握。②

---

① 范明英(1952—),男,吉林永吉人,华东理工大学马克思主义学院教授,博士生导师;刘旭雯(1990—),女,广西南宁人,华东理工大学马克思主义学院博士生。
② 叶险明:《世界历史理论的当代构建》,北京:中国社会科学出版社,2014年,第307页。

中国特色社会主义发展的历程正是沿着马克思主义世界历史思想的轨道前进,在以社会主义初级阶段为总依据的前提下,将中国实践与马克思主义基本原理相结合,坚持中国特色社会主义道路,并随着主要矛盾发生的变化不断调整新的战略部署,在中国广阔的大地和世界历史舞台上创造出了新的奇迹。可以说,整个中国特色社会主义发展历程无不闪耀着马克思世界历史思想的光辉。

(一) 中国共产党执政逻辑起点:人民主体思想

马克思世界历史思想的提出最早可以追溯到他在《1844年经济学哲学手稿》中提到的"世界历史"一词。在他看来:"整个所谓世界历史不外是人通过人的劳动而诞生的过程。"① 也就是说,人的劳动实践创造了世界历史,世界历史的诞生是客观的、物质的过程。人类通过自觉地劳动来认识世界和改造世界,他们是推动整个世界历史前进的主体和决定性力量,这就与黑格尔抽象的、唯心的、"绝对精神"的世界历史观划清了界限。同时,马克思还认识到劳动实践作为人类特有的生产和生活方式,是人的主体性和主体地位实现的根本途径,因此人的劳动实践不仅认识和创造了世界历史,而且也奠定了人的社会主体地位。这也是对一切旧唯物主义包括费尔巴哈唯物主义的告别。中国共产党始终把人民作为历史的创造者,尊重人民作为主体的历史地位和社会地位。自党的十一届六中全会第一次明确指出我国的社会主义制度还处于初级阶段以来,党在社会主义初级阶段的基本路线都是以实现国家富强、民族振兴和人民幸福作为根本的价值取向。改革开放的历史再次证明,马克思世界历史思想并不是一个抽象的概念,而是在广大劳动人民的劳动创造中得以不断演绎和发展。习近平也曾多次指出,博大精深的中华文明是中国人民创造的,中华民族从站起来、富起来到强起来的历史飞跃中无不贯穿着中国人民奋斗的历程。因此,习近平在当选中共中央总书记后第一次会见中外记者时强调:"我们一定要始终与人民心心相印、与人民同甘共苦、与人民团结奋斗,夙夜在公,勤勉工

---

① 马克思:《1844年经济学哲学手稿》,北京:人民出版社,2000年,第92页。

作,努力向历史、向人民交出一份合格的答卷。"①简短的话语,体现了他既遵从马克思主义世界历史思想,又与人民结下了深厚的感情和立志服务于人民的决心。因此,从马克思主义世界历史思想逻辑看,我国所处的历史阶段与人民群众的实践活动存在着内在契合性,马克思主义中国化的发展历程就是一部从探索满足人民日益增长的物质文化生活需要到实现人民对美好生活向往再到向实现人的全面发展迈进的历程,历史的主角永远是人民。不论时代如何改变,不论中国特色社会主义发展阶段进行到哪一步,人民在历史进程中的主体地位从来都没有改变。

(二) 中国特色社会主义发展的内在动力:社会基本矛盾的运动与发展

马克思认为,生产力与交往方式矛盾的辩证运动推动着历史向世界历史的转变。马克思批判黑格尔的世界历史观,因为黑格尔把精神和理性当作历史进步的动力,来证明世界历史从低级向高级进化的过程,而不是从现实中的历史出发去寻找历史发展的动力,这就陷入了把哲学的意识形态看成是历史发展动力的唯心史观中。马克思则是以感性活动作为基础探索历史向世界历史转变的内在逻辑。在他看来,随着世界市场的不断开拓,一切民族、国家的生产和消费都变成了世界性的,那么,原来一个民族、国家内部的生产力和交往方式便跨越出国界和民族的界限,成为世界历史性的生产和人类的普遍交往。世界性的生产"使每个文明国家以及这些国家中的每一个人的需要的满足都依赖于整个世界,因为它消灭了各国以往自然形成的闭关自守状态"②。而当生产力突破国界和民族界限进入新的发展时期以后,交往方式也随之发生了改变,过去旧的交往方式阻碍了生产力的继续发展,那么这种旧的交往方式就必然会被新的交往方式所取代。这种新的交往方式将会更加适合比较发达的生产力的需要。马克思在《德意志意识形态》

---

① 《始终与人民心相印共甘苦——中共中央总书记习近平在十八届中央政治局常委与中外记者见面时的讲话》,《人民论坛》,2012年第33期。
② 《马克思恩格斯选集》第1卷,北京:人民出版社,1995年,第114页。

中总结世界历史的形成过程强调这一过程"各个相互影响的活动范围在这个发展进程中越是扩大,各民族的原始封闭状态由于日益完善的生产方式、交往以及因交往而自然形成的不同民族之间的分工消灭得越是彻底,历史也就越是成为世界历史"①。我国是在生产力比较落后的条件下进入社会主义社会的,而人类历史要向共产主义世界历史转变,就必须要以高度发达的社会生产力作为物质基础。因此党的十三大报告指出,社会主义初级阶段需要经历一个很长的时间跨度,从1956年我国进入社会主义开始,到21世纪中叶基本实现现代化,在这至少一百年的时间里,都属于社会主义初级阶段。因此我们要用相当长的一段时间去发展社会生产力,实现别的发达资本主义国家已经实现了的工业化和经济的现代化、社会化,为社会主义社会向更高的发展阶段迈进奠定物质基础。同时,由于我们逾越了资本主义国家生产力充分发展的阶段进入社会主义社会,就不可避免地要经历一个相当长的社会主义初级阶段去解决生产力与生产关系之间的矛盾。这就要求我们在坚持社会主义制度的前提下,通过不断深化改革的方式,对不适应生产力和经济基础的生产关系和上层建筑进行调整和完善,以推动经济社会持续健康发展。

(三) 世界历史的时代呼唤:休戚相关、荣辱与共的人类命运共同体

唯物史观始终坚持以现实作为基础,用实践的观点来解释观念上的东西。正是由于生产力的快速发展和交往关系的日益普遍,才打破了过去各民族之间封闭自守和自给自足的状态,并形成了国际分工体系、国际商品交换体系、国际货币体系和世界市场。也就是说,18世纪下半叶之前,以手工工具为主的落后的生产实践把人们限定在了家庭、部落或地区之内,因此世界性的历史生产难以形成。18世纪下半叶之后,机器大生产的迅速扩展加快了社会化大生产的进程,人类改造自然的能力大幅度提升,生产的形式也从一个地区扩展到一个国家,甚至走出国门扩展到全球范围内。一方面资本在全球市场内寻找低廉的劳动

---

① 《马克思恩格斯选集》第1卷,北京:人民出版社,1995年,第88页。

力和物资生产资料;另一方面它又将全世界人民联系在一起,促进社会分工向更精细化的方向发展。随着世界市场建立,一切国家的生产和消费都被纳入进了世界历史的范畴。用马克思世界历史思想的宏大视野去看待中国特色社会主义的发展阶段,也是中国共产党在21世纪回应人类发展问题,把握中国与世界的联系,继承马克思世界历史思想的内在要求。改革开放之初,由于我国生产力发展水平落后,再加上世界范围内出现东欧剧变、苏联解体、社会主义阵营瓦解,在这样的历史背景下,中国面临着社会主义怎么办、何去何从等亟待解答的问题。邓小平以其丰富的斗争经验和高超的谋略提出了"韬光养晦、有所作为"的外交战略思想。这一战略思想是着眼于当时社会主义初级阶段的发展特征和国内的实际情况,并结合国际环境得出的符合中国实际需要的决策。这一战略思想既体现了邓小平依据当时的实际情况强调集中力量把国内的事情做好的指导方针,又体现了在"韬光养晦"的基础上,随着中国经济和综合国力的不断提升,中国必须在国际事务中发挥更大作用的信心和长远谋略。中国特色社会主义初级阶段是一个动态发展的过程,如今改革开放已经走过了40年,中国的综合国力和国际地位得到了大幅度提升,如果说中国改革开放的实践推动中国进入了新时代,那么"世界历史"的客观发展逻辑也呼吁国际社会进入新时代。①因此,党的十九大提出新时代是中国日益走近世界舞台中央,不断为人类做出更大贡献的时代。"今天,人类交往的世界性比过去任何时候都更深入、更广泛,各国相互联系和彼此依存比过去任何时候都更频繁、更紧密。"②习近平提出人类命运共同体思想,就是要在中国自身国力发展的基础上,在"全球社会"为社会主义中国争取到话语权和引领权,进而为世界的和平与发展,为人类的整体和长远的利益做出更大贡献。

---

① 鲁品越:《"构建人类命运共同体"伟大构想:马克思"世界历史"思想的当代飞跃》,《哲学动态》,2018年第3期。

② 习近平:《在纪念马克思诞辰200周年大会上的讲话》,人民日报,2018年5月5日。

(四) 世界历史与中国特色社会主义的共同价值取向：共产主义理想

历史车轮的印记印证了一个事实，资本主义机器大工业开创了世界历史，使得人与人之间的交往从孤立、封闭的区域走向了开放、联合的世界，这是人类历史发展的巨大飞跃，为人类社会迈向更高的发展阶段做出了巨大贡献。但资本在增值的过程中，一方面推动了生产力的飞速发展，另一方面却也给社会大生产的发展设置了障碍，因为资本主义私有制必然引起各种异化，少数发达资本主义国家为了获取超额垄断利润不断推行各种不平等的国际经济制度，在世界历史范围内造成了各种形式的隔阂和矛盾，这必然导致世界范围内的两极分化加重，影响了世界范围内人与人之间的普遍交往。要促进人的全面自由发展，实现人的真正解放，就必须摒弃这种自发性和盲目性，而共产主义的诞生就是为了彻底推翻资本主义私有制其产生的各种异化，实现共产主义原则下的全社会的大生产。"共产主义是对私有财产即人的自我异化的积极的扬弃"①。马克思认为人类社会发展存在三种不同的社会形态，共产主义作为这三种社会形态的最高阶段，是建立在共同的社会生产能力从属于他们的社会财富基础之上的人的全面发展，而第二阶段的资本主义是以对物的依赖为基础的人的独立，是为最高阶段的共产主义创造条件的历史阶段。共产主义理想的实现需要一个漫长的社会发展过程，而社会主义社会处于共产主义社会的第一阶段，社会主义初级阶段又是社会主义阶段的第一个阶段，即使中国成功跨越了"卡夫丁峡谷"进入到社会主义社会，但我们的物质生产力水平与发达资本主义国家相比还是有巨大差距的。这就要求我们在充分发挥社会主义制度优越性的基础上，还需要经历数个不同的发展阶段，去为共产主义的实现打下物质基础，奠定良好的社会环境和思想条件。因此，中国共产党领导人民通往共产主义道路的每一步都会有特定的奋斗目标，而这些特定的奋斗目标也都是为实现共产主义理想服务的。可以说，世界历史和中国特色社会主义的发展指向都是共产主义。

---

① 《马克思恩格斯文集》第 1 卷，北京：人民出版社，2009 年，第 185 页。

二、新时代中国特色社会主义历史方位新认识是对马克思世界历史思想的发展

随着改革开放的不断深入,我国的社会主义初级阶段不论是从生产力和生产关系,还是从经济基础和上层建筑上都在经历不断革新的过程,社会的发展也出现了新的动态特征。2017年,习近平在省部级主要领导干部专题研讨班上发表的重要讲话中指出,要正确认识和把握我国所处的发展阶段,就要坚持用辩证唯物主义和历史唯物主义的观点,从多方面进行思考,既要把历史和现实、理论和实践相结合,又要注意从国内和国际两个重要视角来进行考察,由此得出对我国社会发展的历史方位的科学判断。基于多角度思考,党的十九大报告指出,我国进入了新时代,这是我国全新的历史方位。与此同时,报告重申了"我国仍处于并将长期处于社会主义初级阶段"的判断。新时代下的社会主义初级阶段涌现出的一些新特征表现出了对马克思世界历史思想的新发展。这些特征可以从中华民族伟大复兴、对世界社会主义发展的影响、对人的全面发展的推动和对世界历史的影响四个维度来进行概括。它不仅彰显了马克思世界历史思想的厚重理论底蕴,而且更是对马克思世界历史思想的创新和发展,为新时代中国共产党继续带领全国人民坚持和发展中国特色社会主义,始终高举马克思主义伟大旗帜,坚定"四个自信",不断夺取中国特色社会主义新胜利奠定了坚实的理论基础。

(一)从中华民族伟大复兴角度看,新时代见证了中华民族从站起来、富起来到强起来的伟大飞跃

马克思认为"世界历史"建立的根本前提是人类物质生活的生产和再生产。人类为了生存,首先必须要解决基本的物质需要,因此,物质生产成为历史活动的起点,也是历史成为世界历史的基础。也就是说,人的生活的丰富性和全面发展都必须以物质生产作为基本前提,发展永远是时代的主题。资本主义大工业创造了极大的生产力,开启了世界历史的大门,但其内在的矛盾决定了其命运只能是为共产主义的实

现提供物质前提。习近平在"7·26"重要讲话中指出,可以将中华民族和中国特色社会主义的发展划分为三个阶段,即站起来、富起来、强起来三个阶段。新中国的建立意味着我们实现了民族独立和人民解放,从此中华民族和中国人民"站起来"了,中国开启了从"站起来"到"富起来"转变的道路。改革开放以后,邓小平提出"贫穷不是社会主义""发展才是硬道理""实现共同富裕是社会主要的本质要求",中国由此进入了"富起来"的快车道。放眼全球,虽然世界经济中还存在一些深层次的矛盾和问题,国际环境不稳定不确定因素依然存在,但中国经济在改革开放的40年间一直在快速增长,GDP超越日本成为世界第二大经济体,对世界经济增长的贡献率也超过了30%,中国已经完成了"富起来"的转变是不可辩驳的事实。但同时我们也应该看到,我们的"富起来"还只是从经济领域实现了现代化,而政治、文化、社会、生态等领域还有待实现全面的现代化,因此,提出"强起来"的目标就是对实现社会主义现代化强国的一种全方位的把握,是今天中国共产党要领导人民共同奋斗的新的逻辑起点。①"强起来"是"富起来"的升级版,党的十九大报告提出的"两步走"发展战略,正是对如何实现"强起来"做出的生动回答。"两步走"战略是在主要矛盾发生变化后提出的社会主义现代化建设新的时间表和路线图,是中国经济发展从高速度向高质量转变的信号,并以此来解决发展不平衡不充分的问题。中国特色社会主义从"站起来""富起来"到"强起来"的发展历程自始至终贯穿着马克思世界历史思想中关于生产力和人的全面发展的理论思想,诠释了中国共产党一直致力于在推动发展继续前进的基础上把解决发展不平衡不充分问题当作自己工作的重心,以更好地满足人们对美好生活的需求,推动中华民族伟大复兴"中国梦"实现的信心与决心。

(二)从对世界社会主义发展的影响上看,新时代意味着科学社会主义在21世纪的中国焕发生机

马克思的世界历史思想包含着两层内容,一是人类历史向资本主义世界历史的自发转变,二是人类历史向共产主义世界历史的自觉转

---

① 张希贤:《我们凭什么"强起来"》,《人民论坛》,2017年第22期。

变。马克思指出,世界历史为共产主义的诞生奠定了阶级基础和物质基础,并提供了必要的社会条件,资本主义必然会走向共产主义。同时他还强调,无产阶级是推动世界历史前进的主体力量,无产阶级肩负着解放全人类,并建立起真正"自由人的联合体"的伟大使命。习近平也反复强调共产党人要"不忘初心,牢记使命"。共产党人的初心和使命就是实现共产主义理想。科学社会主义自诞生之日起,世界社会主义运动就在起伏中不断前进。20世纪50年代曾经出现过资本主义与社会主义两超"称霸"的局面,当时的中国和其他社会主义国家一样,在夹缝中艰辛摸索建设社会主义的路径。20世纪80年代末90年代初,苏联和苏联控制下的东欧发生剧变,社会主义国家急剧减少,一些发达国家的共产党也在这一期间改旗易帜,世界社会主义运动进入了空前的危机。面对世界社会主义运动遭受的巨大挫折,中国还敢不敢继续改革开放,是否接受和平演变,又或者是也走上改旗易帜的道路?这一问题的答案不仅决定着中国的命运,而且也决定了世界社会主义的前途。在严峻考验面前,中国选择了坚持四项基本原则,并继续实行改革开放,开辟了一条具有中国特色的社会主义道路。在这一时期,世界资本主义经济危机也给资本主义国家带来了重创。自2008年金融危机席卷资本主义世界以来,西方经济一直处于金融危机的余震和阴影之中。英国布里斯托大学教授特里尔·卡弗曾经在马克思逝世130周年时指出:"2008年国际金融危机全面爆发并引发经济衰退后,作为世界重要金融中心之一的英国越来越重视马克思思想。很多著名的新闻栏目以及主流报刊开始向普通观众和读者阐述马克思的基本经济理论。……马克思对资本主义的批判学说……让当代英国年轻人感到耳目一新。"①与此同时,世界人民也看到作为最大的社会主义国家,中国模式和中国道路抵抗国际危机风险的优越性日益凸显,特别是党的十八大以来,面对低迷的全球经济和更加复杂的国际形势,中国以卓越的发展成就展现了社会主义制度的优越性,并成为世界经济复苏的重要引擎。这对于其他经济文化相对落后的国家实现现代化进程提供了正确的发

---

① 吴易风:《西方学者"重新发现"了马克思的哪些理论?》,《红旗文稿》,2014年第9期。

展模式。党的十九大提出的习近平新时代中国特色社会主义思想,不仅体现了科学社会主义的本质、原则、价值追求和实现路径,而且回答了在经济社会发展取得重大成就的社会主义国家如何在世界舞台上将社会主义制度的优越性充分发挥出来,进而焕发科学社会主义的生机与活力,更好地引领人类社会前进的方向的重大问题。

(三)从推动人的全面发展的角度上看,新时代是在解决变化了的主要矛盾的基础上推动人的全面发展

马克思认为个人的发展和世界历史休戚相关,每个人的解放程度与历史向世界历史转变的程度是一种正比例关系,因而人的全面发展也是历史的产物。他根据人类社会发展的不同阶段,将人的发展分为三个重要阶段,即人类以"族群"为本位阶段、"个体"本位阶段和"类"本位的自由人联合阶段。这三个阶段是依次递进的关系:原始时代由于生产工具简陋,人们的活动范围只能局限在单一、低级的地域性范围中,因此人的自由和解放几乎处处受到限制。随着生产力的不断发展和生产工具的不断改进,地域性的人类活动逐步向外扩展,人的片面、不自由状态有所缓解,地域范围内的历史也逐步向世界历史转变。而当生产工具和生产力发展到相当程度,人的实践活动社会化程度越来越高,人类能够自主、广泛地参与世界范围内的实践活动,人的片面、不自在发展就将被全面的、自在的、世界的存在状态所取代。由此可以看出,人的全面自由发展和历史向世界历史的转变都必须以人们物质生活的生产和再生产作为基础。党的十九大报告指出,新时代我国的主要矛盾已经从"解决落后的社会生产"向"满足人民日益增长的美好生活的需要"转换,这是对马克思人的全面发展思想的继承和创新。改革开放40年来,中国经济社会的发展成就已经预示着我们已经脱离物资短缺的时代,跨入到了产能过剩的时代,这意味着新时代社会的主要矛盾包含着两层含义,一层是人民需求层次的提升与优质供给不足之间的矛盾;另一层是人民需求内涵的扩大与社会各领域发展不平衡之间的矛盾。人民追求更高质量的生活,就是希望获得更好的教育环境、更满意的工作和收入、更健全的社会保障、更舒适的居住环境、更高水平的医疗服务和更丰富的精神文化生活等。除此之外,人们还对个人权利的实现和维护有了更多的期待。从社会进步和人的全面发展角度上看,人们也从物质文化领域的需求向精神领域、制度文明、社会文明和生态文明领域拓展,例如日益增长的对民主、法治、公平、正义、安全、环保等方面的权利和需要。但从社会供给上看,社会发展的不平衡不充分是阻碍人们对日益增长的美好生活需要的关键因素。从整体发展的平衡上看,东西部差距、城乡差距依然较大;从个别领域上看,群众就业问题、教育问题、医疗卫生问题、住房问题、养老问题、环境保护问题等方方面面也都面临着不少困难与挑战。因此,当前不充分不平衡发展问题不仅是决胜小康、实现两个一百年奋斗目标必须解决的重大难题,而且也是马克思提出的历史向世界历史转变,实现人的全面发展的题中应有之义。

(四)从对世界历史的影响上看,新时代是中国在解决人类存在的共同问题的基础上向世界贡献的中国智慧、中国方案

马克思深刻地指出,历史向世界历史转变的现实基础是资本主义机器大工业生产方式下生产向全球的扩展,资本为了获得更大的利润,不断将资本所生产出来的剩余价值投入到新的生产领域和市场中,通过"体外"空间的循环转化为新的资本,以实现自身的扩张,而整个世界在被卷进这场资本扩张的进程中,也逐步形成了世界资本主义生产分工体系。为了达到顺利推进全球扩张的目的,西方资本主义国家除了采取经济手段来掠夺落后国家的廉价劳动力和自然资源外,还利用政治、军事手段,例如公开侵略他国,迫使他国签订丧权辱国的条约;利用文化手段,宣扬弱肉强食、种族主义等方式建立起对自己国家的文化认同。野蛮的殖民主义在世界人民反殖民和争取民族独立的斗争中土崩瓦解,但随之演化成了另外一种新的世界秩序——霸权主义世界秩序。西方资本主义国家再次通过"无硝烟"的金融战争、推行"普世价值"等方式将资本主义生产方式强行推广到世界各地,给全球的和平和稳定带来了巨大障碍。从"世界历史"未来的发展方向来看,霸权主义世界秩序终究将会像殖民主义世界秩序一样,被世界历史所抛弃。随着世界多极化、经济全球化、文化多样化、社会信息化的持续推进,全球合作向着更全面、更深入的方向拓展,国际社会更迫切期待一个全新的全球治理理念和一个更加公正合理的国际体系和国际秩序来解决当下人类面临的共同问题与挑战。中国共产党作为一个负责任有担当的政党，从新中国成立之初就一直肩负起一个负责任大国的历史使命。毛泽东指出，中国共产党应当在现有条件的基础上尽可能地为世界的和平与发展做出自己的贡献。改革开放以后，邓小平提出中国要履行世界责任，首先就是要坚持社会主义，走社会主义道路，在此基础上认清国情，把解放和发展生产力，推动经济快速发展作为根本任务，努力实现中华民族的伟大复兴，这样就能为世界各国如何探索一条符合本国国情的道路做好带头示范作用。党的十八大以来，习近平提出了一系列治国理政新思想，为国际社会贡献出了具有中国智慧的新型国际关系和发展理念。党的十九大更是正式提出"推动构建人类命运共同体"的思想，这是我国在进入新时代的历史方位下，在自身综合国力不断提升、国际地位得到很大提高的情况下，中国共产党对中国所肩负的世界责任的新认识。党的十九大报告以"大道之行也，天下为公"作为全文的结束语，这表明中国共产党人理想目标的转换，即在奋力向决胜小康社会、实现中华民族伟大复兴的中国梦的基础上，自觉将中国人民的命运与世界人民的命运和前途联系起来，为解决人类问题贡献中国智慧和中国方案。而"人类命运共同体"下包含的各种社会制度和意识形态，也恰恰是马克思所提出的"世界历史"思想进程中所经历的一个重要阶段的现实体现。

三、新时代中国特色社会主义历史方位新认识对于继承和发展马克思世界历史思想的现实启示

当今世界正在经历巨大的变革，国内和国际社会都面临着一系列重大问题与挑战，所有这些迫切需要科学社会主义在取得重大发展的同时对人类社会的前途和命运做出科学解答。科学社会主义诞生于资本主义社会，与资本主义制度一起经历不同的发展阶段，在两种制度对比下，社会主义制度越发绽放出勃勃生机。当今世界矛盾重重，资本主义固有矛盾、全球化与逆全球化矛盾、全球性危机等交织在一起，在错

综复杂的发展中,西方资本主义的发展优势逐渐消失,而中国在谋求自身发展的同时,中国特色社会主义初级阶段也从发展起点进入到了冲刺阶段,决胜小康,实现"两个一百年"奋斗目标的号角已经吹响。虽然目前西方资本主义国家依然在全球化阶段占据强有力的优势地位,但资本主义本身存在的"异化性"造成全球贫富差距拉大、国际秩序混乱、文化冲突和资源环境等问题都会给资本主义在全球化进程中的主导地位埋下隐患。面对西方资本主义主导的世界秩序在推动世界历史和人类全面发展上的力不从心,更加需要中国担负起大国的历史责任,推动科学社会主义在理论和实践上不断创新,以解决人类社会发展中的重大现实问题,通过实际行动彰显科学社会主义的强大生命力。

(一) 坚持以马克思世界历史思想的方法论作指导

要准确把握马克思世界历史思想的精髓,在方法论上深化对中国特色社会主义发展阶段的认识。尽管在马克思身后的资本主义发生了一系列新的变化,但资本主义社会的本质没有发生改变,并且随着世界历史不断向前发展,必将导致阶级对抗和阶级冲突的世界化,即使是资本主义国家普遍采取了提高工资和福利等方式来缓解阶级矛盾,那也仅仅是从表面上"做文章",而深层次的矛盾依然在不断加深。自我国从现实国情出发,将当前的发展阶段确定为社会主义初级阶段以来,我国经历了贫穷——小康——全面小康的实践历程,我国的发展战略目标实现了从"三步走"——"新三步走"——"两步走"的历史转变,社会主义初级阶段理论由此得到了进一步深化和升华。与西方资本主义国家不同,中国共产党始终都是将实现人的主体地位作为党的奋斗目标,中国特色社会主义每一个发展阶段都是实实在在地把人的全面自由发展作为最终理想和目标。因此,在进一步深刻认识中国特色社会主义发展阶段过程中要始终坚持马克思主义世界历史思想,绝不能因为对资本主义社会的一些主观臆想就遮蔽了对世界历史发展规律的正确认识。

(二) 必须始终把促进生产力的发展作为驱动力

马克思肯定了资本主义机器大工业对于"世界历史"的开创性作

用,他认为正是由于资本主义机器大工业引起了广泛的社会分工和商品交换,才消灭了由于过去自然经济造成的各国孤立的状态,世界历史的新篇章才得以开启。但这并不代表世界历史发展的最终方向就锁定在了资本主义世界历史,这是基于资本主义制度下存在的诸多矛盾得出的科学判断,唯有共产主义社会所具备的基本特征,才是与世界历史的发展方向完全契合的。现今世界历史进入了一个各民族国家之间共生共存的时代,这意味着社会主义制度和资本主义制度还将是长期共存的关系,而中国作为世界上最大的发展中国家和最大的社会主义国家,虽然改革开放40多年来在经济发展总量上取得了不俗的成绩,但从人均GDP上看,与中等发达国家还存在一定差距,因此,在这样的历史背景下如何继续实现跨越式发展,依然是我国现阶段面临的重大课题。事实证明,要实现跨越式发展,不仅是在生产力和生产效率上的提高,而且更是在社会产品和服务质量上的提升,因此,还需要继续把生产力作为根本驱动力,促进国民经济向着更高质量、更高效率、更加公平和更可持续发展的方向发展,通过充分发掘自身的制度优势,不断深化改革,努力创新发展动力和发展方式,通过不断的制度创新、科技创新、文化创新、理论创新等,促进生产力的更大发展,为实现中国特色社会主义初级阶段向下一个阶段迈进提供动力支持。

(三) 坚持把实现人民的诉求作为我们奋斗的价值追求

马克思从历史哲学的角度将人的本质定义为社会关系的总和,这就意味着世界历史的展开也必须是以人类历史的发展作为着力点。从世界历史发展历程上看,以资本为基础的生产方式推动着现代化的发展,这种现代化不是仅仅局限于生产工具和生产力的现代化,而且还包含着人的现代化和社会化。因此可以说,马克思世界历史思想的最终落脚点就是实现人与世界的和谐发展。马克思世界历史思想的精髓是与中国特色社会主义现代化建设的价值追求完全吻合的。我国在推进社会主义现代化进程中,也始终是将实现人的发展与实现政治、经济、社会、文化、生态的发展统一在一起的,在充分发挥资本的驱动作用的同时,又要坚持以人民为主体的价值取向,尽可能避免由于资本的固有属性导致人的本质的异化。这就要求我们在实现社会主义现代化建设进程中,在始终坚持以经济建设为中心的基础上,用共享发展理念来促进效率与公平的实现,努力提高人民生活水平;在政治建设上要坚持人民利益至上,不断扩展人民的民主参与渠道,推动协商民主深入发展;在文化建设上进一步丰富人民精神文化生活,实现社会主义文化大繁荣,不断提高国家文化软实力;在社会建设上,建立多层次社会保障体系,确保人民共享改革发展成果;在生态建设上,坚持人与自然和谐共生,实现生态领域国家治理体系和治理能力的现代化。

(四)构建人类命运共同体是未来世界历史的发展方向

随着世界市场的不断扩大,世界上的一切国家和民族都无不被卷入世界历史之中,而且它们都必须从属于世界历史,并服从世界历史的发展规律。共产主义世界历史取代资本主义世界历史作为世界历史的发展规律,在其发展进程中,各国的国家发展史同样是世界历史的重要组成部分。从20世纪上半叶中国被卷入世界市场后,中国在发展进程中产生的社会矛盾以及引发的改革都是社会主义世界历史取代资本主义世界历史发展进程中的重要组成部分,同样,在当今中国迈入新时代的历史背景下,"世界历史"也进入到一个全新的时代。世界历史的发展趋势宣告了霸权主义世界秩序将会土崩瓦解,并逐步退出历史的舞台,而"总体"下的世界历史必将会被一种新的世界历史所取代,并为社会主义取代资本主义的世界历史进程指明前进的方向。新时代下的中国提出的"构建人类命运共同体"的伟大构想,是世界历史对世界新秩序和人类社会未来发展方向的时代呼唤。"人类命运共同体"不是一国或多国主宰世界秩序,而是无论大小国家都一律平等,共同构建和平、安全、繁荣、包容、美丽的新世界。这彰显了作为发起者和推动者的中国在谋求自身经济腾飞的同时,肩负起了世界上最大的社会主义国家对世界历史发展的责任,"一带一路"、全球治理观、安全观、发展观、正确义利观等新主张新理念的提出就是最好的体现。中国进入了新时代,不仅意味着世界上高高举起了中国特色社会主义的大旗,而且更是为更多发展中国家走向现代化提供了有益的经验和路径选择,为解决人类问题贡献出了中国智慧和中国方案。因此,我们应当继续深化外交理论和实践创新,充分展现中国特色社会主义的道路自信、理论自信、制度自信和文化自信,用全球视野和世界胸怀推动人类命运共同体的构建,为世界的发展和全人类的解放指明方向,贡献智慧和力量。

原载于《河南大学学报(社会科学版)》2019年第2期

新时代增强理论自信的现实进路
——学习习近平总书记关于"增强理论自信"的重要论述

竞 辉 王新生①

中国共产党建立近百年、新中国成立70多年的宏大历史叙事,蕴含着丰富的发展规律和深厚的历史经验,但就精神文化层面而言,其最突出最鲜明的表现无疑是一代代中国共产党人结合中国实际和时代特征为发展马克思主义作出的一系列原创性贡献,并且始终以一种自信的姿态对自身理论创新创造的价值和意义予以肯定。今天,中国特色社会主义进入新时代,无论是进行伟大斗争、建设伟大工程,还是推进伟大事业、实现伟大梦想,都更加需要这样的理论自信。这是因为,中国特色社会主义越向前发展,其所遇到的新情况新问题就会越复杂,其所面临的风险和挑战就会越繁多,其所肩负的任务和使命也就会越艰巨。在这个时候,面对前进道路上诸多既难以预见又无法预料的事情,一旦缺乏理论自信,就极易被某些非主流意识形态甚至是错误社会思潮所左右和误导。鉴于此,党的十八大以来,习近平总书记反复强调:"我们坚持和发展中国特色社会主义,必须高度重视理论的作用,增强理论自信和战略定力。"②当前,为了进一步破除社会上部分人对"走封

---

① 竞辉(1987—),男,河南商丘人,南开大学马克思主义学院讲师,天津市高校习近平新时代中国特色社会主义思想研究联盟特邀研究员,法学博士;王新生(1962—),男,河南新乡人,南开大学副校长,教授,博士生导师,教育部长江学者,天津市中国特色社会主义理论体系研究中心研究员。

② 《习近平谈治国理政》第2卷,北京:外文出版社,2017年,第62页。

闭僵化老路"的理论迷思和"走改旗易帜邪路"的理论幻想,我们要认真学习习近平总书记关于"增强理论自信"的重要论述,在现实进路上积极探索增强中国特色社会主义理论自信的方式和方法。

一、坚持和发展马克思主义是增强理论自信的根本

苏联解体、东欧剧变以血的教训告诉人们,"沿着马克思的理论的道路前进,我们将愈来愈接近客观真理(但决不会穷尽它);而沿着任何其他的道路前进,除了混乱和谬误之外,我们什么也得不到。"①一个时期以来,国内社会思潮乱象纷呈,左右两派对立异常,一度削弱了社会主义意识形态的话语权,挑战了马克思主义在我国意识形态领域里的指导地位。对此,我们可以从发展21世纪中国马克思主义、全面推进"四大平台"建设两个方面出发,不断提升马克思主义的理论诠释和宣传教化的作用和能力,进而在增强中国特色社会主义理论自信的基础上,牢牢掌握住意识形态工作的领导权、管理权和话语权。

一方面,要发展21世纪中国马克思主义,提升马克思主义的理论诠释能力。作为一种"高势位"的意识形态,马克思主义凭借其高向度的理论知识、高位阶的概念范畴、高层次的价值体系而有着极强的生命力。与资产阶级意识形态相比,马克思主义是在满足人们实践需要、谋求人类解放中彰显出无与伦比的理论魅力,并以此赢得话语权。诚如习近平总书记所说:"马克思主义不是书斋里的学问,而是为了改变人民历史命运而创立的,是在人民求解放的实践中形成的,也是在人民求解放的实践中丰富和发展的。"②的确,在领导中国革命和中国社会主义建设以及改革开放的过程中,中国共产党人始终秉承实事求是的态度,将马克思主义基本原理与中国实际和时代特征相结合,不断推进马克思主义中国化向纵深发展。现时期,处于中国特色社会主义进入新

---

① 《列宁选集》第2卷,北京:人民出版社,2012年,第103—104页。
② 习近平:《在纪念马克思诞辰200周年大会上的讲话》,北京:人民出版社,2018年,第9页。

时代的历史新方位,我们仍要运用马克思主义的立场、观点和方法来解读中国社会发展道路所蕴含和具有的独特文化传统、历史命运和基本国情,来分析当今世界的发展格局和未来趋势。无论解读中国,还是分析世界,都要求我们结合国内外实际进一步推进理论创新,以此提升马克思主义解释和解决现实问题的能力。要知道,与我国社会发展的巨大成就相比,我们的理论宣传依然显得薄弱,对马克思主义的理论诠释也不够深入,以致中国特色社会主义理论自信底气不足。故而,习近平总书记指出:"我们要以更加宽阔的眼界审视马克思主义在当代发展的现实基础和实践需要,坚持问题导向,坚持以我们正在做的事情为中心,聆听时代声音,更加深入地推动马克思主义同当代中国发展的具体实际相结合,不断开辟21世纪马克思主义发展新境界,让当代中国马克思主义放射出更加灿烂的真理光芒。"①而发展21世纪中国马克思主义,就是要直面中国现实问题,既激发其观照现实的力量,又提升其理论诠释的能力。这就意味着,要根据中国特色社会主义建设的具体实践,努力建构具有时代特色、民族风格、中国气派的话语体系,着力打造贯通中西的新概念、新范畴和新表达,并用来分析现实中国所面对的世情、国情、党情、民情和社情,在不断形成社会主义意识形态"中国论述"的基础上提升马克思主义的理论诠释能力,从而以理论上的自信赢得马克思主义在意识形态领域里的主导权。

另一方面,全面推进"四大平台"建设,提升马克思主义宣传教化的能力和作用。我们都知道,在争夺意识形态话语权方面,以新自由主义、民主社会主义、历史虚无主义、普世价值观等为代表的非主流社会思潮,往往把资本主义制度模式作为评判中国现实社会的标准,将坚持马克思主义所取得的成果说成是对西方文明的接轨和"普世价值"的兑现,而将中国社会转型期间所涌现出的矛盾和问题视为"社会危机"的表现和"体制弊端"的必然结果。不能不说,这些非主流社会思潮话语表达上的强势与我们对马克思主义理论宣传力度不强、不够和宣传话语不清晰、不透彻有着密切关系。因此,要深化和加强新形势下马克思主义理论研究和宣传教育工作,不断创新马克思主义的话语表达方式,

---

① 《习近平谈治国理政》第2卷,北京:外文出版社,2017年,第34页。

在增进人们对马克思主义理论的认知和认同中增强中国特色社会主义的理论自觉与理论自信。这就要求我们要把"四大平台"作为推进意识形态工作的重要抓手,真正发挥"四大平台"在思想建设、理论创新、人才培养、宣传引导等方面的重要作用。一是深入实施马克思主义理论研究与建设工程,从马克思主义视角深刻剖析各种非主流社会思潮的意识形态属性,分别向广大民众揭示这些非主流社会思潮的非马克思主义和反马克思主义的本质。二是建设和领导好中国特色社会主义理论体系研究中心,使其成为传播中国话语、讲好中国故事、展现中国形象的重要窗口,确保我们既在中国特色社会主义现实实践中干得成功、漂亮,又对中国特色社会主义理论体系阐释得系统、充分、有说服力,从而向人们澄清中外错误社会思潮的种种谬论。三是扶持和加强各类高校马克思主义学院建设,推动党的理论创新成果进教材、进课堂、进头脑,压缩各种错误社会思潮在高校的生存和发展空间。四是抢占并坚守报刊网络理论阵地,牢牢掌握网络主流意识形态话语权。比如,要加强对报刊网络的法治化管理,优化网络舆论空间,弘扬主旋律,传播正能量,维护网络意识形态安全。再如,要尊重报刊网络传播规律,重视网络主流意识形态话语的感性表达,以个性化、平民化、生活化的感性表达拉近网民与社会主义意识形态之间的距离,进而在不断增进网民对马克思主义认知、认同的过程中巩固无产阶级网络意识形态话语权。

二、继承和弘扬优秀传统文化是增强理论自信的关键

文化是一个民族、一个国家的灵魂,一个民族、一个国家如果不懂得珍惜自己的历史传统和民族文化,就难以发展起来,更不可能强大起来。习近平总书记指出:"优秀传统文化是一个国家、一个民族传承和发展的根本,如果丢掉了,就割断了精神命脉。我们要善于把弘扬优秀传统文化和发展现实文化有机统一起来,紧密结合起来,在继承中发展,在发展中继承。"[①]可以说,中华优秀传统文化代表着中华民族最深

---

① 《习近平谈治国理政》第 2 卷,北京:外文出版社,2017 年,第 313 页。

层、最独特的精神追求和精神标识,为中华民族能够在当今文化激荡的世界中站稳脚跟奠定最坚实最稳固的文化根基。因此,增强中国特色社会主义理论自信,必须继承和弘扬中华优秀传统文化,努力汲取中华优秀传统文化中蕴含着的美好理想信念、价值观念和道德理念,使之真正成为涵养中国特色社会主义理论自信的重要源泉。

继承和弘扬优秀传统文化,最重要的就是实现传统文化的创造性转化与创新性发展。中华优秀传统文化是中华民族生生不息发展进步的丰厚资源,其所固有的文化基因,如自强不息的坚韧品格、崇仁尚德的道德诉求、天人合一的生态伦理、睦邻友好的交往准则等,无不彰显着中华文化独特的魅力和时代风采。如何将这些文化基因更好地融入到中国特色社会主义理论体系之中,自然是推进马克思主义中国化、时代化和大众化不得不考虑的一个重要时代课题。然而,在现实生活中,总有一些人否定中华传统文化的内在价值,他们不仅将中华传统文化视为一种专制文化,认为中华民族是"落后愚昧民族的典范",而且还主张以西方资本主义的"蓝色文明"取代中华民族的"黄色文明",认为资本主义文明代表着未来人类社会的发展方向。这些人由于主张取消马克思主义文化观的指导地位和缺乏应有的民族文化自信,也由于担心社会主义先进文化会增进人们对马克思主义的认同,因而对当前中国特色社会主义文化建设百般阻挠,并妄图将之引诱到资本主义的发展方向上去,以此消解社会主义意识形态建设的文化基础。应当承认,中华传统文化固然有其糟粕成分,但个别人出于自身政治目的而完全批判、彻底否定中华传统文化的做法则是极其错误的。在一个真正的马克思主义者和一个真正马克思主义政党看来,"对待传统文化,既不能片面地讲厚古薄今,也不能片面地讲厚今薄古,更不能采取全盘接受或者全盘抛弃的绝对主义态度"①。这就告诉我们,在利用中华传统文化进行中国特色社会主义建设和开展意识形态工作的过程中,一方面要根据时代特点和要求,赋予那些仍有借鉴价值但表现形式过于陈旧的传统文化以新的时代内涵和表现形式,激活其内在生命力;另一方面,

---

① 中共中央宣传部:《习近平总书记系列重要讲话读本》,北京:学习出版社、人民出版社,2016年,第202页。

还要依据时代最新进展补充、拓展、丰富和完善中华优秀传统文化的原有内涵,以此扩大其现实影响力和感召力。只有通过创造性转化和创新性发展,才能重振中华传统文化,进而使中国特色社会主义文化建设的文化根基更加扎实和牢固,中国特色社会主义理论自信的文化定力更加坚定。

另外,在全球文化竞争日趋激烈的背景下增强中国特色社会主义理论自信,还要充分发掘中华优秀传统文化的人类命运共同体意蕴。中华文明绵延五千余年,其中所蕴含的那些超越时空、超越国度、富有永恒魅力、具有当代价值的文化精神,仍然能够为当今世界处理国家间的关系问题提供借鉴。如"为天地立心,为生民立命,为往圣继绝学,为万世开太平"的治世理想、"己欲立而立人,己欲达而达人"的处世准则、"亲亲而仁民,仁民而爱物"的爱民情怀、"仁者以天地万物为一体"的生态道德等文化精髓,就内在地与人类命运共同体理念所主张的民族平等、主权统一、文明多样等价值诉求和精神实质相融通、相契合。所以说,无论是倡导人类命运共同体理念,还是推动人类命运共同体实践,我们都能够从中华优秀传统文化中汲取智慧、获得营养。一是要秉承中华优秀传统文化的"天下情怀"。从基本语义上解读,人类命运共同体理念可以视为是对中华民族传统天下观的时代表达。在传统典籍文献中,"穷则独善其身,达则兼善天下""大道行思,取则行远""大道之行也,天下为公"等经典语录,无不向世人展现着中华民族和中国人民博大的"天下情怀"。人类命运共同体理念着眼于人类社会的整体利益和长远发展,其所擘画的大同世界场景显然是对中华民族先人圣贤们"天下情怀"的自觉承继。二是要传承中华优秀传统文化的"和合精神"。习近平总书记认为:"中国人自古就推崇'协和万邦'、'亲仁善邻,国之宝也'、'四海之内皆兄弟也'、'远亲不如近邻'、'亲望亲好,邻望邻好'、'国虽大,好战必亡'等和平思想。爱好和平的思想深深嵌入了中华民族的精神世界,今天依然是中国处理国际关系的基本理念。"①"和合文化"可谓是中华文明的原初性基因,支配并主导着中华文化的发展命

---

① 习近平:《在纪念孔子诞辰2565周年国际学术研讨会暨国际儒学联合会第五届会员大会开幕会上的讲话》,北京:人民出版社,2014年,第3页。

运。也正是"和合文化"所蕴含的这种包容性、内聚性、开放性,塑造了中华民族崇德修睦、贵仁尚合、兼济天下的民族品格。这就为当今世界各国携手构建人类命运共同体提供了文化逻辑上的支撑,并在向世界讲述好中国故事、传播好中国声音的过程中不断增强人们对中国特色社会主义的理论自信。

三、促进不同文明交流互鉴是增强理论自信的前提

文明交流互鉴是引领人类社会进步和实现世界和平发展的重要推动力。为了更好地认识自己、了解世界,我们不但要善于继承和弘扬本国本民族的传统文化,而且还要努力学习和借鉴其他国家的优秀思想文化。习近平总书记特别强调:"各国各民族都应该虚心学习、积极借鉴别国别民族思想文化的长处和精华,这是增强本国本民族思想文化自尊、自信、自立的重要条件。"①当前,在抵御错误社会思潮对我国主流意识形态侵蚀和消解的过程中,我们一定要用马克思主义的立场、观点和方法来研判"别国别民族思想文化"的基本内容和表现形式,既不全盘照搬,也不盲目排外,而是有鉴别地吸收人类创造的一切优秀文明成果,不断充实中国化马克思主义的理论宝库。正是在这种意义上,增强中国特色社会主义理论自信,必须将其置于不同文明交流互鉴的现实语境中,坚持"以我为主、为我所用"的原则,以期在与世界各国文明的比较和融合中提升中国特色社会主义理论的说服力、感染力和影响力。

在这个全球化信息化时代,世界各国各民族之间的思想文化交流、交融和交锋空前频繁。面对全球化信息化带来的双重影响,繁荣社会主义文化和建设社会主义文化强国,不仅要保持民族文化特色,从本民族传统文化中汲取有益资源和营养,而且还要树立国际视野,从对外交往中吸收世界各国文明成果。即是说,把握住、处理好文化的民族性与

---

① 习近平:《在纪念孔子诞辰2565周年国际学术研讨会暨国际儒学联合会第五届会员大会开幕会上的讲话》,北京:人民出版社,2014年,第9页。

世界性之间的内在关系,既是发展中国特色社会主义先进文化的一个关键环节,也是增强中国特色社会主义理论自信的一个重要前提。单从思想文化的世界性来说,发展和完善中国特色社会主义理论体系,要遵循兼收并蓄、取长补短、择善而从的原则。正如习近平总书记所指出的那样:"文明因交流而多彩,文明因互鉴而丰富,对各国人民创造的优秀文明成果,都应该采取学习借鉴的态度,都应该积极吸纳其中的有益成分。"①这就告诉我们,学习和借鉴世界各国优秀文明成果,并从中汲取各种文明养分,有利于在促进中华文化与世界文明的交流互鉴中推动社会主义先进文化建设。然而,在国内,有些人却将中国向西方世界学习的过程看作是资本主义化的过程,还有些人质疑中国特色社会主义文化,一边打着文化多元主义的旗号,反对社会主义文化的主体地位和马克思主义文化的主导地位,一边积极配合发达国家的文化霸权主义,主张全盘接受西方文化理念和思想观念,企图以资本主义文明为蓝本重塑中华文明。与这些人的主张不同,中国共产党所倡导的向世界各国文明尤其是向资本主义文明学习借鉴是有其原则立场和价值取向的——只要其他国家思想文化有利于社会主义政权的巩固、有利于社会主义文明的发展、有利于人民群众精神境界和道德修养的提升,我们就应该摒弃文化交流过程中那种非此即彼的思维模式,而对之保持一种开放、包容和学习的态度。无论是进行社会主义先进文化建设还是开展思想理论建设,我们都要在坚持既定原则立场和价值取向的同时,通过各种文化交流形式来学习和借鉴人类创造的一切优秀文明成果,从而不断为增强中国特色社会主义理论自信提供思想补给和文化支撑。

习近平总书记指出:"文明没有高下、优劣之分,只有特色、地域之别。文明差异不应该成为世界冲突的根源,而应该成为人类文明进步的动力。……不同文明要取长补短、共同进步,让文明交流互鉴成为推动人类社会进步的动力、维护世界和平的纽带。"②然而,冷战结束以

---

① 中共中央宣传部:《习近平总书记系列重要讲话读本》,北京:学习出版社、人民出版社,2016年,第204页。
② 《习近平谈治国理政》第2卷,北京:外文出版社,2017年,第544页。

来,以美国为首的西方发达国家竭力鼓吹"文明冲突论",认为文明之间的差异是导致国与国对抗的根源,而文明之间的冲突又是对世界和平的最大威胁。据此,亨廷顿等人从普世价值观的视角出发,揭示了包括中华文明、印度文明、日本文明、伊斯兰文明、东正教文明、拉美文明、非洲文明等在内的其他七种文明同西方文明无法消弭的对抗性,并据此指认未来世界不稳定的主要原因和国家地区间爆发战争的可能性,均源自于非西方文明的复兴(特别是中华文明和伊斯兰文明的复兴)对现有西方文明的威胁和挑战。事实上,作为人类社会的固有特征,人类文明的多样性与差异性非但不是制造世界战乱的诱因,反而是丰富各国人民精神文化生活、增进各国人民友谊和促进人类社会进步的黏合剂。因而,我们要增强中国特色社会主义理论自信和扩大中国特色社会主义理论的影响,就必须秉持不同文明兼容并蓄、交流互鉴的态度和原则,通过加强不同文明之间的交流与融合,不断发挥中国特色社会主义理论在缓解地区冲突、化解民族矛盾等方面的积极作用。要知道,在中国特色社会主义理论的逻辑框架内,和平、发展、合作、共赢才是人类社会发展的光明前景。世界各国在相互交往中要自觉摒弃一切傲慢与偏见,尊重和珍惜一切人类文明成果,以开放的姿态、平等的态度、包容的精神促进文明交流、实现和谐发展,进而建设和谐美好的世界。由此观之,增强中国特色社会主义理论自信,就是要从不同文明不同发展模式中寻求智慧、汲取营养,既希望以此为中国人民提供精神支撑和心灵慰藉,也能够借此携同世界各国为解决人类社会发展所面临的共同困难和挑战贡献中国智慧、提供中国方案。

四、强化理论学习和宣传教育是增强理论自信的保障

辩证唯物主义认为,对于普通民众而言,他们不可能自发地生成革命的理论意识和形成科学的理想信念,因此,马克思主义理论只能通过理论学习和宣传教育的方式由外到内对其进行灌输。习近平总书记指出:"科学社会主义意识不可能在工人运动中自发地产生,这种意识只

能从外部灌输进去。"①这就表明,理论自信是建立在理论学习和宣传教育基础之上的,离开理论学习和宣传教育的理论自信是无本之木、无源之水。今天,我们强调增强中国特色社会主义理论自信,其实践旨趣之一就是要强化理论学习和宣传教育。要知道,与当前我国社会开放程度不断加大和思想解放的程度不断加深相比,我们的理论学习和宣传教育工作却表现得相对迟缓和不足,在个别地方和环节甚至呈现出滞后性和被动性,进而妨碍了人们对党的理论创新成果的认知和认同,并影响了人们对中国特色社会主义应有的那份理论自信,而要从整体层面摆脱思想上的困扰、增强理论上的自信,则有赖于理论学习的不断深化和宣传教育工作的进一步加强。

首先,加强理论学习,在"以科学的理论武装人"的过程中增强中国特色社会主义理论自信。"自古圣贤,盛德大业,未有不由学而成者也。"增强中国特色社会主义理论自信,广大党员干部要坚持向群众学习、向实践学习、向书本学习,始终把学习视为一种生活习惯、一种精神追求,在不断学习中开眼界、长见识、增本领,切实通过学习提高自身明是非、辨真伪、识善恶的能力。注重学习尤其是注重理论学习,弘扬理论联系实际的马克思主义学风是我们党的优良传统和作风,而在诸多理论学习中,学习马克思主义理论又占据着十分重要的地位。对此,习近平总书记指出,不仅领导干部要把系统掌握马克思主义基本理论作为看家本领,而且"党校、干部学院、社会科学院、高校、理论学习中心组等都要把马克思主义作为必修课"②。追溯过往,中国革命、建设和改革的经验事实告诉我们,马克思主义理论是我们党克敌制胜和做好一切工作的根本,不认真学习马克思主义理论,不坚持用马克思主义的立场、观点和方法分析问题、解决问题,就不会有中国革命的胜利、建设的成功和改革开放的顺利进行,更不会有中国特色社会主义新时代的到来。针对长期以来党内外少数人忽视甚至无视马克思主义理论学习反而求教于新自由主义理论的现象,习近平总书记特别强调:"马克思主义就是我们共产党人的'真经','真经'没念好,总想着'西天取经',就

---

① 习近平:《摆脱贫困》,福州:福建人民出版社,1992年,第114页。
② 《习近平谈治国理政》第1卷,北京:外文出版社,2018年,第154页。

要贻误大事！不了解、不熟悉马克思主义基本原理，就不可能真正了解和掌握中国特色社会主义理论体系。"①为此，广大党员干部要原原本本、扎扎实实地学习和研读马克思主义的经典著作，坚持读原著、学原文、悟原理，不断增进和加深对马克思主义的理解、掌握与运用。唯有如此，才能在纷繁复杂的形势下为中国社会发展指明正确的前进方向。当前，在学习马克思主义理论和中国特色社会主义理论体系的热潮中，我们应该把深化对习近平新时代中国特色社会主义思想的学习和贯彻作为首要任务，用这一党的最新理论成果武装头脑、统一思想，进而在凝聚亿万民众的共识中增强中国特色社会主义理论自信。

其次，强化宣传教育，在以"正确的舆论引导人"的过程中不断增强中国特色社会主义理论自信。列宁曾经说过："任何一个代表着未来的政党的第一个任务，都是说服大多数人民相信其纲领和策略的正确。"②在这一"说服大多数人民"的过程中，宣传教育发挥着广泛动员的作用。马克思主义虽然是我们立党兴国的理论根基，但这并不意味着马克思主义在意识形态领域的指导地位就不需要反复予以强调了。要知道，在我国思想宣传战线上，始终存在着各种自称为马克思主义或公然挑战马克思主义的错误思想和理论观点。为了彻底批判和纠正思想舆论工作中存在的种种错误思想，从根本上扭转少数党员干部以及部分群众政治立场不坚定的问题，习近平总书记尤为重视马克思主义理论在意识形态领域主导作用的发挥，并要求在全社会"深入开展中国特色社会主义宣传教育，把全国各族人民团结和凝聚在中国特色社会主义伟大旗帜之下"③。由此可见，马克思主义理论若想获得较为普遍的认同，就必须加强正面宣传和引导，使党的创新理论真正深入人心，进而扩大主流意识形态的主导地位。总体来说，强化党的理论宣传教育包括对内和对外两个场域；对内，理论宣传要结合受教育群体多层次、多元化的特点，做到言之有物、言之有情、言之有理、言之有意，杜绝

---

① 习近平：《在全国党校工作会议上的讲话》，北京：人民出版社，2016年，第15页。
② 《列宁选集》第3卷，北京：人民出版社，2012年，第476页。
③ 《习近平谈治国理政》第1卷，北京：外文出版社，2018年，第154页。

空洞死板的说教,以生活化、情景化的话语表达方式深入浅出地阐释马克思主义所蕴含的深奥的道理。对外,理论宣传要精心做好舆论传播工作,做到言之有理、言之有据、言之有效,着力打造融通中外且易于为国际社会所理解和接受的新概念新范畴和新的表达形式,在向世界讲述好中国故事、传播好中国声音、阐释好中国特色的过程中不断提升我国对外宣传话语的创造力、感染力和影响力。对新时代增强中国特色社会主义理论自信而言,当前我们党的理论宣传教育工作最为紧要的任务就是要认真贯彻学习习近平新时代中国特色社会主义思想,通过宣传内容的完善、宣传方式的创新和宣传环境的优化来准确把握这一最新理论成果的精神实质、丰富内涵以及重大价值和意义,切实提高广大党员干部和普通群众的思想自觉、政治自觉和行动自觉,以此确保习近平新时代中国特色社会主义思想入耳、入脑、入心。

五、培植理性平和社会心态是增强理论自信的基础

社会心态是反映社会思想道德和文化建设状况的"风向标"和"晴雨表",良好的社会心态能够为个人发展、社会稳定、国家进步奠定坚实的社会心理基础。近年来,随着改革开放的逐步深化,以及随之而来的中西方文化间的交汇与碰撞,影响我国国民社会心态的因素更趋动态化、复杂化。对于处在转型时期的中国而言,既面对着经济快速发展、人民生活持续改善、综合国力迅速提升的种种成就,也面临着多重矛盾不断涌现、多样利益诉求日益增长、多元社会思潮轮番登场的重重压力。在此情形下,我国国民社会心态也呈现出两面性:整体来看,当前我国国民社会心态更加趋向积极主动、理智成熟;但不可否认,在局部范围内我国国民社会心态还存在着仇官、仇富、依附、排外、从众等心理失衡问题。如若不能及时纠正和修复这些心理失衡问题,势必会对整个社会心态造成干扰,进而从心理层面消解人们对中国特色社会主义理论的认知和认同。由此可见,增强中国特色社会主义理论自信,还需要培植国民理性平和的社会心态。

就社会个体而言,培植理性平和的社会心态贵在形成辩证的思维

方式。其实,思维本身就蕴涵着辩证的色彩。列宁曾指出:"思维应当把握住运动着的全部'表象',为此,思维就必须是辩证的。"①当前少数人存在着的焦虑迷茫、心浮气躁、自怨自艾、急于求成、失衡偏激等不良心态,这既与我国经济体制深刻变革、社会结构深刻变动、利益格局深刻调整相关,也同个别社会成员缺少辩证思维相连。从某种程度上说,辩证思维是形成理性平和社会心态的前提条件。较之于感性焦躁的社会心态,理性平和的社会心态更能凸显人们在分析问题、认识事物时所应持有的全面的、发展的、联系的科学态度。然而,在现实生活中能够始终保持一种理性平和的社会心态来审视周围发生的一切事物实属不易,尤其是在处理敏感性社会问题和突发性社会事件时,有些人为了宣泄情绪、博取眼球,往往罔顾事实、意气用事,攻其一点不及其余,得出一些偏激、偏颇和极端的结论。比如在看待我国贫富分化、贪污腐化等社会不公的问题时,有人将其归咎于高度集中的政治权力,认为腐败是权力掌控者凭借职权牟取巨额不当利益造成的,据此要求进行彻底的私有化、民主化改革;也有人将其归咎于市场经济,认为运用市场机制就是在中国复辟资本主义,使中国走在了"被奴役的道路上",据此要求终止市场化改革。仅从思想成因来看,这两类观点都是由于其个人缺乏辩证思维而无法客观、冷静地分析和认识现实社会问题,最终导致心态失衡造成的。因此,培植理性平和的社会心态,要正确把握认识问题的科学方法,少一点主观臆断,多一点辩证思维,从根本上杜绝偏激言论被恶意炒作或被别有用心之人利用的现象的发生。这就要求我们在认识中国、观察世界时既不要妄自菲薄,亦不要妄自尊大,而是要以更加理性和平和的心态透过纷繁冗杂的社会表象看到并抓住事物的本质,进而获取真知,以充分认识中国人民选择马克思主义、坚持社会主义道路的历史必然性和借鉴吸收其他国家优秀文明成果的客观现实性,并在此基础上更好地增强我们的理论自信。

就社会群体而言,培植理性平和社会心态还应发挥知识分子的社会教化作用。知识分子作为思想文化的生产者、阐述者和传播者,亦是

---

① 《列宁专题文集 论辩证唯物主义和历史唯物主义》,北京:人民出版社,2009年,第141页。

推动社会思潮形成与发展的重要主体。所谓进行社会思潮引领,就是要弥合知识分子的思想分歧;所谓开展社会思潮斗争,首先就是要做知识分子的思想工作。中国知识分子向来就有强烈的社会责任感和使命感,他们在超越专业领域、超脱世俗虚礼中关心人间疾苦、国家前途和民族命运,自觉肩负着教化社会、移风易俗的历史重任,从而引领着整个社会的发展方向。在当代中国社会急剧变革和转型的历史时期,知识分子服务于国家经济建设和社会发展的作用更为突出,他们既能够为党和人民述学立论、建言献策,也能够紧扣国家发展的思想主旨和时代主题,使自身融入到实现国家现代化和民族复兴的伟大进程之中。习近平总书记指出:"广大知识分子……要实事求是、客观公允,重实情、看本质、建真言,多为推进党和人民事业发展献计出力。任何时候任何情况下,都不能做有损国家民族尊严、有损知识分子良知的事。"①不过,在向市场化改革、全球化融入的时代浪潮中,中国知识分子正遭遇着社会政治秩序和心灵秩序的双重危机。诚然,这两种危机不单单体现在知识分子身上,社会大众也同样经受着传统价值体系崩溃后生命何以安放的苦痛。面对当前国内社会新老问题交织、新旧矛盾叠加的状况,知识分子作为"有教养的阶层",理应明确并牢记其价值担当者、观念诠释者、问题释疑者、实践介入者的角色,不仅要率先走出心灵秩序的危机,而且还要帮助普通民众化解内心困惑、端正社会心态。知识分子正是凭借独立的人格意志、渊博的学识造诣、高尚的品行操守、深厚人文素养而成为纾解社会矛盾、消除极端社会心态的先遣军、先行人。他们通常会倾其平生所学、所想、所感和所悟,客观公正地关注、思考和分析中国社会现实,而由此所焕发出的理性精神也势必会感染和教化社会大众,减少社会大众对非主流价值观和错误思想言论的盲从,进而不断增进他们对中国特色社会主义理论的认知和认同。

---

① 习近平:《在知识分子、劳动模范、青年代表座谈会上的讲话》,北京:人民出版社,2016年,第6页。

六、坚决与错误思潮作斗争
是增强理论自信的重点

通过与各种错误社会思潮作斗争,主流意识形态可以在扬弃非主流意识形态的观点主张中发展自己的理论。从这个意义上说,斗争性体现着马克思主义的理论本色,并为马克思主义增添了无穷的生命活力。马克思主义正是在与其他错误的思想理论斗争中成长成熟起来的。毛泽东同志认为:"马克思主义必须在斗争中才能发展,不但过去是这样,现在是这样,将来也必然还是这样。正确的东西总是在同错误的东西作斗争的过程中发展起来的。……这是真理发展的规律,当然也是马克思主义发展的规律。"①我们要自觉遵循这一"马克思主义发展的规律",积极开展与错误社会思潮的斗争,坚持把反对错误社会思潮的斗争进行到底,在同各种思想体系的反复比较和不断斗争中增强中国特色社会主义理论自信。

坚决与错误社会思潮作斗争,就是要及时揭露错误社会思潮非马克思主义和反马克思主义的意识形态本质,帮助人们认清错误社会思潮的现实危害性。当前,在资本主义社会和社会主义社会两种社会制度并存、资产阶级价值观与社会主义价值观两种价值观对立的现时代,"对社会主义意识形态的任何轻视和任何脱离,都意味着资产阶级意识形态的加强"②。习近平总书记从意识形态斗争的长期性和复杂性出发,认为我国思想舆论领域存在着红色、灰色和黑色"三个地带"。其中,"红色地带是我们的主阵地,一定要守住;黑色地带主要是负面的东西,要敢于亮剑,大大压缩其地盘;灰色地带要大张旗鼓争取,使其转化为红色地带。"③在未来相当长的时期内,马克思主义与其他社会思潮长期共存,社会思潮多元化发展依旧是我国思想舆论领域的基本态势。

---

① 《毛泽东文集》第 7 卷,北京:人民出版社,1999 年,第 230—231 页。
② 《列宁选集》第 1 卷,北京:人民出版社,2012 年,第 327 页。
③ 习近平:《在全国党校工作会议上的讲话》,北京:人民出版社,2016 年,第 20 页。

鉴于此，要牢牢掌握意识形态工作的话语权和主导权，凸显中国特色社会主义的理论自信，就必须深入了解其他社会思潮形成的历史背景、发展脉络、现实根据和利益诉求，并对之作出恰如其分的分析与评价。即是说，我们虽然强调巩固马克思主义的一元主导地位，但并不完全排斥其他社会思潮的存在。恰恰相反，我们党历来奉行"百花齐放、百家争鸣"的方针，尊重差异、包容多样已成为我国社会主义意识形态建设的一项重要遵循。当然，尊重和包容其他社会思潮也绝不意味着对之可以放任不管、任其泛滥。我们在坚持用马克思主义对那些只属于思想认识层面上的社会思潮进行引领和整合的同时，还要对那些在阶级立场和政治原则方面存在着严重问题的社会思潮予以坚决批判。改革开放以来，面对新自由主义、民主社会主义、历史虚无主义、宪政民主观、普世价值观等错误社会思潮对马克思主义的无理诘难和对社会主义制度的恶意诽谤，我们党用马克思主义的立场、观点和方法与之进行了坚决的斗争。正是通过批判和斗争，一方面压缩了这些错误社会思潮生存和发展的空间，净化了文化环境和思想理论生态；另一方面凸显了马克思主义的科学性、真理性，增强了人们对中国特色社会主义的理论自信。

坚决与错误社会思潮作斗争，还要明确批判错误社会思潮是一项长期性任务，要牢牢掌握意识形态工作的领导权。由于错误社会思潮不会自行退出历史舞台，所以在批判错误社会思潮的问题上，我们要主动出击、敢于亮剑，展现出勇于斗争、善于斗争的理论自觉和实践自觉。要知道，"只要存在着资本主义和社会主义，它们就不能和平相处，最后不是这个胜利，就是那个胜利；不是为苏维埃共和国唱挽歌，就是为世界资本主义唱挽歌"[①]。正是基于这种认识，习近平总书记将科学引领与整合多元化社会思潮的工作上升为新时代党领导人民进行新的伟大斗争的战略高度，并把坚决与错误社会思潮作斗争视为掌握意识形态工作领导权的重要举措。面对中外种种错误社会思潮的强势渗透，我国意识形态领域里的斗争变得更为尖锐、隐蔽和复杂，掌握意识形态工作领导权的任务更为艰巨，增强中国特色社会主义理论自信的使命也

---

① 《列宁选集》第4卷，北京：人民出版社，2012年，第330页。

更为繁重。为此,习近平总书记告诫全体党员和全国人民:"在事关大是大非和政治原则问题上,必须增强主动性、掌握主动权、打好主动仗,帮助干部群众划清是非界限、澄清模糊认识。"①应当看到,与巩固马克思主义在意识形态领域指导地位的需求相比,当前广大干部群众辨别和抵御错误社会思潮的整体能力尚且薄弱,不少人仍然对威胁我国意识形态安全的错误社会思潮认识不足、了解不深、把握不够,有人甚至沦为错误社会思潮的追随者和鼓噪者,以致生活腐化、道德堕落、信仰虚无。而要从根本上改变这种不良现象,就必须抓好党员领导干部这一"关键少数",发挥他们在意识形态工作中把方向、谋全局、作决策、促落实的作用。诚如邓小平同志所说的那样,在同错误社会思潮作斗争时,"马克思主义者应当站出来讲话。思想战线的共产党员,特别是这方面担负领导责任的和有影响的共产党员,必须站在斗争的前列"②。唯有如此,才能真正确保马克思主义在"一切重大理论性、原则性问题上"发挥主导作用,也才能在切实提高人们对错误社会思潮的免疫力和抵抗力中不断增强对中国特色社会主义的理论自信。

原载于《河南大学学报》(社会科学版)》2020 年第 2 期

---

① 《习近平谈治国理政》第 1 卷,北京:外文出版社,2018 年,第 155 页。
② 《邓小平文选》第 3 卷,北京:人民出版社,1993 年,第 46 页。

马克思人民主体思想及其当代价值
——兼论习近平新时代"以人民为中心"思想的马克思主义之源

熊治东①

习近平新时代"以人民为中心"的发展思想是当代中国社会发展的根本价值指引,为新时代中国社会如何发展、坚持什么样的发展取向指明了方向。党的十八大以来,习近平总书记多次阐述了"以人民为中心"的发展思想。党的十九大报告以较大篇幅再次强调了人民的历史主体地位。人民主体思想贯穿于马克思的整个理论体系之中,是马克思人的解放与自由全面发展学说的核心内容。马克思通过对以往哲学和资本主义私有制的多重批判,科学地揭示了人民在社会发展中的价值与作用。当前,中国社会已进入新时代,社会主要矛盾发生了转变,人民对美好物质文明和精神文明生活的向往日益迫切,这就要求我们要更加重视人民的需求,牢固树立人民的主体地位。习近平新时代"以人民为中心"的发展思想是对马克思人民主体思想的继承与创新。将人民置于社会发展的核心地位,充分发挥人民的主体性力量,既是习近平新时代中国特色社会主义思想的内在要求,又是中国共产党初心和使命的核心议题。本文旨在厘清马克思人民主体思想的内在逻辑理路,全面展现和揭橥马克思人民主体思想所具有的特殊时代价值,以此探讨习近平新时代"以人民为中心"的发展思想的现实意义与理论根源。

---

① 熊治东(1987—),男,湖北利川人,华中科技大学哲学系/国家治理研究院博士生。

一、人的自由与人的解放：马克思人民主体思想的历史前提

马克思所处的时代正值资本主义自由竞争阶段，资产阶级不仅在产品的分配方面对劳动者进行残酷的压榨与剥削，而且还利用宗教来麻痹劳动者的思想，为劳动者提供灵魂的"慰藉"，宗教成为资产阶级维护其统治的工具。马克思认为，揭开资本主义欺骗性的神秘面纱应当从宗教的批判入手，"对宗教的批判是其他一切批判的前提"①。从根本上说，宗教根植于现实社会中人的实践活动，宗教的本质是异化了的社会现实幻象。马克思对宗教进行批判的目的就是要将人从意识的幻象中解放出来，回归现实的生活世界，实现人的思想意识自由，祛除压在人身上的精神枷锁，使人不受虚幻的和无根基的事物所迷惑和影响。他指出："宗教是人民的鸦片。"②那么，应该如何摆脱宗教这种"鸦片"对人的控制和影响呢？马克思认为，我们不能抽象地去谈论宗教，应从产生宗教的社会土壤中洞悉宗教的秘密，"更多地在批判政治状况当中来批判宗教，而不是在宗教当中来批判政治状况"③。不能误入资产阶级宗教观的陷阱，以宗教的方式去批判宗教，那样永远都不能摆脱宗教的窠臼。资产阶级宣称的宗教信仰自由并非真正的信仰自由。资产阶级的宗教，就其本质而言是为资产阶级的统治服务的。认清宗教的本来面目才能从根本上抓住宗教的本质和剥开它的神秘外衣，这一点往往被理论家们所忽略。在宗教与人到底谁决定谁的问题上，马克思强调，人是产生宗教的主体性力量，离开人宗教就没有任何意义。宗教只存在于人类社会中，动物世界是没有宗教的，宗教是人的意识活动的产物，只不过这种意识并不是对社会现实的真实反映。马克思将颠倒的宗教与人的关系倒转过来，恢复了宗教与人之间的真实关系，这为批判宗教对社会现实的遮蔽提供了理论基础。在马克思看来，宗教并非是

---

① 《马克思恩格斯文集》第1卷，北京：人民出版社，2009年，第3页。
② 《马克思恩格斯文集》第1卷，北京：人民出版社，2009年，第4页。
③ 《马克思恩格斯文集》第10卷，北京：人民出版社，2009年，第3—4页。

永恒之物,随着产生宗教的社会基础和思想基础的消失,宗教也必将逐渐退出历史舞台,人从宗教的控制中解放出来,获得精神上的解放和自由,成为不受思想束缚的活动主体。马克思通过对宗教本质的揭露和批判,深刻地分析和透视了宗教给人带来的压制,指明了人从宗教的束缚中解放出来是人民主体地位复归的思想前提。

马克思将批判的锋芒从天国的批判转向尘世的批判之后,逐渐认识到仅仅停留在宗教批判的领域,还不足以达到人的自由与人的解放这个目的。宗教的批判只是批判的起点,而要进一步拓展批判的领域,还必须转向对现实社会政治状况的批判。《莱茵报》的经历促使马克思将理论的批判与现实的批判结合起来,尤其是普鲁士的书报检查制度极大地限制了言论自由,更加激发了马克思对专制制度的批判。马克思看到,虽然从宗教角度对专制统治进行批判并非没有革新意义,但是并不能从根本上动摇专制统治的根基,因此,从现实的社会政治状况着手对其进行哲学批判尤为重要。望月清司认为,马克思发现了宗教批判的价值,承认宗教批判在政治批判中的作用,但是"哲学批判如果不能具体化为对'政治状况的批判',还是无法唤起'民众'"①。换言之,只有从现实的政治状况批判出发,才能促进民众自我意识的觉醒。民众自我意识的觉醒是人民主体地位形成的基础。根据望月清司的观点,对政治状况的批判是人民主体意识生成的基本前提。在资本主义私有制下,受资本逻辑与权力逻辑的多重影响,人成为资本主体奴役的对象,失去了人身自由和人格尊严,严重束缚了人的发展。不幸的是,以鲍威尔为首的理论批判混淆了政治解放和人的解放之间的关系,并没有抓住问题的本质。马克思指出:"政治解放本身并不就是人的解放。"②这里所谓的"政治解放"指近代资产阶级革命,它是不彻底的。因为"政治解放"虽然将宗教从公共领域驱逐出去,但是它没有因此而消失,而是进入到私人领域,依旧存在于市民社会之中。正是在这种意义上,马克思认为,鲍威尔所谓的"政治解放"只是让宗教脱离国家的控

---

① 望月清司著,韩立新译,《马克思历史理论的研究》,北京:北京师范大学出版社,2009年,第22页。

② 《马克思恩格斯文集》第1卷,北京:人民出版社,2009年,第38页。

制,人的解放仍未实现。"国家从宗教中解放出来并不等于现实的人从宗教中解放出来。"①实现人的解放还要对"政治解放"的欺骗本质进行批判。唯有如此,才能将人从资本主义的人身依附关系中解放出来,促进人的主体意识的觉醒。

在市民社会与政治国家的关系问题上,黑格尔从"绝对精神"的基本立场出发,认为市民社会是从政治国家中孕育而成的。显然,黑格尔在理论基础上采取的是"自上而下"的方法。马克思对此进行了严厉批判,他认为黑格尔的观点是头足倒置的,应该采取"自下而上"的方法,从市民社会中去寻求政治国家产生的现实基础。他认为,市民社会孕育着全部历史的前提,它是"直接从生产和交往中发展起来的社会组织"②,构成了人类历史的发源地。马克思对黑格尔的批判在方法论上实现了变革,强调了市民社会在政治国家中的基础地位。以此为基础,马克思考察了市民社会中的生产与交往关系,并演绎出生产力与生产关系、经济基础与上层建筑这一唯物史观的基本原理。无论是生产力与生产关系还是经济基础与上层建筑,都与人密切相关,人的主体性和主体地位在二者的矛盾运动中得以确证,人在这个过程中充当了历史的不自觉的工具,由此勾勒出了人类历史发展的基本路径。根据这种分析,马克思得出了人民是历史主体的结论。然而,历史发展并非直线式的向前迈进,而是螺旋式的上升过程。资本主义生产资料私有制使社会分裂为资产阶级和无产阶级两大对立阶级,随着资产阶级和无产阶级之间矛盾的激化,社会关系变得更加尖锐与对立。这种社会情境致使劳动阶级身陷囹圄,成为受资产阶级控制和剥削的对象,丧失了主体地位。资本主体对财富的无限贪欲与无产阶级生存处境日益艰难之间的尖锐冲突,成为资本主义社会关系的基本表现形式。这种不合理的社会关系发展到一定阶段必然导致资产阶级和无产阶级的对抗,加速无产阶级联合起来推翻资本主义社会制度,以实现自身的解放。从现实来看,无产阶级反抗资产阶级的剥削和压迫不是一朝一夕就能实现的,而是需要经历一个长期的历史过程。推翻资本主义私有制,消除

---

① 《马克思恩格斯文集》第1卷,北京:人民出版社,2009年,第38页。
② 《马克思恩格斯文集》第1卷,北京:人民出版社,2009年,第583页。

阶级对立，人才能真正成为活动主体，承担起认识世界和改造世界的历史重任。马克思通过对黑格尔国家观的深度批判，强调了人民群众在政治国家建构中的决定性作用，凸显了人民群众在社会历史发展进程中的主体地位。

二、现实的人与劳动实践：马克思人民主体思想的现实基础

马克思在批判以往哲学尤其是黑格尔和费尔巴哈对人的本质的规定基础上，提出了"现实的人"的理论，摒弃了将人抽象化的做法，以主体的"现实性"内核置换掉主体的"非现实性"表象。"现实的人"是历史进程中具有能动性的生命体，是人类社会存在和发展的基础和前提。马克思认为，"现实的人"就是从事具体实践活动的人。正是在实践活动中，人的价值和主体地位才能不断得到确证。马克思从"现实的人"和劳动实践出发，深入考察了"现实的人"和劳动实践在人民主体形成过程中的重要价值与特殊意义。

第一，"现实的人"是人民主体形成的根本前提。马克思认为，有生命的现实的个人是人类社会发展的基础。"全部人类历史的第一个前提无疑是有生命的个人的存在"①。马克思将"现实的人"作为全部人类历史的基础，突出了人在社会发展中的主体地位。在这里，他并没有抽象地理解现实的人的历史主体地位，而是将人置于社会关系中来加以考察。这样，马克思所谓的"现实的人"就有了坚实的实践根基，实现了对黑格尔主张的"自我意识的人"和费尔巴哈"抽象的人"的超越。在马克思看来，"现实的人"既是能动的自然生命存在，又是人民主体形成的基本前提。其一，"现实的人"是人民主体的基本构成要素。考察"人民主体"思想，首先必须弄清楚"人民"为何？很多学者将"人民"简单地等同于由不同的个人所组成的整体。诚然，"人民"是由无数个现实的个人构成的，但是"人民"并不是个人的简单相加，而是在一定的社会文

---

① 马克思，恩格斯：《德意志意识形态》（节选本），北京：人民出版社，2003年，第11页。

化背景和制度环境中形成的具有共同的理想信念与价值取向的共同体。由此可见,现实的个人是"人民"的有机组成部分,离开现实的个人,"人民"就成为了抽象的存在,人民的主体地位也就荡然无存了。其二,"现实的人"的本质能力和自我价值的实现过程就是人民主体地位的形成过程。人与动物的最大不同之处在于,人具有自主性和能动性,能够进行自由选择并根据自身的主观愿望和意志进行对象性活动,人的本质能力在这个过程中得到实现,人自身的价值也逐步被验证。人的根本能力和自我价值的实现,使人成为全面发展的人和自由自觉的活动主体,也为人民主体地位的形成提供了可能。其三,"现实的人"是从事实践活动的主体,并由此促进了人民主体地位的形成。根据马克思的观点,人民是推动社会发展的决定性力量,社会发展的走向以及社会的价值选择都与人民群众密切相关。虽然人类历史的发展进程并不是由单个人所决定的,但是具体的历史活动和历史事件则是由现实的个人发起的,现实的个人是具体实践活动的发起者与践行者。通过无数个"现实的人"的具体实践活动,推动人类社会不断发展和进步,人民的主体地位也在这个过程中得以体现。

第二,劳动实践是人民主体形成的现实路径。劳动实践是人的对象性活动过程,在人类社会中的重要性不言而喻。马克思在批判黑格尔和费尔巴哈劳动观的基础上,赋予劳动实践以科学内涵和合理定位。劳动实践是人由野蛮走向文明、从蒙昧走向理性的关键环节。马克思肯定了黑格尔看到劳动是人的对象性活动,认为"他抓住了劳动的本质"[1]。但黑格尔的问题在于,他理解的劳动是自我意识的抽象精神劳动。马克思指出:"黑格尔唯一知道并承认的劳动是抽象的精神的劳动。"[2]这样劳动实践在黑格尔那里就成为抽象的活动。费尔巴哈批判了黑格尔的唯心主义辩证法,但遗憾的是,费尔巴哈视野中的人缺乏能动性,他只把人视为感性的对象,而没有从感性的活动去考察人的本

---

[1] 马克思:《1844年经济学哲学手稿》,北京:人民出版社,2000年,第101页。

[2] 马克思:《1844年经济学哲学手摘》,北京:人民出版社,2000年,第101页。

质。劳动之于费尔巴哈仍然是抽象的活动。马克思批判地继承并汲取了黑格尔和费尔巴哈哲学中的合理成分，指出劳动实践是人在社会活动中将自身的本质力量对象化的过程。劳动实践不仅生产人生活的物质资料，而且在劳动过程中也产生了社会关系。现实的个人正是在劳动实践中与他者相互作用，结成人类社会特有的共同体组织，使人成为"类存在物"。人的类本质意味着人与其他生命体之间的分离，表现出人的同一性特征。通过劳动实践这种类生活，人与人之间的相互交织和联系进一步促进了人民主体的形成。一是，劳动确立了人的主体地位。劳动是人类特有的活动，虽然动物也有生产，但"动物只是按照它所属的那个种的尺度和需要来构造"①，这种生产没有目的性。而人则能够根据自身的意图或意志进行生产，"按照任何一个种的尺度来进行生产"②，并且自主决定生产行为的发起或停止，因此人的生产具有主动性。在劳动实践中，人逐渐确立起了自身的主体性和主体地位。二是，劳动实践把"个体存在"和"社会存在"内在地统一起来。人首先是自然的生命存在，每个个体都有自身的自然特质，并在社会中实现自在存在与自为存在的统一。劳动使人的个体性嵌入到社会性之中，成为社会的现实的人，为人民主体的形成创造了条件。三是，劳动加速了人们由分散走向联合。个体的有限性驱使人们结合成相互依赖的命运共同体。人与人之间的这种关系不是自发形成的，而是需要借助劳动这个中介来实现。劳动使人们之间的联系日益紧密，成为密不可分的整体，促进了人民主体的实践生成。

第三，扬弃劳动异化是人民主体形成的必然选择。劳动的对象化不仅丰富了物质资料内容，而且还使人民的主体性地位和主体性意识不断生成。但是在资本主义私有制条件下，劳动与人发生分离，成为不受劳动者控制的异己活动。马克思认为，异化劳动是资本主义生产资料私有制发展的必然结果。人在异化劳动中失去的不仅仅是自身生产的产品，而且还有自身的主体地位。"生产什么？怎么生产？为谁生产？这些生产关系中的根本性问题与劳动者无关，他们只需按照资本

---

① 马克思：《1844年经济学哲学手稿》，北京：人民出版社，2000年，第58页。
② 马克思：《1844年经济学哲学手稿》，北京：人民出版社，2000年，第58页。

家的意图生产即可。"①换言之,劳动者在生产活动中没有主动权和决定权。异化劳动的前提是劳动的存在,"异化借以实现的手段本身就是实践的"②,没有劳动实践就不可能有劳动的异化。马克思指出,资本主体对财富的无限贪欲是导致劳动异化的人性根源。在异化劳动处境中,人的主体性被资本主义社会生产关系剥夺,劳动者失去了自由支配劳动产品的资格,从产品的生产关系结构中抽离出来。否定劳动者在劳动产品中的所有权地位,就是否认劳动者的主体性。在马克思看来,尽管异化劳动是资本主义私有制的产物,但是它并不是历史发展的必然,而是人类社会中的暂时现象。当异化劳动被推向极端时,劳动者必然会联合起来反抗资本家的剥削和压迫,这时无产阶级和资产阶级之间的冲突必然爆发,资产阶级因自身不可调和的内部矛盾必将被无产阶级取代而退出历史舞台,生产资料由少数人占有转变为全民所有,劳动成为人们自觉自愿从事的活动,人在劳动中的地位和角色发生根本转变,主体地位得到彰显。马克思考察了资本主义社会中人的主体性丧失的内在根源,主张冲破私有制的束缚,扬弃异化劳动对人的控制,复归人的主体地位。

三、自由而全面的发展:马克思人民主体思想的价值旨归

如何才能从资本主义私有制的束缚中解放出来,如何才能扬弃异化劳动对人的控制,马克思和恩格斯认为,对异化劳动的扬弃需要具备两个基本的前提:一是,群众基础。异化的力量要演化为革命的力量,必须"把人类的大多数变成完全'没有财产的'人,同时这些人又同现存的有钱有教养的世界相对立"③。一言以蔽之,扬弃异化劳动的前提之

---

① 欧阳康,熊治东:《马克思人的全面发展学说的情感意蕴及其当代意义》,《世界哲学》,2018年第4期。
② 马克思:《1844年经济学哲学手稿》,北京:人民出版社,2000年,第60页。
③ 马克思,恩格斯:《德意志意识形态》(节选本),北京:人民出版社,2003年,第30页。

一是无产阶级联合起来反抗资产阶级的统治,汇聚成革命的强大力量。二是,生产力的极大发展。生产力是人类社会发展的关键要素,生产力的发展一方面可以防止陈腐污浊的东西死灰复燃,另一方面生产力的发展使普遍的交往成为可能,从而大大增强人们之间的联系。但是,生产力的发展不是一蹴而就的,而是循序渐进的逐步发展过程,生产力的任何飞跃都是以过去的积累和发展为基础,就此而言,扬弃异化劳动和推翻资本主义制度是一个历史过程。正是基于此种认识,马克思根据生产力的不同发展阶段将共产主义划分为低级和高级两个历史阶段。其中,低级阶段正处于社会转型时期,无论是社会的经济领域,还是道德或精神方面都明显地残留着旧社会的痕迹。尽管这个时期在所有制上实行了公有制,人民成为社会和国家的主人,主体地位逐步确立,但社会生产力发展水平有限,劳动依然是人们谋生的基本方式,社会分工还未真正根除,个体之间发展依旧不平衡。这意味着在共产主义低级阶段,人在社会中因主观因素和客观环境等多重影响,不同的人之间主体地位的状况有所差异。虽然共产主义低级阶段制约人民主体形成的因素依旧存在,但总体而言,人民的主体地位基本确立起来。

  人民主体地位的真正实现是在共产主义的高级阶段,在这个阶段,人实现了自由而全面的发展。社会生产力的极大发展使社会物质生活资料得到极大的丰富,劳动不再是人们谋生的手段,其本身就是生活的构成部分。社会分工在生产力的高度发展下走向瓦解,人与人之间的发展差异消失,每个个体都有机会在社会中充分地发展自身,展现自身的本质能力,人们的精神生活也随之发生极大的变化。个体的主体地位得以确立,个体在社会中不仅能够获得充分的自主性,而且还能最大限度地发挥自身的能动性。个体主体地位的确立是"自由人联合体"形成的关键,个体在"自由人联合体"中能够自由自主地决定自己的活动和规划自己的生活,这正是共产主义的内在要求。"自由人联合体"是真正的共同体,个体既是共同体中的个体,同时共同体又为个体主体性的实现创造了条件。个体的全面发展必须依赖于共同体的全面发展,只有共同体的全面发展,个体的全面发展才有现实的可能,这样就合乎逻辑地将个体主体和集体主体统一起来。马克思人民主体思想的内在理论逻辑在于以个体主体地位的实现为起点,促进人民主体的形成。

马克思和恩格斯指出,在共产主义社会中"每个人的自由发展是一切人的自由发展的条件"①。只有个体的自由全面发展,全体的自由全面发展才有可能。这里所谓的人的自由全面发展,是整个人类的共同发展,而不是部分人的自由全面发展,亦即总体的人的自由全面发展、人民主体的自由全面发展,人民主体地位真正确立起来。人的自由全面发展既是马克思人民主体思想的价值旨归,也是人民主体真正形成的标志。

  人民主体地位的确立,人的自然生命和社会生命得到双重确证,自然生命更加充实,社会生命更加丰富。马克思提出的人的自由而全面发展并不是要消除个体之间存在的差异,而是要尊重个体的差异,实现个体人格、个性的独立和自由,肯定个体在发展过程中选择的自主性。个体的自由和全面发展,身体和精神实现了双重自由,成为有个性的存在,从而可以根据自身的兴趣和爱好"今天干这事,明天干那事,上午打猎,下午捕鱼,傍晚从事畜牧,晚饭后从事批判"②,人成为有个性的活动主体,自主地选择实践活动的类型和实践活动的方式,个体选择的范围更为广泛,选择的对象也更加多样。人的自由而全面发展能够激发人的能动性和创造性,使人的本质力量得到全方位的展现,进而更好地推进人民主体地位形成的实践进程。人的自由而全面发展,也使人民的主体性更加全面,主体地位得到充分的彰显。人民主体地位的形成,人成为马克思意义上的"完整的人",为自由人联合体形成创造了条件。"联合起来的生产者,将合理地调节他们和自然之间的物质变换,把它置于他们的共同控制之下,而不让它作为一种盲目的力量来统治自己。"③也就是说,在自由人的联合体中,人被当作目的,而不是手段,人类社会从"必然王国"阶段走向"自由王国"阶段。这种转变使人回归自身的纯真本性,成为真正意义上的主体性存在。

---

  ① 《马克思恩格斯文集》第 2 卷,北京:人民出版社,2009 年,第 53 页。
  ② 马克思,恩格斯:《德意志意识形态》(节选本),北京:人民出版社,2003 年,第 29 页。
  ③ 马克思:《资本论》第 3 卷,北京:人民出版社,2004 年,第 928 页。

四、马克思人民主体思想的当代诠释

社会历史的发展已经反复证明了人民的主体地位。马克思通过对资本主义社会的深度批判和对社会现实的深入考察,揭示了人民群众在历史发展中的重要地位和作用,形成了人民主体思想,并将其运用于无产阶级的解放斗争和国际共产主义运动事业中,成为无产阶级反抗资产阶级统治的有力理论武器和指导思想。时至今日,我们回顾和反思马克思的人民主体思想,仍然具有十分重要的理论价值和现实意义。习近平总书记曾在多个场合、多次强调要坚持人民的主体地位,通过系列讲话形成了习近平新时代"以人民为中心"的发展理念和发展思想。习近平新时代"以人民为中心"的发展思想是对马克思人民主体思想的继承和创新,彰显了新时代中国化马克思主义真理的光辉,其中蕴含的丰富思想和科学内涵必将唤起全体人民的主体意识,激发其参与建设中国特色社会主义现代化事业的热情,并进而推进中华民族伟大复兴中国梦的实现。

其一,马克思人民主体思想是习近平新时代"以人民为中心"的发展思想的理论根基。马克思人民主体思想的核心要义在于始终把人民置于人类社会发展的核心地位,始终坚持从人民的立场出发,始终将人民对美好生活的向往与追求作为奋斗的目标。在马克思生活的时代,资本主义正处于自由竞争阶段,在资本逻辑的驱使下,资本在全球范围内大肆扩张,资本主体疯狂地追逐利润和剩余价值,彼此之间展开了激烈的竞争,进而直接导致了资本主体对劳动者进行惨无人道的剥削和压迫,劳动者的生存处境极为艰难,生命健康没有保障。恩格斯将资产阶级对待劳动者的手段和方式称为"社会谋杀",指出资产阶级的做法必然"过早地把他们送进坟墓"①。劳动阶级的悲惨境遇和资本主义私有制毫无休止地压榨,引起马克思对劳动阶级的极大关注和同情。马克思认识到,理论的批判已不能解决现实的难题,必须从资本主义私有制这个根源上进行解决。正是基于这种认识,马克思将批判的重心从

---

① 《马克思恩格斯文集》第 1 卷,北京:人民出版社,2009 年,第 409 页。

理论领域转向现实领域,极力为劳动阶级鸣不平。这样,马克思就逐渐将关注的焦点聚集到如何实现人的解放与自由全面发展这个问题上来,由此演绎出了人民主体理论。中国共产党自建党以来便深刻领悟到马克思人民主体思想的精髓,并将其嵌入中国社会的革命和建设之中,成为党执政的理论基础和力量之源。党的十八大以来,习近平总书记根据党情世情国情的新变化,提出了"以人民为中心"的发展思想,强调要尊重人民的主体地位,充分发挥人民的智慧和力量,高度重视并积极解决人民群众关心的重大现实问题,以实现人民的幸福为奋斗目标和价值指引。当前中国社会已经进入新时代,人民对美好生活的向往比任何时候都要强烈。习近平总书记提出的"以人民为中心"的发展思想,深度契合了当前中国社会发展的现实状况,是马克思人民主体理论与中国社会现实高度耦合的体现,其中蕴含的特殊历史意义和中国内涵必将深刻地影响新时代中国社会的发展进程。

其二,习近平新时代"以人民为中心"的发展思想是对马克思人民主体思想的继承与创新。人民主体思想是马克思历史唯物主义的核心内容。马克思认为,人民是推动社会历史发展与进步的决定性力量。在这个过程中,人民自身的力量也不断得到发展,主体地位随之凸显。"历史活动是群众的活动,随着历史活动的深入,必将是群众队伍的扩大。"①马克思通过对人民在历史活动中的作用的考察,揭示出了人民在历史发展中的重要地位。习近平新时代"以人民为中心"的发展思想秉承了马克思历史唯物主义的基本立场,运用马克思人民主体思想的基本理论来指引当前中国社会的发展,从根本上来说,是对马克思人民主体思想在新的时代背景下的继承与发展。首先,习近平新时代"以人民为中心"的发展思想立足中国实际,回应了人民群众对社会发展的期盼。习近平总书记曾指出:"人民对美好生活的向往,就是我们的奋斗目标。"②党的十九大报告对当前中国社会的主要矛盾作出了新的判断,更加凸显了党对人民群众关于美好生活的向往与追求的重视,顺应

---

① 《马克思恩格斯文集》第 1 卷,北京:人民出版社,2009 年,第 287 页。
② 习近平:《在第十八届中央政治局常委同中外记者见面时的讲话》,《人民日报》,2012 年 11 月 15 日。

了人民群众对时代发展的新要求,充分体现了习近平新时代"以人民为中心"的发展思想的人本意蕴。其次,习近平新时代"以人民为中心"的发展思想对中国社会发展走向进行了具体部署。以习近平总书记为核心的党中央针对中国社会的现实境遇,提出了"五位一体"的总体布局和"四个全面"的战略布局,强调要让更多的发展成果和更多的改革红利惠及全体人民,鲜明地表明了"以人民为中心"的发展取向。党的十八届四中、五中、六中全会均深度阐述了"以人民为中心"的发展思想。党的十九大、十九届三中全会进一步丰富和发展了"以人民为中心"的发展思想。这标志着"以人民为中心"的发展思想已成为中国共产党治国理政的基本遵循。

其三,马克思人民主体思想为新时代中国共产党兴党治国提供了价值指引和路径参照。习近平新时代"以人民为中心"的发展思想是对马克思人民主体思想当代价值的生动诠释。马克思人民主体思想理论从根本上来说就是要不忘初心,这也是习近平新时代"以人民为中心"的发展思想的核心要义。中国共产党人的初心和使命是什么?党的十九大报告开篇便指出:"中国共产党人的初心和使命,就是为中国人民谋幸福,为中华民族谋复兴。"①当前,不忘初心就是要坚持马克思人民主体思想,将其作为发展中国特色社会主义的价值指引,使中国社会的发展始终走在正确的道路上。习近平新时代"以人民为中心"的发展思想与马克思人民主体思想具有高度的一致性。坚持马克思人民主体思想,就是要坚持"以人民为中心"的发展取向。十九大通过的党章修正案增加了"以人民为中心"的发展思想的内容,进一步明确了"以人民为中心"的发展思想在当前中国社会发展进程中的根本指导地位。不忘初心要求我们必须始终牢记马克思主义的历史使命,将人民满不满意、高不高兴作为一切工作的出发点和落脚点,牢固树立人民的主体地位意识。只有坚持以人民为中心的价值取向,才能为中国社会探寻正确的发展道路。偏离人民这个中心,就极有可能导致社会朝着相反方向

---

① 习近平:《决胜全面建成小康社会 夺取新时代中国特色社会主义伟大胜利——在中国共产党第十九次全国代表大会上的报告》,北京:人民出版社,2017年,第1页。

发展。回顾党成立以来的光辉历程,无论是在什么历史时期,中国共产党都将"人民"镌刻在自己的旗帜上,立足于广大人民的根本利益,把人的解放和实现人民更好的生活作为自己最高的奋斗目标。历史和现实反复告诉我们,坚持"以人民为中心"的根本立场是我们事业取得成功的重要保障。中国社会的性质决定了必须坚持"以人民为中心"的发展取向,这是我们党长期以来在经历无数风雨洗礼基础之上得出的正确认识,也是马克思人民主体思想的集中体现,必将引领中华民族伟大复兴的历史征程。

原载于《河南大学学报(社会科学版)》2019 年第 1 期

『纪念中国共产党成立100周年』专题研究

马克思主义指导地位制度化建设百年历程与基本经验

孟 轲①

习近平总书记明确指出:"马克思主义是我们立党立国的根本指导思想。背离或放弃马克思主义,我们党就会失去灵魂、迷失方向。在坚持马克思主义指导地位这一根本问题上,我们必须坚定不移,任何时候任何情况下都不能有丝毫动摇。"②从本质上说,中国共产党成立至今的百年发展历程,既是寻找中国革命、建设、改革和复兴道路的不懈奋斗过程,又是以制度化手段坚持将马克思主义居于指导地位,不断探索中国特色社会主义道路的艰辛探索过程。深入探究马克思主义指导地位制度化建设百年历程,从中汲取有益经验和教训,以制度之力持续"筑牢'中国之治'的意识形态根基"③,进一步丰富和发展21世纪马克思主义,意义十分重大。

一、马克思主义指导地位制度化建设百年历程的内涵意蕴

探究马克思主义指导地位制度化建设百年历程与基本经验,首先

---

① 孟轲(1972—),男,河南邓州人,河南省特聘教授,河南师范大学河南省中国特色社会主义理论体系研究中心教授,博士生导师。
② 《习近平谈治国理政》第2卷,北京:外文出版社,2017年,第33页。
③ 王永贵,廖鹏辉:《构筑"中国之治"的意识形态根基》,《马克思主义与现实》,2020年第4期。

必须从学理上厘清何谓马克思主义指导地位,又何谓马克思主义指导地位制度化建设。这既是马克思主义指导地位制度化建设题中应有之义,又是其理论前提。

(一) 马克思主义指导地位的核心要义

在当代中国,马克思主义的指导地位并非偶然生成,而是"近代以来我国发展历程赋予的规定性和必然性"①。所谓"马克思主义指导地位",主要是指中国共产党作为无产阶级政党,始终坚持把马克思主义作为科学的世界观和方法论,作为立党立国的指导思想和行动指南,并不断与时俱进,赋予其新的时代内涵,以更好地指导中国特色社会主义实践。具体来说,其核心要义体现在以下三个方面:

其一,作为科学的世界观和方法论,马克思主义始终在意识形态领域居于指导地位,指引着中国特色社会主义文化建设的正确方向。马克思主义全面分析资本主义社会的内在矛盾,深刻揭示了历史发展的客观规律,指明了人类社会发展进步的方向。"这一理论犹如壮丽的日出,照亮了人类探索历史规律和寻求自身解放的道路"②;"在人类思想史上,就科学性、真理性、影响力、传播面而言,没有一种思想理论能达到马克思主义的高度,也没有一种学说能像马克思主义那样对世界产生如此巨大的影响"③。就当代中国而言,马克思主义是"社会主义意识形态的旗帜和灵魂"④,是"我们认识世界、把握规律、追求真理、改造世界的强大思想武器"⑤,并始终对社会意识形态和思想文化建设发挥

---

① 习近平:《在哲学社会科学工作座谈会上的讲话》,《人民日报》,2016 年 5 月 19 日。
② 习近平:《在纪念马克思诞辰 200 周年大会上的讲话》,《人民日报》,2018 年 5 月 5 日。
③ 《习近平向各国共产党赴华参加纪念马克思诞辰 200 周年专题研讨会致贺信》,《人民日报》,2018 年 5 月 29 日。
④ 秋石:《巩固马克思主义在意识形态领域的指导地位》,《求是》,2013 年第 19 期。
⑤ 习近平:《在纪念马克思诞辰 200 周年大会上的讲话》,《人民日报》,2018 年 5 月 5 日。

引领作用。

其二,作为立党立国的根本指导思想,马克思主义始终对中国特色社会主义建设事业各项工作发挥着指导作用。马克思主义"不仅深刻改变了世界,也深刻改变了中国"①,既是社会主义中国的精神基石,又是中国特色社会主义事业走向成功的思想政治保障。当前,国际国内形势正在发生深刻变化,"坚持马克思主义的指导地位,不是一句空话","马克思主义指导地位的适用范围是整个中国,是我们全部的国家、社会、经济、文化生活"②。这就要求我们,必须始终将马克思主义的立场、观点和方法运用到中国特色社会主义建设事业的各项工作中,并指导具体实践,推动实践发展,发挥其对实践的思想引领、方法指导、路径引导作用,以利于更好地解决实践中出现的各种问题。当然,马克思主义的"指导"并非具体原理、结论的指导,而主要是理论方法、精神实质的指导;指导的关键在于指出方向,指明出路,从思想方法上破解难题,持续发挥其科学的思想先导、理论引导、行为规范的功能和作用。

其三,作为对马克思列宁主义的继承和发展,中国化的马克思主义同样对中国特色社会主义建设事业各项工作发挥指导作用。从狭义上说,马克思主义主要是指马克思、恩格斯创立的科学社会主义学说体系。从广义上说,马克思主义不仅包括马克思、恩格斯创立的科学社会主义学说体系,而且还包括之后列宁、斯大林、毛泽东、邓小平等诸多继承者对它的发展,即实践中不断发展着的马克思主义。中国共产党从诞生之日起就把马克思主义鲜明地写在自己的旗帜上,并不断推进马克思主义中国化,先后形成了毛泽东思想、邓小平理论、"三个代表"重要思想、科学发展观、习近平新时代中国特色社会主义思想等中国化的马克思主义。它们既是对马克思列宁主义的继承和发展,又是党和人民实践经验和集体智慧的结晶,同样对中国特色社会主义实践发挥着指导作用,必须长期坚持并不断发展。

---

① 习近平:《在纪念马克思诞辰 200 周年大会上的讲话》,《人民日报》,2018年5月5日。

② 邓纯东:《论坚持马克思主义指导地位》,《世界社会主义研究》,2016年第1期。

（二）马克思主义指导地位制度化的三维内涵

习近平总书记指出："坚持以马克思主义为指导，最终要落实到怎么用上来。"①"落实到怎么用上"这一要求，不仅意味着必须将马克思主义理论与当代中国实践相结合，而且意味着必须将其"指导地位"逐渐制度化，从而能够长久地指导中国特色社会主义实践，并最终实现全体民众的广泛认同与自觉遵守，简言之，就是实现马克思主义指导地位的制度化。

如何正确理解和阐释马克思主义指导地位制度化这一概念？尽管不同学科对制度化内涵有不同的解读，但一般认为，制度化是制度的动态表现形式，"体现的是从规则到行为等一系列社会范畴、现象实现规范化、常态化、通约化的过程"，具有"约束性、持续性、扩散性"等内容指向②，从整体上看包含制度制定、执行、反馈、矫正等环节。因此，从词源学的角度来说，马克思主义指导地位制度化，就是将马克思主义理论体系，特别是马克思主义的立场、观点和方法外化为有形或无形的制度制定、执行、反馈和矫正，从而有效发挥其指导功能，充分体现其指导地位的过程，即建立一系列体现马克思主义指导地位的制度体系，使马克思主义指导功能得以充分发挥。从内容上说，其至少包括三个方面的内容：

第一，马克思主义指导地位制度体系的科学构建。马克思主义指导地位制度化，首先要有"制度化"的"马克思主义"，并在"制度化"中体现马克思主义的指导地位。即在设计和制定制度体系时，无论是显性形式的党内各项法规制度、国家各项法律法规制度条例，还是隐性形式的道德和价值观等行为规范，都必须始终将马克思主义作为一种"制度精神"渗透其中，从而形成一系列行之有效的"制度化马克思主义"，以确保马克思主义始终处于指导地位。从本质上来说，这一过程就是根

---

① 习近平：《在哲学社会科学工作座谈会上的讲话》，《人民日报》，2016年5月19日。
② 郁建兴，秦上人：《制度化：内涵、类型学、生成机制与评价》，《学术月刊》，2015年第3期。

据中国特色社会主义的实践需求,持续把马克思主义化成"制度化的思想体系",化成"党的指导思想",化成"国家主流意识形态",化成"社会核心价值",化成"思想武器、精神支柱或行动指南"①,从而使其思想领导权、话语权旗帜鲜明地体现在这些制度之中。

第二,马克思主义指导地位制度体系的执行实施。制度只有得到严格执行,才能充分发挥其行为规范作用,真正体现其约束效能。马克思主义指导地位制度化,既要有"制度化"的马克思主义,又要使这一"制度化"的马克思主义在实践中得到全面实施和严格执行,从而充分反映马克思主义的基本立场、观点和方法,全面体现马克思主义的基本原理和内在精神,有效发挥其理论方法和思想方法的指导功能和作用,逐步实现其指导地位的现实化,进而达到自律和他律的有机统一。

第三,马克思主义指导地位制度体系的评价和矫正。马克思主义指导地位制度化,既是把以马克思主义为指导的"制度理论"化成"制度现实"的过程,同时又是结合中国特色社会主义实践,持续进行理论创新和制度创新,不断推进制度评价和制度矫正,丰富和发展以马克思主义为指导的制度理论和制度体系的过程。这既是评判和检验马克思主义指导地位制度化成效的重要环节,又是持续推进马克思主义指导地位制度化的内在要求,并进而为最终建立具有中国作风、中国气派、中国特色的马克思主义制度体系提供实践经验。

(三)马克思主义指导地位制度化建设百年历程的本质意蕴

从"制度化"的视角来看,马克思主义指导地位制度化,表达的是马克思主义指导地位以制度建设形式从萌芽发轫不断走向成熟和完善的探索过程。中国共产党成立百年来,在坚持马克思主义指导的同时,始终不断探索如何实现其指导地位的制度化问题。因此,马克思主义指导地位制度化建设的百年历程,本质上既是中国共产党人将马克思主义指导地位"化"为制度理论指导实践的百年探索过程,同时又是将马克思主义指导地位"化"为制度现实进而发挥其效能的百年实践过程。

---

① 平飞:《论马克思主义制度化的中国经验》,《马克思主义研究》,2011年第7期。

一方面，马克思主义指导地位制度化建设百年历程，是中国共产党人将其指导地位"化"为制度理论指导实践的百年探索过程。在百年来探索马克思主义指导地位制度化建设的历史进程中，中国共产党人通过一系列"正式"制度和"非正式"制度建设，不断坚持和巩固马克思主义的指导地位，使马克思主义指导思想逐步"化"为一种制度理论和实践，有效减少和排除了国家治理过程中的"非制度化"现象，从而使科学社会主义在当代中国显示出强大的生机与活力。

另一方面，马克思主义指导地位制度化建设百年历程又是中国共产党人将其指导地位"化"为制度现实，进而发挥效能的百年实践过程。在百年来探索马克思主义指导地位制度化建设的历史进程中，中国共产党人通过科学设计和有效构建党和国家的一系列制度体系，将马克思主义作为一种先进的"制度精神"逐步渗透到各项制度的具体运行和实施过程之中，充分体现了其对具体实践的指导功能与作用，从而使中国特色社会主义始终沿着正确的方向不断前进，并将制度优势不断转化为治理效能，为最终实现中华民族伟大复兴提供了制度保障和精神支撑。

二、马克思主义指导地位制度化建设百年历程的简要回顾

依据中国共产党人探索实践的内在逻辑与发展进程，整体上可以将马克思主义指导地位制度化建设百年历程划分为四个阶段：一是新民主主义革命时期的发轫奠基；二是社会主义革命和建设时期的曲折前进；三是改革开放和现代化建设新时期的恢复发展；四是中国特色社会主义新时代的创新升华。

（一）新民主主义革命时期：马克思主义指导地位制度化的发轫奠基

马克思主义指导地位制度化，首先体现在全党对马克思主义指导地位的"制度化"认知上。中国共产党一经成立，就把马克思主义作为指导思想，围绕中国革命的性质、道路、力量等重大问题进行探索，并初

步自觉地尝试马克思主义指导地位制度化建设。李大钊、陈独秀、蔡和森等党的诸多早期领导人,均曾从不同视角初步论述了马克思主义在指导现代中国社会制度改造方面的独特价值,在一定程度上隐含着未来将其指导地位走向制度化的朴素思想意蕴。如李大钊曾提出,马克思主义作为西方文化的精华,是"世界的新文明"和"新潮流"①,强调中国社会问题要有一个"根本解决"②,必须以马克思主义为指导,"因各地、各时之情形不同,务求其适合者行之,遂发生共性与特性结合的一种新制度"③。不过,由于建党初期全党整体理论水平相对较低,制度建设经验亦十分欠缺,因而尽管在理论和实践上强调坚持以马克思主义为指导,但从制度化文本的视角来说,党的一大至三大制定的纲领、章程、决议等重要文件,并没有使用"马克思主义""指导地位"之类的文字词句来直接体现马克思主义指导地位的制度化。直到党的四大以后,党内文件中才开始以明确的文字表达来体现马克思主义的指导地位,强调要"经常担负介绍马克思列宁主义的理论,并指导在实际问题中如何应用马克思列宁主义"④。

党的六大之后,特别是古田会议以后,全党开始探索建立党的基层组织制度、党的组织生活制度、党内教育规范化制度、理论宣传制度等一系列制度规范,"教育党员使党员的思想和党内的生活都政治化、科学化""用马克思列宁主义的方法去作政治形势的分析和阶级势力的估量"⑤。遵义会议以后,以毛泽东为主要代表的中国共产党人将思想建设放在党的建设的首位,在党的六届六中全会上提出了"马克思主义中国化"战略命题,要求全党"学会把马克思列宁主义的理论应用于中国的具体的环境"⑥,在一定意义上内在地包含着全党逐步达成了马克思

---

① 《李大钊文集》(上),北京:人民出版社,1984年,第575页。
② 《李大钊文集》(下),北京:人民出版社,1984年,第37页。
③ 《李大钊全集》(修订本)第4卷,北京:人民出版社,2013年,第248页。
④ 中央档案馆:《中共中央文件选集》第5册,北京:中共中央党校出版社,1990年,第270页。
⑤ 中共中央文献研究室,中央档案馆:《建党以来重要文献选编(1921—1949)》第6册,北京:中央文献出版社,2011年,第732页。
⑥ 《毛泽东选集》第2卷,北京:人民出版社,1991年,第534页。

主义指导地位制度化的思想"共识"。党的七大在党的历史上第一次明确规定,"中国共产党,以马克思列宁主义的理论与中国革命的实践之统一的思想——毛泽东思想,作为自己一切工作的指针"①,并将其正式写入《中国共产党章程》。这就以党的"根本大法"的形式确立了毛泽东思想在全党的指导地位,为马克思主义指导地位制度化建设初步奠定了基础。

(二) 社会主义革命和建设时期:马克思主义指导地位制度化的曲折发展

新中国成立后,中国共产党开始全面执政,马克思主义指导地位制度化建设步伐明显加快,相关实践探索亦逐步深化。毛泽东在一届全国人大一次会议上庄严宣告:"领导我们事业的核心力量是中国共产党。指导我们思想的理论基础是马克思列宁主义。"②会议制定颁布的《中华人民共和国宪法》将这一论述载入其中,由此以国家"根本大法"的最高法律形式确立了马克思主义在国家建设中的指导地位。党的八大修改通过的党章规定:"中国共产党以马克思列宁主义作为自己行动的指南"③,再次以党的"根本大法"的形式确立了马克思主义在全党的指导地位。同时,在接管城市的过程中,党中央要求迅速健全各级党的宣传机构,组织领导各地通过直接没收、依法核准经营、明令取消等方式,迅速掌握了报纸、刊物、电台、通讯社等舆论工具,"把作为舆论宣传、大众传播重要工具的这部分文化事业,完全置于党和国家的统一领导之下,确立了马克思主义在全国的指导思想地位"④。

令人遗憾的是,从1957年整风运动开始,党内阶级斗争逐步扩大

---

① 中央档案馆:《中共中央文件选集》第15册,北京:中共中央党校出版社,1991年,第115页。

② 中共中央文献研究室:《建国以来重要文献选编》第5册,北京:中央文献出版社,1993年,第461页。

③ 中央档案馆,中共中央文献研究室:《中共中央文件选集》(1949年10月—1966年5月)第24册,北京:人民出版社,2013年,第233页。

④ 中共中央党史研究室:《中国共产党的九十年》(社会主义革命和建设时期),北京:中共党史出版社,党建读物出版社,2016年,第403页。

化,极左思想逐步显现,党和国家建设开始偏离马克思列宁主义的正确轨道。毛泽东在党的八届三中全会上的讲话改变了党的八大关于社会主要矛盾的正确判断,并据此提出"革命已经转到社会主义革命"①的"新命题",逐步形成了"无产阶级专政下继续革命的理论",以至于最后发展成为"文化大革命"这一全局性错误,"明显地脱离了作为马克思列宁主义普遍原理和中国革命具体实践相结合的毛泽东思想的轨道"②。党的八届十中全会之后,特别是十年"文化大革命"期间,"党的组织和国家政权受到极大削弱,大批干部和群众遭受残酷迫害,民主和法制被肆意践踏,全国陷入严重的政治危机和社会危机"③,马克思主义指导地位制度化建设长时间处于停滞状态。

(三)改革开放和现代化建设新时期:马克思主义指导地位制度化的恢复和发展

党的十一届三中全会以来,以邓小平为主要代表的中国共产党人总结新中国成立以来正反两方面的经验教训,坚持解放思想、实事求是,推动各方面拨乱反正,使马克思主义指导地位制度化建设得以恢复,这集中体现在以"坚持四项基本原则"为核心的党内法规制度的"规范化"上。党的十一届六中全会决议,以及五届全国人大五次会议修改通过的《中华人民共和国宪法》均明确规定,必须坚持社会主义道路、人民民主专政、中国共产党的领导和马克思列宁主义毛泽东思想等"四项基本原则"④。党的十三大强调,"四项基本原则"是"我们的立国之

---

① 中共中央文献研究室:《建国以来重要文献选编》第10册,北京:中央文献出版社,1994年,第607页。
② 中共中央文献研究室:《关于建国以来党的若干历史问题的决议注释本(修订)》,北京:人民出版社,1985年,第28页。
③ 胡绳:《中国共产党的七十年》,北京:中共党史出版社,1991年,第514页。
④ 中共中央文献研究室:《关于建国以来党的若干历史问题的决议注释本(修订)》,北京:人民出版社,1985年,第42页;中共中央文献研究室编:《十二大以来重要文献选编》(上),北京:人民出版社,1986年,第217页。

本"①,并作为重要内容纳入党在社会主义初级阶段的基本路线。

1992年初,邓小平发表南方谈话,强调"在整个改革开放的过程中,必须始终注意坚持四项基本原则"②,为未来进一步从顶层设计和教育实践两大层面推进马克思主义指导地位制度化建设指明了前进方向。党的十四大以邓小平南方谈话精神为指导,将社会主义初级阶段的基本路线正式载入党章。③ 党的十五大、十六大、十七大先后将邓小平理论、"三个代表"重要思想、科学发展观与马克思列宁主义毛泽东思想并列,确立了其指导地位,并写入党章。九届全国人大二次会议、十届全国人大二次会议,分别将邓小平理论、"三个代表"重要思想载入宪法,确立为国家的指导思想④。这一时期,全党上下还先后开展了以全党学习邓小平建设有中国特色社会主义理论和学习党章为主题的"双学"活动,和以"讲学习、讲政治、讲正气"为主要内容的党性党风教育活动,在一定程度上加快了马克思主义指导地位制度化建设的步伐。

(四)中国特色社会主义新时代:马克思主义指导地位制度化的创新与升华

党的十八大以来,以习近平同志为核心的新一届中央领导集体放眼当今世界百年未有之大变局,立足新时代实现中华民族伟大复兴的战略高度,从战略部署和体系建构两大层面对马克思主义指导地位制度化建设进行创新与升华,使之更加扎实有效。

在马克思主义指导地位制度化战略部署层面,习近平总书记明确

---

① 中共中央文献研究室:《十三大以来重要文献选编》(上),北京:人民出版社,1991年,第15页。
② 《邓小平文选》第3卷,北京:人民出版社,1993年,第379页。
③ 中共中央文献研究室:《十四大以来重要文献选编》(上),北京:人民出版社,1996年,第52页。
④ 中共中央文献研究室:《十五大以来重要文献选编》(上),北京:人民出版社,2000年,第808页;中共中央文献研究室:《十六大以来重要文献选编》(上),北京:中央文献出版社,2011年,第889页。

提出"思想教育要结合落实制度规定来进行"①的重大命题,在某种程度上已经蕴含着"党的思想建设制度化"②的理论创新。党的十九届四中全会在党的历史上首次提出"坚持马克思主义在意识形态领域指导地位的根本制度"③,开启了马克思主义指导地位制度化建设新里程。同时,党的十八大将科学发展观确立为党的指导思想,并写入党章④;党的十九大则把习近平新时代中国特色社会主义思想确立为必须长期坚持的指导思想,写入党章⑤;十三届全国人大一次会议将科学发展观、习近平新时代中国特色社会主义思想载入宪法⑥,确立为国家的指导思想,实现了党和国家指导思想的与时俱进。

在马克思主义指导地位制度化体系建构层面,十八大以来,中央制定党的制度建设综合实施方案,"对历史上的党内法规制度进行大规模清理,制定和形成了一整套能够跟得上发展、管得住现在的党内法规制度体系"⑦,其条文中大都含有"以马克思列宁主义、毛泽东思想、邓小平理论、'三个代表'重要思想、科学发展观、习近平新时代中国特色社会主义思想为指导"⑧等语句,以显性约束体现了马克思主义的指导地位。同时,国家不仅通过设立国家宪法日、建立宪法宣誓制度等政治仪式,在保障宪法实施、树立宪法权威中明确地体现出马克思主义的指导

---

① 中共中央文献研究室:《十八大以来重要文献选编》(中),北京:人民出版社,2016年,第95页。
② 刘新玲,连晓龙:《思想建设制度化是党的重要理论创新》,《红旗文稿》,2016年第17期。
③ 《中共中央关于坚持和完善中国特色社会主义制度 推进国家治理体系和治理能力现代化若干重大问题的决定》,《人民日报》,2019年11月6日。
④ 中共中央文献研究室:《十八大以来重要文献选编》(上),北京:人民出版社,2014年,第45页。
⑤ 《中国共产党章程》,《人民日报》,2017年10月29日。
⑥ 《中华人民共和国宪法》,《人民日报》,2018年3月22日。
⑦ 杨小云,李永杰:《十八大以来党的作风建设机制创新》,《深圳大学学报(人文社会科学版)》,2016年第1期。
⑧ 此处依据党的十八大以来中央制定的系列党内法规得出,例如:《中国共产党党内监督条例》《中国共产党支部工作条例》《中国共产党纪律处分条例》《中国共产党问责条例》等。

地位,而且将马克思主义指导地位有机融入《中华人民共和国民法典》等诸多法律的制定修改和依法行政等方面的实践之中,使之以隐性形式间接地得以实现。

三、马克思主义指导地位制度化建设百年历程的基本经验

纵观马克思主义指导地位制度化建设百年历程,其中虽不乏曲折、失误甚至是长时间的全面停滞,但更多的是大量宝贵的经验,值得我们认真借鉴和吸收。惟其如此,我们才能在中国特色社会主义新时代进一步推进马克思主义指导地位制度化建设。

第一,以"党章化、宪法化"为统领,科学构建有效的制度体系,是实现马克思主义指导地位制度化的根本要求。一方面,"党章化、宪法化"是马克思主义指导地位制度化的顶层统领。作为党和国家的指导思想,马克思主义是指导党和国家全部活动的科学的理论体系,具有唯一性、统一性和神圣性,只有载入党和国家的"根本大法",才能真正彰显其至高无上的"统领"地位,发挥其科学的指导作用。"在中国共产党还没有成为中国的执政党以前,党的重要决议与党章实际上都直接以马克思主义为指导;在中国共产党领导中国人民建立中华人民共和国成为执政党以后,不仅中国共产党党章而且中华人民共和国宪法都明确规定以马克思主义与中国化的马克思主义为指导思想"①。另一方面,科学构建有效的制度体系,是马克思主义指导地位制度化的必然选择。在实现"党章化、宪法化"的基础上,通过科学合理的制度设计,以直接或间接、显性或隐性的形式将马克思主义的"制度精神"有机融入党代会报告、党内重要决议、条例等制度性文件以及国家治理体系的各项制度和法规之中,充分体现了马克思主义理论体系的内在精神,以"制度化的马克思主义"为实现马克思主义指导地位制度化提供了制度保证。

第二,以制度执行和考核创新为核心,持续强化制度实施,是实现

---

① 平飞:《论马克思主义制度化的中国经验》,《马克思主义研究》,2011年第7期。

马克思主义指导地位制度化的关键环节。实现马克思主义指导地位制度化，既要有科学合理的制度体系，又要严格执行和实施这一制度体系，只有这样才能使其制度效能得以有效发挥。这就需要我们从两方面着手：一是加强制度的执行和实施，实现马克思主义指导地位的"规范化""政策化"。从历史上看，党和国家历任领导人均高度重视马克思主义指导地位制度化建设，尤其注重制度执行和实施创新。习近平总书记多次强调："制度的生命力在执行，有了制度没有严格执行就会形成'破窗效应'"[1]，"各项制度制定了，就要立说立行、严格执行，不能说在嘴上，挂在墙上，写在纸上，把制度当'稻草人'摆设"[2]。只有严格执行制度，在制度执行中将马克思主义指导地位以"制度精神"的形式巧妙地融入党和国家的路线方针和政策，实现其指导地位的"规范化"与"政策化"，才能有效发挥马克思主义指导地位制度体系的内在约束功能。二是强化制度考核和实践创新，实现马克思主义指导地位制度化的良性持续发展。制度效能的发挥程度，既取决于制度自身的科学性，又取决于制度执行特别是制度考核的有效性。只有将马克思主义指导地位制度体系的制定实施与严格执行、考核评价与反馈矫正有机地统一起来，才能有效推动马克思主义指导地位制度化建设进程的良性持续发展。

第三，以理论创新和学习教育为支点，注重制度理论与制度实践相结合，是实现马克思主义指导地位制度化的基本前提。首先，持续推进理论创新，实现马克思主义指导地位的"科学化"与"学科化"。理论创新是坚持和发展马克思主义的根本要求，更是推进其指导地位制度化的内在要求。只有与时俱进深化马克思主义理论研究，广泛开展马克思主义理论学科建设，推动实现马克思主义指导地位的"科学化"和"学科化"，才能为马克思主义指导地位制度化提供必要的理论支撑。其次，注重理论学习教育，实现马克思主义指导地位的"大众化"与"常态化"。理论学习教育是党的优良传统和宝贵经验，也是提高思想认识，

---

[1] 中共中央文献研究室：《十八大以来重要文献选编》（上），北京：中央文献出版社，2014年，第720页。

[2] 习近平：《之江新语》，杭州：浙江人民出版社，2007年，第71页。

实现高度团结和统一的基本途径。它贯穿于党的历次集中教育活动之中，对于坚持马克思主义指导地位十分重要。实践表明，只有常抓不懈推动马克思主义理论学习和宣传教育，适时开展各种行之有效的主题教育活动，才能不断实现马克思主义指导地位的"大众化"和"常态化"，从而为实现其制度化奠定群众基础和实践根基。

第四，以培育社会主义核心价值马为导向，坚持制度约束与自我约束相统一，是实现马克思主义指导地位制度化的双向路径。实践证明，任何一种制度化都离不开强制性的制度"硬约束"和自觉性的"软约束"。当代中国实现马克思主义指导地位制度化，既需要必要的国家强制性"硬约束"，又需要一定的个体自觉性"软约束"。"社会主义核心价值体系是兴国之魂，决定着中国特色社会主义发展方向"①。党的十六届六中全会首次将马克思主义指导思想纳入社会主义核心价值体系建设，从根本上确立了社会的价值导向，对于科学指引和正确调节人们的行为，引导人们自觉坚持马克思主义指导，实现马克思主义指导地位制度化，具有重要的"软约束"作用。社会主义核心价值观是社会主义价值体系的基本内核，培育和践行社会主义核心价值观，既是当代中国"凝魂聚气、强基固本的基础工程"②，又是确立全社会价值认同和价值共识，实现制度约束与自我约束有机统一的战略任务，对于进一步增强社会主义意识形态吸引力和凝聚力，引导社会大众自觉坚持马克思主义指导地位，具有十分重要的价值和意义。

第五，以紧紧抓住领导干部这个"关键少数"为重点，充分发挥社会各群体作用，是实现马克思主义指导地位制度化的动力支撑。首先，必须紧紧抓住"关键少数"，为实现马克思主义指导地位制度化提供示范效应。各级"领导干部是党和国家事业发展的'关键少数'，对全党全社会都具有风向标作用"③。他们既是党和国家事业的组织者和管理者，又身处关键岗位、关键领域、关键环节，无疑是实现马克思主义指导地

---

① 中共中央文献研究室：《十八大以来重要文献选编》（上），北京：中央文献出版社，2014年，第24页。
② 《习近平谈治国理政》第1卷，北京：外文出版社，2018年，第163页。
③ 《习近平谈治国理政》第3卷，北京：外文出版社，2020年，第544页。

位制度化的"关键群体"。这就需要紧紧抓住"关键少数",通过理论学习、目标管理、强化问责等手段,教育引导他们不断身先士卒、以身作则,从而更好地"以上率下",为实现马克思主义指导地位制度化提供必要的示范效应。其次,必须全面依靠工农大众等社会群体,为实现马克思主义指导地位制度化提供力量支持。工人、农民、知识分子群体,包括新生社会阶层群体,既是中国特色社会主义建设事业的一线承担者、推动者和实践者,又是推动实现马克思主义指导地位制度化的主体力量。只有全面依靠工农大众等社会群体,通过思想教育、利益引导、榜样示范等手段,全面调动他们的积极性和主动性,充分发挥他们在制度化建设进程中的主体作用,才能为马克思主义指导地位制度化提供强大的力量支撑,进而促进马克思主义指导地位制度化的更大发展。

原载于《河南大学学报(社会科学版)》2021年第5期

百年来中国共产党应对重大考验的历史考察及启示

何云峰①

中国共产党迄今已经走过了100年的发展历程,在这100年中,党经历了无数艰难险阻,遭遇到至少五次重大考验:大革命的失败、第五次反"围剿"的失败、"大跃进"运动的失误、"文化大革命"十年内乱造成的严重局面、1989年政治风波和苏联解体、东欧剧变等。但是,在这一次次的重大考验中,党总能逢凶化吉、遇难成祥,成功地应对考验,打开新局面,这不能不令人赞叹和深思。本文拟对中国共产党应对这五次重大考验的过程进行历史考察,并在此基础上探讨党应对重大考验的历史经验,希望对新时代党的事业的发展有所启发。

一、党对大革命失败的应对

自1924年起,中国共产党和国民党携手合作,发动了一场打倒列强除军阀的大革命。正当大革命如火如荼蓬勃发展的时候,1927年上半年风云突变,国民党领导人蒋介石、汪精卫相继发动反共政变,对中国共产党人和工农群众举起了屠刀,轰轰烈烈的大革命宣告失败。

大革命失败后,中国共产党遇到了严峻的生死考验。据中共六大所做的不完全统计,"从1927年3月到1928年上半年,被杀害的共产

---

① 何云峰(1972—),男,河南孟津人,法学博士,河南大学哲学与公共管理学院教授,马克思主义与当代中国研究所研究员。

党员和革命群众达31万多人,其中共产党员2.6万多人"①。陈延年、赵世炎、罗亦农、向警予、陈乔年、夏明翰、郭亮等党的优秀儿女都牺牲在敌人的屠刀下;许多地方的党组织被打散;一些不坚定分子纷纷脱党,有的甚至领着敌人搜捕共产党人。党员数量从近6万人锐减到1万多人。党内思想极度混乱,不知道何去何从。

面对严峻考验,中国共产党人表现出可贵的大无畏品格。正如毛泽东所说:"中国共产党和中国人民并没有被吓倒,被征服,被杀绝。他们从地下爬起来,揩干净身上的血迹,掩埋好同伴的尸首,他们又继续战斗了。"②

1927年8月1日,周恩来等人领导发动了著名的南昌起义,打响了武装反抗国民党反动派的第一枪,用血与火的语言,宣告了中国共产党人不畏强暴、坚持革命的坚强决心。紧接着,8月7日,中共中央在汉口召开紧急会议,坚决清算了大革命后期以陈独秀为代表的右倾机会主义错误,确定了土地革命和武装反抗国民党反动派的总方针。随后,中央派毛泽东到湖南领导秋收起义。毛泽东看到参加秋收起义的部队在进军过程中严重受挫,进攻长沙的目标无法实现,就当机立断,改变原有部署,进军井冈山,在敌人控制比较薄弱的山区寻求立足地,以保存革命力量,再图发展。

毛泽东到达井冈山后,全力进行党、军队和政权建设,并且注意同当地的农民武装领袖袁文才、王佐搞好关系,逐渐在井冈山地区站稳了脚跟,最终建立了井冈山革命根据地。1928年4月,朱德带领南昌起义军余部和毛泽东在井冈山胜利会师,根据地军队的实力大大增强。1929年,随着革命形势的发展,毛泽东和朱德又率领部队下井冈山,向赣南、闽西进军,随后开辟了赣南、闽西革命根据地,后来扩展为中央革命根据地。全国其他地方也纷纷建立革命根据地,中国革命走向全面复兴。

遗憾的是,大革命失败后,在一段时间内,中共中央仍以城市为工

---

① 中共中央党史研究室:《中国共产党历史》第1卷(上),北京:中共党史出版社,2011年,第232页。

② 《毛泽东选集》第3卷,北京:人民出版社,1991年,第1036页。

作重点,照搬俄国革命经验,将精力主要放在发动城市武装起义上面。毛泽东进军井冈山,在井冈山建立革命根据地,遭到中共中央的严厉批评。毛泽东被撤销中共中央政治局候补委员职务。到井冈山传达文件的人竟然误传毛泽东被开除了党籍,毛泽东被迫当了一段"党外民主人士",连参加党的会议的权利也没有了。但是毛泽东没有放弃自己的主张,他不唯书、不唯上,坚信在农村建立革命根据地是中国革命发展的正确方向,最终开创了农村包围城市、武装夺取政权的革命道路,促成了中国革命蓬勃发展的新局面。

  事非经过不知难。毛泽东在进军井冈山的前前后后,一直面临着诸多指责和压力。在教条主义者看来,中国共产党的领导人怎么能上山当"山大王",山沟里怎么能够出马克思主义?毛泽东用实际行动回答了他们的质疑。从井冈山到中央革命根据地,红军队伍日益壮大,根据地地盘也越来越大,革命形势的发展如火如荼。坚持"左"倾路线的中共中央却因为日益严重的白色恐怖在上海无法立足,最后不得不迁到中央革命根据地。试想一下,如果中国共产党人都只是死守书本上的教条,只是照搬别国的模式,只把眼睛盯着城市,中国革命恐怕早就被葬送了。历史充分证明,以毛泽东为代表的中国共产党人,善于从实践中总结经验教训,摆脱城市中心论的束缚,大胆开创中国革命新道路,对于正确应对大革命失败的考验具有决定性的意义和作用。

二、党对第五次反"围剿"失败的应对

  1933年下半年,蒋介石发动了对中央革命根据地的第五次大规模"围剿"。由于当时中共中央领导权落到一些根本不懂得中国国情,却得到共产国际信任的"左"倾教条主义者手里,结果导致第五次反"围剿"的失败。

  第五次反"围剿"的失败使得中国共产党又一次面临严峻的生死考验。面对国民党重兵的包围,主力红军被迫实行战略转移。1934年10月中旬,中共中央机关和中央红军86000余人撤离中央革命根据地,向湘西突围,开始了悲壮的长征。在突破敌人第四道封锁线的湘江战役中,中央红军付出了惨重的代价,人数锐减至3万余人。这时,国民党

军队又在红二六军团汇合的路上集结重兵,企图把中央红军一网打尽。

在这危急关头,毛泽东建议放弃北上湘西计划,全军西进敌人力量相对薄弱的贵州。在通道紧急会议上,多数同志同意毛泽东提出的建议,但博古、李德仍然坚持到湘西去。12月18日,中共中央政治局在黎平召开会议,经过激烈争论,与会多数同志赞同毛泽东的建议。会议作出决定,放弃向湘西前进的计划,改向黔北挺进。1935年1月7日,红军攻克黔北重镇遵义。

还在中央根据地时,许多干部就对中央主要领导人的军事指挥逐渐产生怀疑和不满,一些军团指挥员多次在作战的电报、报告中提出批评意见,有的同志甚至与李德发生激烈的争论。毛泽东等也多次提出自己的正确主张,但都没有被接受。随着在长征中红军作战的不断失利,这种不满情绪日益增长,到湘江战役之后达到顶点:在干部特别是高级干部中,酝酿着要求纠正错误、改变领导者的思想和意见。

由于长期患病而身体虚弱的毛泽东当时不得不坐在担架上行军。"有意思的是,担架变成讨论政治的舞台,为毛泽东重新掌权、领导长征免遭覆灭铺平了道路。"①他对和他一同坐在担架上行军的王稼祥、张闻天等人反复进行深入细致的工作,向他们分析第五次反"围剿"和长征开始以来中央在军事指挥上的错误,并得到他们的支持,和他们结成了意见一致的同盟。毛泽东此举被西方人戏称为"担架上的'阴谋'"②。

实际上,不仅王稼祥和张闻天站在了毛泽东一边,周恩来、朱德等人也是支持毛泽东的。他们同博古、李德等人的分歧越来越大,一路上展开多次争论。这时,中央大部分领导人对于中央军事指挥的错误问题,基本上取得了一致意见。在这种形势下,召开一次政治局会议,总结经验教训,纠正领导上的错误的条件已经成熟。

1935年1月15日至17日,中央政治局在遵义召开扩大会议(即遵

---

① 哈里森·索尔兹伯里著,过家鼎等译:《长征:前所未闻的故事》,北京:解放军出版社,2001年,第73页。

② 哈里森·索尔兹伯里著,过家鼎等译:《长征:前所未闻的故事》,北京:解放军出版社,2001年,第71页。

义会议)。会议首先由博古作关于反对第五次"围剿"的总结报告。他过分强调客观困难,把第五次反"围剿"的失败归之于帝国主义、国民党反动力量的强大,白区和各苏区的斗争配合不够等,而不承认主要是由于他和李德压制正确意见,在军事指挥上犯了严重错误而造成的。接着,周恩来就军事问题作副报告,他指出第五次反"围剿"失败的主要原因是军事领导的战略战术的错误,并主动承担责任,作了诚恳的自我批评,同时也批评了博古和李德。张闻天按照会前与毛泽东、王稼祥共同商量的意见,作了反对"左"倾军事错误的报告,比较系统地批评了博古、李德在军事指挥上的错误。随后毛泽东作了长篇发言,对博古、李德在军事指挥上的错误进行了切中要害的分析和批评,并阐述了中国革命战争的战略战术问题和此后在军事上应该采取的方针。王稼祥在发言中也批评了博古、李德的错误,支持毛泽东的正确意见。周恩来、朱德、刘少奇等多数与会同志相继发言,不同意博古的总结报告,而同意毛泽东、张闻天、王稼祥提出的提纲和意见。只有个别人在发言中为博古、李德的错误辩解。李德坚决不接受批评。会议最后指定张闻天起草决议,委托常委审查,然后发到各支部讨论。张闻天在会后根据与会多数人特别是毛泽东发言的内容,起草了《中共中央关于反对敌人五次"围剿"的总结的决议》。这个决议,后来在扎西会议上正式通过。

遵义会议改组了中央领导机构,选举毛泽东为中央政治局常委。这次会议结束了"左"倾教条主义错误在中央的统治,确立了毛泽东在中共中央和红军中的领导地位。遵义会议是中国共产党应对第五次反"围剿"失败这次重大考验的关键。这次会议在极端危急的历史关头,挽救了党,挽救了红军,挽救了中国革命。从此,中国共产党在毛泽东的正确领导下,克服重重困难,一步步地引导中国革命走向胜利。遵义会议是党的历史上一个生死攸关的转折点,它标志着中国共产党在政治上开始走向成熟。

遵义会议以后,中央红军获得了新的生命,在毛泽东等人的指挥下,四渡赤水河、巧渡金沙江,摆脱了几十万国民党军队的围追堵截,取得了战略转移中具有决定意义的胜利。1935年10月,毛泽东等率领中央红军胜利到达陕北,将陕北作为落脚点,作为中国革命的大本营,从此,中国革命打开了新局面。

三、党对"大跃进"失误的应对

1958年,毛泽东领导发动了轰轰烈烈的大跃进运动,由于急于求成,严重违背经济规律,以高指标、瞎指挥、浮夸风、"共产风"为标志的"左"倾错误严重泛滥,加上1959年下半年的反右倾运动和严重的三年自然灾害,导致中国经济严重衰退,出现了极端严重的经济困难。国际上霸权主义和强权政治趁机对我们施压,社会主义中国面临严峻的考验。

在严峻考验面前,全党上下大兴调查研究之风,进行全面的政策调整,认真纠正工作中的失误。

1960年11月中共中央发出关于农村人民公社当前政策问题的紧急指示信,要求全党用最大的努力坚决纠正各种"左"的偏差和错误。1961年1月,八届九中全会正式决定对国民经济实行"调整、巩固、充实、提高"的八字方针,全国转入调整的轨道。

毛泽东在八届九中全会上强调,要恢复实事求是的优良传统。他说:"现在看来,搞社会主义建设不要那么十分急。十分急了办不成事,越急就越办不成,不如缓一点,波浪式地向前发展",①"不要图虚名而招实祸"②。"建国以来,特别是最近几年,我们对实际情况不大摸底了,大概是官做大了。我这个人就是官做大了,我从前在江西那样的调查研究,现在就做得很少了"③。"请同志们回去后大兴调查研究之风,一切从实际出发,没有把握就不要下决心"④。

八届九中全会以后,毛泽东直接组织和指导三个调查组,分赴浙江、湖南、广东农村进行调查。刘少奇、周恩来、朱德、邓小平等也分别到湖南、河北、四川、北京等地,深入基层调查研究。各省、市、自治区党委书记也纷纷下去。刘少奇带领一个调查组回到了自己的家乡,在湖

---

① 《毛泽东文集》第8卷,北京:人民出版社,1999年,第236页。
② 《毛泽东文集》第8卷,北京:人民出版社,1999年,第237页。
③ 《毛泽东文集》第8卷,北京:人民出版社,1999年,第237页。
④ 《毛泽东文集》第8卷,北京:人民出版社,1999年,第234页。

南农村进行了44天的调查。在长沙天华大队,刘少奇一住就是18天。他走村串户,听汇报,看实情。他明白地告诉大队干部和社员:请你们谈话的时候,放开思想,一点顾虑都不要有,愿意讲的话都讲,讲错也不要紧,不戴帽子,不批评,不辩论。农民心里有了底,他们把想说而又不敢说的话对刘少奇说了。刘少奇因此掌握了大量的真实情况,对形势的严重性和问题症结有了清醒的认识。①

1962年1月11日至2月7日,党中央在北京召开扩大的工作会议(七千人大会),比较系统地总结了"大跃进"以来经济建设工作的基本经验教训。会议对缺点错误采取比较实事求是的态度,以开"出气会"的方式发扬民主,开展批评与自我批评,使广大党员心情比较舒畅,在动员全党为战胜困难而团结奋斗方面起了积极作用。七千人大会结束后,在刘少奇、周恩来和陈云等人的具体领导下,对国民经济大刀阔斧地进行调整,采取的主要措施是:大力精简职工,减少城市人口;压缩基本建设规模,停建缓建大批基本建设项目;缩短工业战线,实行必要的关、停、并、转;进一步从人力物力财力各方面加强和支援农业战线,加强农村基层的领导力量。

在国际上,毛泽东领导全党以大无畏的精神与苏共展开论战,坚决抵制苏共的老子党和大国沙文主义作风,使其控制中国的企图无法得逞。对于美国的侵略行径,中国也给予了坚决回击。

由于中共中央采取了果断的措施,经过党和人民的共同努力,国民经济逐渐走出低谷,开始全面好转,到1965年年底,调整国民经济的任务全面完成。更为难能可贵的是,在这个艰难的岁月里,党领导人民创造了一系列奇迹,如1964年10月16日第一颗原子弹爆炸成功;1965年实现石油全部自给,从此摘掉了"贫油国"的帽子;在世界上首先完成人工合成结晶牛胰岛素;各种电子计算机、电子显微镜、射电望远镜研制成功,等等。在极其艰苦的条件下取得如此辉煌的成就,充分显示了中国人民在中国共产党的坚强领导下与困难作斗争的巨大勇气和力量。

---

① 雷国珍:《刘少奇与60年代初国民经济调整》,《湖南党史》,1999年第5期。

四、党对"文化大革命"十年内乱造成的严重局面的应对

1966年,为了防止资本主义复辟,维护党的纯洁性,寻求中国自己的社会主义建设道路,毛泽东毅然发动了震惊世界的"文化大革命"。为了这场持续十年之久的"大革命",毛泽东可谓殚精竭虑,最终搞得心力交瘁。1976年9月9日,他带着无限的遗憾和伤感与世长辞。同年10月6日,以华国锋为首的中共中央采取果断措施,粉碎了祸国殃民的"四人帮","文化大革命"十年内乱终于画上了句号。

十年"文化大革命"给党、国家和人民带来了严重灾难,社会陷入长时间的动乱,国民经济发展缓慢。这十年间,按照正常年份百元投资的应增效益推算,国民收入损失达五千亿元;人民生活水平基本上没有提高,有些方面甚至还有所下降。20世纪70年代起,正是国际局势趋向缓和,许多国家经济起飞或开始持续发展的时期,但是,由于"文化大革命"的影响,中国不仅没能缩小与发达国家之间的差距,反而拉大了相互之间的差距,从而失去了一次发展机遇。

粉碎"四人帮"的胜利,结束了"文化大革命",从危难中挽救了中国的社会主义事业,为党和国家进入新的历史时期创造了前提条件。但是,华国锋的"抓纲治国"和"两个凡是"明显与时代脱节,与人民群众的期望也相差甚远,无法从根本上彻底扭转十年动乱造成的严重局面。在这样的历史背景下,邓小平在重新复出后连续发力出招,为拨乱反正、实现历史的转折做出了巨大贡献。

首先是他坚决支持真理标准大讨论。1978年6月2日,邓小平在全军政治工作会议的讲话中着重阐述了毛泽东关于实事求是的观点,批评在对待毛泽东和毛泽东思想问题上"两个凡是"的错误,号召"一定要肃清林彪、'四人帮'的流毒,拨乱反正,打破精神枷锁,使我们的思想来个大解放"①。此后,《解放军报》《人民日报》《光明日报》等报刊连续发表文章,一批老同志以不同的方式支持或参与讨论。真理标准讨论

---

① 《邓小平文选》第2卷,北京:人民出版社,1994年,第119页。

为党重新确立实事求是的思想路线,纠正长期以来的"左"倾错误,实现历史性转折奠定了思想理论基础。

其次是为改革大造舆论。1978年9月,邓小平在东北三省视察,行程数千里,走一路讲一路,用他自己的话说就是到处点火。他反复强调,现在摆在我们面前的问题,关键还是实事求是、理论与实际相结合、一切从实际出发。他告诫当地负责同志,世界天天发生变化,新的事物不断出现,新的问题不断出现,我们关起门来不行,不动脑筋永远陷于落后不行。一定要根据现在的有利条件加速发展生产力,使人民的生活好一些。①

再次是在中央工作会议上致闭幕词,为十一届三中全会定调。1978年11月10日至12月15日,党中央在北京召开工作会议。这次会议本来是要讨论经济工作的,但陈云率先提出系统地解决历史遗留问题的意见,引起大多数与会者的强烈反响,从而改变了会议议程,解决了一批重大的历史遗留问题。12月13日,邓小平在闭幕会上作了题为《解放思想,实事求是,团结一致向前看》的讲话。他指出:首先是解放思想,只有思想解放了,我们才能正确地以马列主义、毛泽东思想为指导,解决过去遗留的问题,解决新出现的一系列问题。"一个党,一个国家,一个民族,如果一切从本本出发,思想僵化,迷信盛行,那它就不能前进,它的生机就停止了,就要亡党亡国"②。他还提出改革经济体制的任务,并语重心长地告诫全党:"如果现在再不实行改革,我们的现代化事业和社会主义事业就会被葬送。"③在中国面临向何处去的重大历史关头,这篇讲话是开辟新时期新道路的宣言书。它受到与会者的热烈拥护,为随后召开的十一届三中全会定下了总基调,实际上成为三中全会的主题报告。

邓小平等人连续发力出招,为1978年12月召开的中共十一届三中全会实现历史性大转折做了充分的铺垫和准备。

十一届三中全会彻底否定了"两个凡是",重新确立了解放思想、实

---

① 《邓小平文选》第2卷,北京:人民出版社,1994年,第128页。
② 《邓小平文选》第2卷,北京:人民出版社,1994年,第143页。
③ 《邓小平文选》第2卷,北京:人民出版社,1994年,第150页。

事求是的指导思想,实现了思想路线的拨乱反正;停止使用"以阶级斗争为纲"的口号,作出工作重点转移的决策,实现了政治路线的拨乱反正;形成了以邓小平为核心的党中央领导集体,取得了组织路线拨乱反正的最重要成果;恢复了党的民主集中制的优良传统,提出了使民主制度化、法律化的重要任务;审查和解决了历史上遗留的一批重大问题和一些重要领导人的功过是非问题,开始系统处理历史上重大是非的拨乱反正问题。会议还提出要正确对待毛泽东的历史地位和科学看待毛泽东思想的科学体系,为纠正毛泽东晚年的错误,同时坚持和发展毛泽东思想指明了方向。

十一届三中全会是新中国建立以来党的历史上具有深远意义的伟大转折。这次全会作出了实行改革开放的重大决策,开始了中国从"以阶级斗争为纲"到以经济建设为中心、从僵化半僵化到全面改革、从封闭半封闭到对外开放的历史性转变。改革开放从此揭开了序幕,建设有中国特色社会主义的新道路以这次全会为起点得以正式开辟。

十一届三中全会是中国共产党成功应对重大考验的光辉典范。它标志着中国共产党终于从严重的历史挫折中重新奋起,带领中国人民开始了改革开放和为实现社会主义现代化而奋斗的新长征。

五、党对1989年政治风波和苏联解体东欧剧变的应对

20世纪80年代末90年代初,党和国家的发展又出现了一次重大考验。

首先是国内在1989年春夏之交发生了一场严重的政治风波。在关系党和国家生死存亡的关键时刻,中央政治局在邓小平和其他老一辈革命家坚决有力的支持下,采取果断措施,一举平息了这场政治风波,捍卫了社会主义国家政权,维护了人民的根本利益。

1989年6月9日,邓小平在接见首都戒严部队军以上干部时发表讲话指出:这场风波迟早要来,这是国际大气候和中国自己的小气候决定的。他要求全党,要冷静地考虑一下过去,也考虑一下未来,对的要继续坚持,错误的要予以纠正,不足的要加以改进。他斩钉截铁地说:

党的十一届三中全会制定的路线、方针、政策,包括我们发展战略的"三部曲"没有错;党的十三大概括的"一个中心、两个基本点"的路线没有错。如果说有错误的话,就是坚持四项基本原则还不够一贯和坚决,没有把它作为基本思想来教育人民、教育学生、教育全体干部和共产党员。我们原来制定的基本路线、方针、政策,要照样坚持下去,坚定不移地干下去。

1989年6月下旬,党召开十三届四中全会,产生了以江泽民为总书记的中共中央领导集体。在十三届四中全会召开之前和全会以后,邓小平多次郑重提出:现在要真正建立一个新的第三代领导集体。他强调:"中国问题的关键在于共产党要有一个好的政治局,特别是好的政治局常委会。只要这个环节不发生问题,中国就稳如泰山。"①他一再表示,新的领导班子一经建立并有秩序地工作,他就不再过问了。他说:"一个国家的命运建立在一两个人的声望上面,是很不健康的,是很危险的。不出事没问题,一出事就不可收拾。"②他明确告诉中央领导同志:"这是我的政治交代。"③

从十三届四中全会到五中全会,以邓小平为核心的第二代中央领导集体和以江泽民为核心的第三代中央领导集体实现了权力的顺利交接,保证了党的政策的稳定性、连续性和国家大局的稳定,使社会主义改革开放和现代化建设事业能够继续前进。这表明,中国共产党已经成功应对了1989年政治风波这一重大考验。

其次是苏联解体和东欧发生剧变,国际社会主义运动由此出现低潮。虽然长期以来东西方两极冷战结束了,但中国作为硕果仅存的社会主义大国,承受着前所未有的巨大压力,能不能在国内外的各种压力面前,坚定不移地把改革开放和社会主义现代化建设事业继续推向前进,就成为党当时面临的重大课题。

其实,早在1989年东欧国家发生动乱的时候,邓小平就针对国际局势提出了明确的应对方针:冷静观察、稳住阵脚、沉着应对。他强调:

---

① 《邓小平文选》第3卷,北京:人民出版社,1993年,第365页。
② 《邓小平文选》第3卷,北京:人民出版社,1993年,第311页。
③ 《邓小平文选》第3卷,北京:人民出版社,1993年,第310页。

"要冷静、冷静、再冷静,埋头实干,做好一件事,我们自己的事。"①西方国家因为1989年政治风波对中国进行"制裁",邓小平坚决顶住,毫不退让。他坚定地指出:"中国的特点是建国四十多年来大部分时间是在国际制裁之下发展起来的。我们别的本事没有,但抵抗制裁是够格的。所以我们并不着急,也不悲观,泰然处之。"②同时,邓小平强调,面对压力,中国最重要的事情是加快发展,不要在改革开放的路线方针政策方面出现动摇。

尽管邓小平反复强调面对危局一定要坚持改革开放不动摇,但有些人还是对苏联解体东欧剧变做出了过度的反应。一些人对社会主义前途缺乏信心,一些人对改革开放提出了姓"社"还是姓"资"的质疑,对党的基本路线产生了动摇。在此关键时刻,1992年初,邓小平视察南方,发表了重要谈话。他先后视察武昌、深圳、珠海、上海等地。在视察途中,他多次发表谈话,强调党的基本路线要管100年,动摇不得;改革开放胆子要大一些,敢于试验;要抓住时机,发展自己,关键是发展经济,发展才是硬道理。

对苏联解体东欧剧变后的国际局势,邓小平做出了冷静而乐观的判断。他说:"社会主义经历一个长过程发展后必然代替资本主义。这是社会历史发展不可逆转的总趋势,但道路是曲折的。资本主义代替封建主义的几百年间,发生过多少次王朝复辟?所以,从一定意义上说,某种暂时复辟也是难以完全避免的规律性现象。一些国家出现严重曲折,社会主义好像被削弱了,但人民经受锻炼,从中吸收教训,将促使社会主义向着更加健康的方向发展。因此,不要惊慌失措,不要认为马克思主义就消失了,没用了,失败了。哪有这回事!"③

邓小平南方谈话科学地总结了党的十一届三中全会以来的基本实践和基本经验,从理论上深刻回答了长期困扰和束缚人们思想的许多重大认识问题,驱散了长期笼罩在人们头上的思想迷雾,是把改革开放和现代化建设推向新阶段的宣言书。

---

① 《邓小平文选》第3卷,北京:人民出版社,1993年,第321页。
② 《邓小平文选》第3卷,北京:人民出版社,1993年,第359页。
③ 《邓小平文选》第3卷,北京:人民出版社,1993年,第382—383页。

邓小平南方谈话在中国造成的巨大影响充分证明：理论的伟大不在于词句本身，而在于它的彻底性和现实性。马克思说："理论在一个国家实现的程度，总是取决于理论满足这个国家的需要的程度。"①邓小平南方谈话就是这样满足中国现实需要的真正理论。

邓小平的南方谈话在历史的紧要关头为中国的发展再次拨正了航向，为改革开放注入了新的生机与活力。在南方谈话的推动下，1992年10月召开的中共十四大做出了三项具有深远意义的决策：一是确立邓小平建设有中国特色社会主义理论在全党的指导地位。二是明确我国经济体制改革的目标是建立社会主义市场经济体制。三是要求全党抓住机遇，加快发展，集中精力把经济建设搞上去。

以邓小平南方谈话和党的十四大为标志，改革开放步入快车道，中国特色社会主义事业迎来了繁荣发展的新阶段。

六、百年来党成功应对重大考验的重要启示

如上所述，100年来，中国共产党成功应对了至少五次重大考验。为什么面对危机中国共产党每次都能够化险为夷，转危为安？回顾和总结这段历史，至少有以下几条重要启示：

第一，要全面辩证地分析形势，既要看到不利的方面，又要看到有利的方面。全面准确地分析形势，是正确应对考验的重要前提：既要看到形势对我不利的方面，也要看到形势对我有利的方面，只有这样才能有针对性地采取措施应对考验。比如，第五次反"围剿"失败后，国民党反动派在红军长征路上进行围追堵截，对红军要赶尽杀绝，党和红军面临着生死考验，毛泽东清醒地认识到形势的极端严重性。但毛泽东同时也看到，党和红军遇到的严重挫折会让很多人由此觉悟，认识到"左"倾错误的危害，重新回到正确路线上来，这又何尝不是有利的方面呢？所以毛泽东抓住机会，一路上对张闻天、王稼祥等人积极做思想工作，促使他们的思想发生重大转变，最终在遵义会议上毛泽东得到了大多数人的支持，重新回到领导岗位，中国革命从此转危为安。再比如，上

---

① 《马克思恩格斯选集》第1卷，北京：人民出版社，2012年，第11页。

世纪90年代初,许多人面对苏联解体东欧剧变忧心忡忡,把形势看得一团漆黑,认为国际局势对中国极为不利。邓小平却认为情况并不尽然,他明确指出:"世界上矛盾多得很,大得很,一些深刻的矛盾刚刚暴露出来。我们可利用的矛盾存在着,对我们有利的条件存在着,机遇存在着,问题是要善于把握。"①面对风云变幻的国际局势,邓小平反复强调要保持稳定和坚持改革开放不动摇,并提出了"冷静观察、稳住阵脚、沉着应付、韬光养晦、善于守拙、绝不当头、有所作为"②的方针,领导全党和全国人民成功应对了当时面临的压力和挑战。这些例子充分说明,全面辩证地分析形势对于成功应对考验是极为重要的。这就要求我们认真学习和掌握马克思主义的唯物辩证法,面对考验时要进行辩证思维,能够一分为二地分析和看待事物。

第二,要坚定信念,镇定乐观,勇于面对困难和挑战。保持坚定的理想信念,在困难面前不悲观、不退缩,是正确应对考验的必备品质。习近平总书记强调:"对马克思主义的信仰,对社会主义和共产主义的信念,是共产党人的政治灵魂,是共产党人经受住任何考验的精神支柱。"③有了坚定的理想信念,在危机来临时才不会惊慌失措、进退失据,才能够镇定从容,直面困难和挑战。大革命失败后,正是有了一大批拥有坚定信念、坚持进行革命斗争的共产党人,革命的火种才没有熄灭,革命的红旗才没有倒下。三年经济困难时期能够顺利度过,也要归功于党和人民在困难面前不低头,在压力面前不屈服的坚定信念和大无畏精神。在那个难忘的年代,全国人民在中国共产党的坚强领导下,同心同德,艰苦奋斗,大干社会主义,谱写了一曲曲壮丽的凯歌。当时涌现出了众多光辉的榜样,如全心全意为人民,鞠躬尽瘁死而后已的县委书记焦裕禄;住窝棚、吃玉米,依靠人拉肩扛干大油田的大庆石油工人;自力更生、艰苦创业,修建"人工天河"红旗渠的河南林县人民;公而

---

① 《邓小平文选》第3卷,北京:人民出版社,1993年,第354页。
② 当代中国研究所:《中华人民共和国简史(1949—2019)》,北京:当代中国出版社,2019年,第89页。
③ 中共中央文献研究室:《十八大以来重要文献选编》(上),北京:中央文献出版社,2014年,第80页。

忘私的共产主义战士雷锋,等等。他们的感人事迹,充分展示了理想信念的巨大力量。历史充分证明,无论什么时候都要加强理想信念教育。一旦补足了理想信念这一课,遇到困难和挑战就能够积极面对,不但不会被困难和挑战所压倒,反而能够战胜一切困难和挑战。

第三,要冷静反思,查找不足,认真纠正工作中的失误。冷静反思,查找不足,认真纠正工作中的失误,是正确应对考验的关键一环。中国共产党人不是天生什么都会的圣人,在领导中国革命、建设和改革的过程中,出现这样那样的失误是难免的,重要的是要勇于反思自己,认真纠正失误。中国共产党人善于从失败中总结经验教训,所以能够成功应对考验,不断走向成熟。从大革命失败的教训中认识到"枪杆子里面出政权",从此开始拿起枪杆子进行武装斗争;从第五次反"围剿"的失败中认识到教条主义的危害,从此将反对教条主义的代表人物毛泽东重新推上领导岗位;从大跃进运动的失误中品尝到急于求成酿就的苦果,从此在经济建设方面不再好高骛远;从"文化大革命"的动乱中认识到稳定发展环境的重要性,从此一心一意搞建设,并确立了中国特色社会主义的发展道路;从1989年政治风波和苏联解体东欧剧变中认识到改革停滞或者倒退是死路一条,从此我们改革开放的步子迈得更大,更坚实。这些事例充分说明,只有善于从失败的教训中反省自己,才能找出应对考验的正确方案,进而通过纠正错误摆脱困境。

第四,要解放思想,敢于打破各种条条框框,以新思路开新局。解放思想是正确应对考验的重要法宝。所谓解放思想,是指"把思想认识从那些不合时宜的观念、做法和体制中解放出来,从对马克思主义的错误的和教条式的理解中解放出来,从主观主义和形而上学的桎梏中解放出来"①。只有解放思想,敢于打破各种条条框框,才能以新思路开新局。中国共产党之所以能够在100年的风雨历程中历经磨难而不衰,久经考验而不败,屡次化险为夷、转危为安,靠的就是解放思想这个法宝。大革命失败后,以毛泽东为代表的中国共产党人解放思想,破除城市中心论的束缚,找到了农村包围城市、武装夺取政权的全新的革命道路,从而使革命得以走向复兴。"文化大革命"结束后,以邓小平为代

---

① 《江泽民文选》第3卷,北京:人民出版社,2006年,第284页。

表的中国共产党人大力推动思想解放运动,破除僵化封闭意识形态的束缚,大胆提出改革开放的基本国策,从此将党的事业带入了新的境界。解放思想在关键时刻挽救了党,挽救了党的事业。历史已经证明并将继续证明,中国共产党人只要用好解放思想这个法宝,党的事业就会无往而不胜。

第五,要搞好调查研究,向人民群众求取真理。通过调查研究向人民群众求取真理是正确应对考验的重要方法。调查研究是中国共产党人必须掌握的基本方法,只有通过调查研究,才能认清国情,正确地分析形势;只有通过调查研究,才能接触和了解到真实情况,摆脱理论框框和主观偏见的束缚;只有通过调查研究,才能拉近和人民群众的距离,加深和人民群众的感情,倾听他们的意见和心声,汲取人民群众的智慧,求取到最朴素的真理。毛泽东在大革命时期到农村进行过长期深入的调查研究,才得以在大革命失败后首先找到中国革命的新的发展道路;大跃进的失误给我们造成了极大的困难,全党大兴调查研究之风,才得以找到应对困难和危机的有效措施,度过国民经济严重困难时期;"文化大革命"时期邓小平下放到江西,他认真进行调查研究,才得以彻底认清"文化大革命"的错误,从而痛定思痛,下决心拨乱反正,并推动一系列社会变革,创造了社会主义事业蓬勃发展的新局面。这些事例告诉我们,调查研究对于正确应对考验是一个非常有效的工作方法。习近平总书记强调:"调查研究是谋事之基、成事之道。没有调查,就没有发言权,更没有决策权。"①每一位领导干部都要牢记习近平总书记的教诲,遇到问题时必须进行全面深入的调查研究,决不能坐在办公室里闭门造车,做人民群众反感和痛恨的"三拍"(指拍脑袋决策、拍胸脯保证、出了事拍屁股走人)干部。

结 论

百年来中国共产党成功应对重大考验的历史充分证明,中国共产

---

① 习近平:《在武汉主持召开部分省市负责人座谈会时的讲话》,《人民日报》,2013年7月25日。

党是一个伟大、光荣、正确的党。在重大考验面前,中国共产党人全面辩证地分析形势,坚定理想信念,勇于正视和纠正自己的错误,大胆解放思想,打破各种条条框框,通过调查研究向人民群众求取真理,从而不断地从胜利走向胜利。认真总结党成功应对重大考验的历史经验,从中汲取思想营养,对于我们在实现民族复兴的新征程中应对各种风险和考验,具有重要的理论价值和现实意义。

原载于《河南大学学报(社会科学版)》2021年第4期

中国共产党百年共同富裕实践的三重逻辑向度研究

刘旭雯①

实现共同富裕既是社会主义的本质要求,更是中国共产党的初心和使命。中国共产党自成立以来,就始终把追求共同富裕贯穿于革命、建设和改革的全过程,带领人民走出了一条具有中国特色的共同富裕之路,同时也推动我国经济社会发展实现了从站起来、富起来向强起来的跨越式发展。党的十九届五中全会上,习近平在谈到2035年的现代化远景目标时,首次提出要使"全体人民共同富裕取得更为明显的实质性进展"②,这是党对人民作出的新的庄严承诺。站在第一个百年奋斗目标即将实现的历史节点上,回顾中国共产党百年共同富裕实践的历史演进过程,从中提炼和总结出"中国经验",不仅对于我们实现"共富梦"具有重要指导价值和作用,而且也为是世界各国发展贡献的"中国智慧"。

---

① 刘旭雯(1990—),女,广西南宁人,法学博士,广西大学马克思主义学院讲师。
② 《中共中央关于制定国民经济和社会发展第十四个五年规划和二〇三五年远景目标的建议》,http://www.gov.cn/zhengce/2020-11/03/content_5556991.htm,2020年11月3日。

一、历史向度：中国共产党共同富裕百年实践的历史逻辑

中国共产党自成立伊始，就把人民写在了党的旗帜上，把民族独立和国家富强作为自己奋斗的目标，在革命中孕育了"共同富裕"的思想。在一路走过的风风雨雨中，无论形势和任务发生怎样的变化，中国共产党人在推动共同富裕实现的道路上始终保持着与时俱进的个性特征，并在不同时期呈现出不同的特点。本研究将中国共产党建党百年以来推动共同富裕发展的进程分为六个阶段。

（一）初步探寻（1921—1949年）：开启探索实现共同富裕第一步

长期以来，共同富裕都是人类心驰神往的理想目标。中国传统文化中的"大同"思想、诸子百家的"均平"思想等都蕴含着共同富裕的元素，并将其作为一种高尚的核心价值内化并融入民族的血脉中。[①] 这些都为后来中国共产党人开启对共同富裕的初步探索做好了铺垫。随着十月革命的胜利和科学社会主义传入中国，马克思的共同富裕思想也很自然地得到了中国共产党人的认同和接受。与中国传统文化中所蕴含的共同富裕思想不同，马克思的共同富裕思想找到了分配不平等和贫富差距悬殊的根源，进而探索出一条使共同富裕从空想变为科学的现实路径，即推翻资本主义制度，建立无产阶级掌权的社会主义制度，并沿着社会主义道路逐步实现共同富裕的目标。

早期中国先进分子在中国共产党成立之前就萌生出共同富裕的思想。1915年陈独秀在上海创办《青年杂志》时就曾经明确指出："财产私有制虽不克因之遽废，然各国之执政及富豪，恍然于贫富之度过差，绝非社会之福。"[②]1921年，李大钊在北京大学对马克思主义的科学社

---

① 刘长明，周明珠：《共同富裕思想探源》，《当代经济研究》，2020年第5期。
② 《独秀文存》，合肥：安徽人民出版社，1987年，第12页。

会主义作宣讲时也提出了"人人均能享受平均的供给,得最大的幸福"①的社会主义设想。中国共产党成立以后,以毛泽东为代表的中国共产党人开始意识到,要带领人民走上民族独立和共同富裕的道路,彻底改变积贫积弱的面貌,就必须通过革命的方式推翻压在贫苦老百姓头上的"三座大山",建立起社会主义制度。在具体措施上,新民主主义革命时期的农民作为占人口绝大多数的群体,既是工人阶级天然的同盟军,也是革命的主力军,因此"打土豪分田地""减租减息""没收地主土地"等一系列不同阶段的土地政策措施,都体现着新民主主义时期中国共产党人为广大农民争取利益和促进共同富裕的时代精神,也象征着中国共产党人迈出了探索共同富裕的第一步。②

(二)破旧立新(1949－1956年):在建立社会主义制度中初提共同富裕

"共同富裕"的首次提出是在新中国成立后,毛泽东也由此成为凝练这一概念的第一人。新中国成立初期,毛泽东开始从革命斗争转向思考如何在只能造"桌子椅子、茶碗茶壶"的"一穷二白"的落后农业国家建立起社会主义制度,而这一问题归根结底就是中国如何走上一条实现共同富裕的正确道路。他认为资本主义道路虽然也可以实现发展,但是"时间要长,而且是痛苦的道路"③,因此中国要避免这种痛苦,就必须破除旧的生产关系,建立一种符合国情的、以公有制为基础的、为共同富裕奠定制度根基的全新的社会主义生产关系。1952年年底,毛泽东提出了"一化三改"的过渡时期总路线,并在1953年起草的《中国共产党中央委员会关于发展农业生产合作社的决议》中提出:"党在农村中工作的最根本的任务……逐步实行农业的社会主义改造……使

---

① 秦川:《五四新文化运动先驱者:李大钊》,成都:四川大学出版社,2015年,第230页。
② 杨文圣:《党对共同富裕的百年夙愿与追求》,http://www.cssn.cn/zx/bwyc/202101/t20210114_5244632.shtml,2021年1月14日。
③ 《毛泽东文集》第6卷,北京:人民出版社,1999年,第299页。

农民能够逐步完全摆脱贫困的状况而取得共同富裕和普遍繁荣的生活。"①这也是"共同富裕"第一次出现在中央文件中。

　　毛泽东同时也意识到共同富裕是一个渐进的发展过程,正如他所指出的,中国所实行的制度和计划,是"一年一年可以看到更富更强些"②。如果不恢复发展生产,不以强大的经济、发达的农业和现代交通作为保障,人民的物质条件就得不到改善,共同富裕也就无从谈起。但他不认为发展生产与社会主义改造会产生矛盾和冲突,他相信生产关系的变革将把生产力从被束缚状态中解放出来。例如农业合作化可以克服一家一户力量分散造成的困难,促进农业快速发展,进而为工业发展提供粮食和原料保障;而手工业和资本主义工商业改造对于促进社会主义工业化,以社会主义工业化来实现国家富强和人民富裕同样意义重大。这一时期我国建立起国家工业化的初步基础,工农业总产值比1952年增长了53.2%,其中,工业总产值占工农业总产值的比重提升了13.4%。与此同时,第一辆汽车、第一架喷气式飞机、第一个制造机床的工厂也相继投产。这些都为共同富裕目标的实现奠定了经济基础。1956年"三大改造"的完成,不仅标志着社会主义制度在中国大地上的确立,而且也为中国共产党通向共同富裕的道路在政治上做好了铺垫。

　　(三) 曲折发展(1956－1978年):"平均主义"下的"同步富裕"

　　中国共产党追求共同富裕的过程并不是一帆风顺的,由于时代的局限加上实践过程中经验和认识的不足,难免会遇到困难和挫折。"三大改造"完成后到改革开放前,毛泽东的"共同富裕"道路并没有他所设想的那样顺利。随着我国在从农业国向工业国转变的过程中取得了不俗的成绩,毛泽东希望能以更高、更纯、更大规模的公有制形式去推动国民经济的高速发展,以消除贫富差距,谋求在全社会范围内实现"同步富裕"。这也是后来他设计人民公社模式的初衷和目标。这种"左"

---

　　① 《农业集体化重要文件汇编》(上册),北京:中共中央党校出版社,1981年,第215页。

　　② 《毛泽东文集》第6卷,北京:人民出版社,1999年,第495页。

的思想从1957年开始抬头并逐渐蔓延。具体来说,一是在所有制形式上追求"一大二公""纯而又纯"的单一公有制,取消了私有制和个体经济;二是在经济手段上实行计划经济,采取了高度集中的财政预算制度和统购统销的资源分配方式;三是在分配原则上实行平均主义的"按劳分配",取消了收入差别。从本质上来说,这种将"共同富裕"等同于"同步富裕",片面追求公平的理想化、绝对化的做法既是对马克思主义共同富裕思想的教条式理解,也脱离了当时生产力发展水平的实际,造成了不必要的资源和人才的浪费以及懒惰之风的盛行。再加上在这期间发生了三年自然灾害,这些都直接造成了毛泽东实现共同富裕的主观意愿与现实之间出现了严重偏差,中国没有从根本上摆脱贫穷落后的局面。尽管中国共产党在这段探索共同富裕的曲折过程中所蕴含的为人民谋利益的初衷、追求崇高理想和实现强国富民的目标是不容置疑的,但还是不可避免地造成了一定的损失。造成这些偏差的根本原因在于当时人们对社会主义制度的优越性到底是什么还没有思考清楚,对于如何建设社会主义同样缺乏经验,在物质条件如此贫乏的条件下靠"拉平"贫富差距来实现公平和共同富裕被事实证明是行不通的。

(四) 转型探索(1978－1986年):在"先富后富"中探索共同富裕之道

改革开放以来,中国共产党人在推进共同富裕的思路上发生了根本性转变,即逐步改变了过去以"平均"分配方式来实现共同富裕的思想。经过对过去经验教训的总结和对"共同富裕"思想精髓的深刻理解和领悟,以邓小平为核心的党的第二代领导集体重新认识了社会主义的本质,推动了中国共产党对实现共同富裕的新认识。

邓小平认为"平均主义"思想指导下造成的共同贫困与社会主义制度优越性是背道而驰的,因此社会主义必须告别"贫穷",摒弃过去将"贫穷"与"社会主义"画等号的做法,并在此基础上提出"共同富裕"才是社会主义的本质和我们奋斗的目标。那么怎样才能实现共同富裕呢? 邓小平在对公平与效率的关系进行了重新思考以后,创造性地给出了以"先富"带动"后富"进而促进共同富裕的答案。

邓小平的"先富后富"思想,强调在不背离按劳分配的社会主义原则和共同富裕为最终目标的前提下,对于有能力的那部分人和地区,只要是以不违背法律的方式富裕起来的,都应当给予支持和鼓励。但是搞两极分化不是"先富"的最终目的,而是希望整个社会在保持适当差距的同时,"先富"地区为"后富"地区树立榜样,进而起到"传帮带"的作用,帮助全社会实现共同发展和共同富裕。在具体措施上,"先富后富"思想主要包含了两条具体进路:一是以农业改革推动城市改革,即从农村的家庭联产承包改革作为起步,逐步向以城市为中心的经济体制改革、政治体制改革方向拓展。二是"两个大局"的战略构想,即优先发展东部沿海地区,等他们先发展起来后再帮助内陆地区共同发展,由此形成从沿海向内陆逐步开放和发展的全方位开放格局。从整体来看,这一时期在处理公平与效率关系问题上主要倾向于效率优先,通过生产力的快速发展,推动贫困人口温饱问题的基本解决。同时我国在国家财政收入、国民生产总值、城乡居民收入等方面也都有了巨大的进步,与 1978 年相比,1986 年这些数值成功实现了翻一番目标。

(五)深入推进(1986－2012 年):在强调公平中深化对共同富裕的认识

改革开放以来,中国共产党打破了过去平均主义的思想,纠正了人们对公平与效率关系的错误认识,不仅使人民群众从普遍贫困的泥潭中解脱出来,而且也给中国经济社会的发展按下了快进键。但随着发展速度不断加快,发展过程中的一些矛盾也逐步凸显出来,具体表现为强调效率忽视公平造成的贫富分化现象不断扩大。这种从"平均主义"到贫富差距拉大的转变给人们带来了诸多不适应,也不利于社会的和谐发展。对于当时所处的发展阶段来说,强调效率无可厚非,但从我国的国家性质来说,忽视了公平就等于在社会主义道路上走偏了路。因此,邓小平曾经多次明确指出:"社会主义不是少数人富起来、大多数人穷。"[①]从当时社会发展的情况来看,经过 30 多年改革开放,2001 年我国已经摆脱了人均低收入阶段,到 2010 年迈进了中等偏上收入国家的

---

① 《邓小平文选》第 3 卷,北京:人民出版社,1993 年,第 364 页。

行列。① 但与此同时,我国不同地区、不同群体之间收入和发展的差距进一步拉大,农村经济增速相比过去几年有所下降,贫困发生率在中西部地区呈现上升趋势。除此之外,贪污腐败、道德滑坡等现象在这一时期不断出现,这与我们所要实现的共同富裕目标出现了明显的背离,需要我们对公平与效率的关系进行重新调整,通过逐步构建维护社会公平正义的一系列举措来避免两极分化进一步拉大。

党的十三大报告明确了要"在促进效率提高的前提下体现社会公平"②,之后,江泽民又在党的十四届三中全会上继续明确要在效率优先的基础上,将"兼顾公平"作为重要分配原则。党的十五大报告再次明确了这一原则。在具体实践上,这一时期中国共产党注重通过有组织、有计划大规模推进贫困地区经济社会发展的方式来推动实现共同富裕。1992年到1995年这三年间,随着我国经济增长速度突破两位数,最高峰时甚至达到了14.22%③,相继而来的是基尼系数的不断攀升,到2000年首次突破了警戒线。这时"兼顾公平"已经不能有效遏制不断加剧的贫富差距,解决社会公平问题迫在眉睫。党的十六大报告在谈到初次和再次分配时明确提出"初次注重效率,再次注重公平"的原则,并给予了更加具体的实施措施。这反映了中国共产党从政策上加大了对收入分配的调节。党的十七大报告在把公平正义作为发展中国特色社会主义重大任务的同时,进一步明确公平必须要贯穿于初次和再次分配中,"再分配更加注重公平"④。这是公平第一次被放在了比效率还要重要的位置上,不仅体现了公平问题对于构建和谐社会的重要性,也表明了中国共产党在推进共同富裕的道路上坚定的决心和勇气。

---

① 李楠,陈慧女:《中国跨越"中等收入陷阱"的优势分析》,《思想理论教育导刊》,2015年第11期。
② 《十三大以来重要文献选编》(上),北京:中央文献出版社,1993年,第28页。
③ 王众,于博瀛:《中国特色社会主义对公平与效率关系的探索与启示》,《学习与探索》,2020年第2期。
④ 《十七大以来重要文献选编》(上),北京:中央文献出版社,2009年,第30页。

（六）强化提升（2012年至今）：新时代共同富裕的新发展

马克思在对人类社会历史进行考察时曾得出"一个社会的分配总是同这个社会的物质生存条件相联系"①的科学结论。党的十八大以来，随着中国特色社会主义进入新时代，在新的历史方位下，党的十九大报告明确指出，我国主要矛盾已经发生根本转变，从过去的"短缺经济"转向了"发展不平衡不充分"，人民对"物质文化需要"也随着物质条件的改善开始向着对"美好生活"的期待与向往递进。新的主要矛盾催生了新的工作任务，在过去"短缺经济"背景下党和政府的工作重点是要通过"先富"打破平均主义，在确保效率的基础上推动经济社会快速发展。当前在"发展不平衡不充分"的背景下，党和政府在经济建设上更加突出"共富"，即着重解决发展起来后的分配不公问题。对此习近平创造性地提出以补齐民生短板的方式促进公平正义的解决问题思路，"保证全体人民在共建共享发展中有更多获得感，不断促进人的全面发展、全体人民共同富裕"②。作为新时代党治国理政的基本方略之一的共享发展理念也正是在这样的时代背景下被提了出来。

党的十八届五中全会首次提出了共享发展理念，同时将经济发展的出发点和落脚点放在人民福祉、人的全面发展和共同富裕三个重要纬度上，将党和国家工作的着力点放在缩小贫富差距上。共享发展理念是中国共产党对共同富裕内涵和实践路径认识的深化。③ 从内涵上看，共享发展理念除了包含共同富裕所要实现的在经济上国家和人民的富足、富裕，还涉及政治、文化、社会、生态等多层面的建设，即从经济层面通过精准扶贫确保全部贫困人口如期实现脱贫，以此不断缩小贫富差距；从政治层面以更切实的民主权利来保障人民的政治权利；从文化层面提供更丰富的精神文化产品，以丰富人民的精神生活；从社会层

---

① 《马克思恩格斯选集》第3卷，北京：人民出版社，2012年，第527页。

② 习近平：《决胜全面建成小康社会 夺取新时代中国特色社会主义伟大胜利——在中国共产党第十九次全国代表大会上的报告》，《人民日报》，2017年10月19日。

③ 陈娟：《论共享发展与共同富裕的内在关系》，《思想理论教育》，2016年第12期。

面进一步完善社会保障体系来保障和改善人民生活;从生态层面致力于建设"美丽中国",以确保人民获得健康和优美的居住环境等。特别是精准扶贫的提出,相对于过去的"大水漫灌"式扶贫的做法,不仅是基于中国共产党对实现共同富裕根本原则和新时代需求的扶贫模式的创新和升华,而且更是在保证经济发展的基础上效率与公平的有机结合,进而在更大程度上实现和解决社会公平问题。① 因此可以说,共享发展理念是新时代中国共产党对共同富裕思想的新发展。

二、实践向度:中国共产党共同富裕百年实践的经验总结

纵观中国共产党百年来推进共同富裕实践的历程,不难发现,伴随着世情、党情、国情的变化,中华人民共和国经历了成立前30年,成立后30年和改革开放后40年三个重要历史发展阶段。这三个阶段一脉相承,使中国共产党推进共同富裕的实践呈现出连续性和完整性。中华人民共和国成立前30年,中国共产党带领人民实现了民族的独立和解放,并在救亡图存的过程中催生了"共同富裕"思想的萌芽。中华人民共和国成立后的30年,中国共产党确立和完善了社会主义制度,为实现共同富裕创造了政治前提。改革开放后的40年,中国共产党在确立和完善社会主义市场经济中为实现共同富裕做好了物质保障。从思想、政治、物质三个层面所形成的中国共产党共同富裕百年实践的"中国经验",为最终实现全体人民的共同富裕奠定了坚实的基础。

(一)思想根基:始终坚持实事求是

中国共产党共同富裕的百年实践,实质上就是以实事求是作为思想路线,带领全体人民消除贫困和改善民生的奋斗历程。② 新民主主

---

① 刘学敏,张生玲,王诺:《效率、社会公平与中国减贫方略》,《中国软科学》,2018年第5期。

② 王琳,唐子茜:《中国特色扶贫开发道路的理论新发展与经验总结》,《经济问题探索》,2017年第12期。

义革命时期,为了更好地激发广大人民群众特别是农民阶级投身到救国救民的运动中,中国共产党人坚持实事求是的态度,一方面出台了一系列符合当时具体情况的土地政策,维护农民的基本利益,打消农民发展生产的顾虑;另一方面大力发展经济建设,解决了由于物资匮乏导致的人民生活得不到基本保障的问题。这些举措为后来中华人民共和国的建立以及开启人民大众共同富裕之路奠定了物质基础。中华人民共和国成立后,为了恢复与发展社会生产,毛泽东立足于国情提出了共同富裕的概念,并通过建立起与当时社会主义工业化相适应的社会主义改造模式,使我国成功实现了从新民主主义革命向社会主义革命的转变,从社会层面上为共同富裕的实现提供了制度基础。① 但后期由于高估了绝对公有化对社会主义建设的影响,低估了实现共同富裕的艰巨性、复杂性,急于通过"一大二公三纯"等有悖于经济发展规律的建设模式实现"赶超英美"的战略目标,使得中国共产党在推进共同富裕的道路上经历了一些坎坷和挫折。

改革开放以后,邓小平深刻认识到片面追求绝对公平不可能走上共同富裕的道路,经济上的问题还是需要通过生产力的发展来解决。因此,在继承了毛泽东共同富裕思想的基础上,邓小平以解放思想、实事求是的态度强调发展才是硬道理,创造性地提出了以"先富后富"的方式促进"共同富裕"的发展观。江泽民、胡锦涛在继承前两届领导集体政治智慧的基础上,分别提出了要在效率优先的基础上,兼顾公平和更加注重公平,体现了中国共产党人对共同富裕思想认识的深化和发展。党的十八大以来,以习近平为核心的新一届党的领导集体坚持实事求是的思想路线,从全局高度进一步深入思考了新时代共同富裕的实现路径,进而提出了共享发展理念,强调共享是涵盖全体人民的共享,因此需要一方面通过经济高质量的发展来做大"蛋糕",为共同富裕提供源源不断的动力,另一方面又要根据主要矛盾发生的新变化解决分配结果不均的问题,消除绝对贫困这一基本民生问题,确保"全面小

---

① 钟俊平,杨敏:《从"共同富裕"到"共享发展"理念演进探析》,《西北民族大学学报(哲学社会科学版)》,2019年第5期。

康路上一个不能少"①。同时推动社会公平建设,凸显效率服务于公平的新时代公平效率关系,努力实现人民对美好生活的期盼和共同富裕的目标。

(二) 政治优势:始终坚持党的领导

中国特色社会主义制度的最大优势是中国共产党的领导。世界上大多数国家无法在推进扶贫事业中实现共同富裕的主要原因,要么是执政党主观上没有或难以坚守执政初心,要么是为了在选举中获胜以及其他各种原因放弃了共同富裕的初心。② 中国共产党从成立以来就是一个代表着广大无产阶级利益的政党,是实现人民利益的工具和维护人民利益的组织,因此它所获得的稳定的执政地位也是共同富裕得以实现的政治和组织保障。

新民主主义革命时期,以毛泽东为核心的党中央带领中国人民完成了社会革命和变革,建立了中华人民共和国,社会主义制度也在中国大地上确立下来。这不仅标志着国家建构的基础性工程取得实质性胜利,同时这一时期形成的以强大整合和动员能力为特征的国家治理体系也得以确立并持续发展,这些都为共同富裕的实现奠定了制度基础。尽管我们在推进共同富裕的过程中走了一些弯路,但中国共产党人能够及时总结经验教训,领导人民走出了一条在"先富"带动"后富"中促进共同富裕的中国特色社会主义共同富裕道路,并在这一过程中根据实际情况的变化不断调整路径和方法,彰显了中国共产党人即使在面对挫折和困难的时候也能够及时进行自我批判、反思和纠正错误的强大政治能力。③

习近平在党的十九大报告中明确指出:"没有中国共产党的领导,

---

① 《习近平在广东考察时强调 高举新时代改革开放旗帜 把改革开放不断推向深入》,https://www.chinanews.com/gn/2018/10-25/8660020.shtml,2018年10月25日。

② 张春满:《论共同富裕的政治基础——国内国际维度的考量》,《探索》,2019年第3期。

③ 邢中先,张平:《中国扶贫70年:基于实现共富的三重向度研究》,《西北农林科技大学学报(社会科学版)》,2019年第4期。

民族复兴必然是空想。"①他还将"中国特色社会主义最本质的特征"归结为党的领导,强调无论是哪个领域和方面,想要实现持续健康发展,从根本上说还是要发挥好党的领导核心作用。为了确保顺利完成党的十九届五中全会提出的2035年远景目标中关于共同富裕的目标要求,进一步满足人们对美好生活的需要,中共中央提出要在坚持党的全面领导、以人民为中心、新发展理念、深化改革开放和系统观念为原则的基础上,将"十四五"时期促进城乡区域协调发展、公共服务体系建设、生态文明建设、居民生活的改善、社会保障体系和卫生健康体系建设、脱贫攻坚、社会民主法制建设等方面水平的提高作为推动共同富裕发展的具体措施。到第二个"一百年"时,中国共产党将带领全国人民将国家建设成为社会主义现代化强国和基本实现共同富裕,中国共产党的领导力也将在这个过程中得到巩固和提升。

(三)物质力量:构筑坚实的经济基础和保障体系

1. 坚持解放和发展生产力

在马克思看来,人类解放和实现共同富裕所必备的物质保障需要靠高度发达的社会生产力来实现。毛泽东肯定了马克思关于发展生产力的观点,在他看来,"中国一切政党的政策及其实践在中国人民中所表现的作用的好坏……看它是束缚生产力的,还是解放生产力的"②。新民主主义革命时期,中国共产党领导全国人民推翻了严重阻碍生产力发展的"三座大山",为生产力的发展铺平了道路。中华人民共和国成立后,毛泽东把工作重点从革命转移到了恢复和发展社会生产,选择以优先发展重工业的方式开启了社会主义工业化建设,通过"一五计划"建立起了较为完备的基础工业体系,为推进四个现代化奠定了坚实的生产力基础。但由于"左"倾思想的抬头,我们的经济建设走了一段

---

① 习近平:《决胜全面建成小康社会 夺取新时代中国特色社会主义伟大胜利——在中国共产党第十九次全国代表大会上的报告》,《人民日报》,2017年10月19日。

② 《毛泽东选集》第3卷,北京:人民出版社,1991年,第1079页。

弯路,共同富裕的发展没有如我们想象得那般顺利。邓小平深刻领悟毛泽东关于发展生产力的思想精髓,分析了我国的现实国情,同时将解放和发展生产力与共同富裕联系起来,果断将工作重心进行了转移,提出了社会主义初级阶段理论。改革开放40多年来,随着社会发展发生了一系列深刻的变革,我国经济发展进入了"新常态",但不容忽视的是,我国所处的社会主义发展初级阶段以及我国的国际地位并没有发生质的改变,这意味着当前我们还要继续解放和发展生产力,依靠创新驱动的方式为推动共同富裕的实现奠定强大的物质基础。这就要求我们,一方面要将科技创新作为战略支撑来提高社会生产力和综合国力,另一方面又要注重发挥政府和市场两大作用。具体来说,从市场层面上看,要注重市场在资源配置中的决定性作用,充分发挥企业在推动创新中的主观能动性。从政府层面上看,要在制度、管理和文化创新上下功夫。当创新驱动能够为社会创造出更多的财富时,我们共同富裕的目标就会向前迈进一大步。

2. 注重在公平与效率中寻找平衡点

正确把握公平与效率之间关系的实质就是把经济发展与消除两极分化结合起来。马克思认为,私有制是造成贫富差距和两极分化的罪魁祸首。因此,毛泽东一直都非常注重将发展生产与消除两级分化结合起来。在他看来,革命就是为了打破过去封建社会、资本主义社会的不平等,建立以公有制为基础的社会主义社会,促进生产力的发展,进而实现共同富裕。在解放区土地改革时期他就明确提出要"消灭封建剥削制度,发展农业生产"[1]。中华人民共和国成立后,"三大改造"的完成一方面在农业上为促进生产效率和农业产量的提高以及农民共同富裕的实现打下了坚实的基础,另一方面在工业上也为社会主义建设注入了强大的生机与活力。但由于经验和认识的不足,毛泽东过分强调了生产关系对生产力的反作用,寄希望于通过单一公有制和计划经济的方式,使全体社会成员吃上"大锅饭",进而消除两极分化和实现社会公平,而忽视了打牢物质基础的决定性作用,导致我们无法在预期的

---

① 《毛泽东选集》第4卷,北京:人民出版社,1991年,第1314页。

时间内实现人民生活水平的彻底改善。改革开放后，邓小平在深刻总结推进共同富裕实践的经验教训后提出了关于社会主义本质的著名论断，将社会主义与贫穷明确区分开，强调社会主义的目的是为了实现共同富裕，而实现的手段则是通过"先富"带动"后富"的方式调动广大劳动人民的积极性，首先解放和发展生产力，然后再去处理发展起来后的分配调节问题。新时代建设中国特色社会主义，我们要在主要矛盾变化的基础上正确把握公平与效率以及经济发展与消除两极分化的关系问题，尽可能将两者统一起来，在推动生产力进一步解放的同时，通过精准扶贫、调整收入分配和促进公平正义等方式来回应人民群众对公平正义的合理诉求和对美好生活的殷切期盼。

三、价值向度：中国共产党共同富裕百年实践的价值和意义

中国共产党共同富裕百年实践的重大价值和意义在于，从国内来看，它使我国在较短时间内使绝大多数人摆脱了贫困，为缩小两极分化创造了有利条件；从国际上看，它在丰富马克思主义共同富裕相关理论和推动世界范围内的共同发展、走向共同富裕方面也发挥了重要作用。

（一）理论价值

中国共产党推进共同富裕的百年实践从理论价值上看，它在丰富马克思主义共同富裕相关理论的同时，也为发展中国家贡献了中国经验，推动了"人类命运共同体"的构建。

1. 丰富了马克思主义关于共同富裕的相关理论

马克思关于共同富裕的相关理论将"生产将以所有的人富裕为目的"①作为共产主义社会最根本的特征，于此同时他还明确提出生产力的高度发展、世界交往的普遍发展以及无产阶级的世界联合等诸要素

---

① 《马克思恩格斯全集》第31卷，北京：人民出版社，1998年，第104页。

共同铸就了共产主义革命得以实现的物质基础。① 这意味着共同富裕的实现包含了资本主义创造的高度发达的生产力和普遍交往形成的世界市场,以及世界历史从资本主义向共产主义转变三大重要因素。中国共产党的共同富裕思想在继承马克思主义关于共同富裕相关理论的基础上进行了丰富和创新。特别是党的十八大以来,以习近平为核心的党中央一方面深化对共同富裕的认识,提出了共享发展理念,另一方面,又再次明确实现共享发展一是要以解放和发展生产力为前提,提出通过创新驱动继续推动我国经济向更高质量发展的方向迈进;二是强调共享发展的渐进性,通过渐进的发展过程推动世界历史的转变;三是将共享发展的实践目标与人类世界联系起来,通过"人类命运共同体"助推新时代中国共产党向着共产主义理想目标继续迈进。

2. 为世界各国贡献促进社会发展的"中国智慧"

中国共产党共同富裕的百年实践进程,也是我国从绝对贫困走向基本解决温饱问题再向全面建成小康社会目标迈进的历史发展过程。百年来,我们逐步走上了一条不同于西方的、不照搬别国的、具有中国特色的社会发展道路,提出了共同富裕目标,并随着社会实践的发展不断变革和创新实践路径,不仅创造出令世人赞叹的"中国速度""中国奇迹",而且还是第一个实现联合国千年发展目标的国家。特别是党的十八大以来,在习近平共享发展理念的指导下,一方面我国的扶贫工作再上新台阶,脱贫攻坚战取得了历史性成就,绝对贫困人口到 2020 年全面消除;另一方面整个经济社会也开始逐步向着高质量发展方向迈进,社会公平正义进一步彰显,人民对美好生活的向往正在一步步得到实现。可以说,世界上没有哪个国家能够在如此短的时间内成功解决绝对贫困人口的脱贫问题,即使是拉美、中东这些发展中国家在 20 世纪六七十年代通过走一条经济快速发展道路,实现了向中等国家收入水平的跨越,但依然没有摆脱"中等收入陷阱",普通劳动者仍旧无法从高速发展的经济中获得公平的收入和幸福,相反,随着贫富差距进一步拉

---

① 王金磊:《马克思的世界历史思想与中国特色社会主义理论创新》,北京:中国社会科学出版社,2013 年,第 96 页。

大,贫困问题日趋严重。中国共产党带领中国人民通过坚持社会主义制度和走共同富裕的道路,打破了这一发展困境,找到了促进经济发展与保障公平正义的平衡点,为世界减贫事业和各国认识这一发展规律贡献了"中国智慧"。

(二) 实践价值

实现共同富裕不仅是中华儿女的梦想,更是人类梦寐以求的理想。中国共产党在共同富裕百年实践中所取得的令人瞩目的伟大成就,既是中国向世界减贫事业提供的宝贵经验,也极大地推动了世界社会主义事业的发展,更为更多发展中国家开启共同富裕的大门找到了"金钥匙",因此具有重要的实践价值和意义。

1. 中国共产党共同富裕百年实践是世界减贫事业的"助推器"

消除贫困是实现共同富裕的内在必然逻辑。中国作为发展中国家的一员,也是世界上贫困人口最多的国家,党的十八大以来,在共享发展理念的指引下,中国共产党采取了"精准扶贫"的方略,通过动员全社会的共同参与来推进扶贫事业的发展,并如期在 2020 年实现了全面脱贫,彰显了中国在世界脱贫事业中的大国担当。放眼全球,贫困问题仍然是当前制约人类发展和实现共同富裕的最大障碍,而且这一趋势还在不断加剧,全球反贫困事业依然任重道远。中国能够在如此短的时间内使 832 个贫困县、12.8 万个贫困村、9899 万农村贫困群众全部实现脱贫,不仅成为彪炳史册的一大奇迹,更推动着世界减贫事业的发展迈向一个新的台阶。

2. 中国共产党共同富裕百年实践极大地推动了世界社会主义事业的发展

列宁曾明确指出,消灭贫穷"唯一的办法就是彻底改变全国的现存制度"[1]。在他看来,在私有制背景下的人会随着社会权力的增长变得更"利己",从而向着自己固有本质的异化方向发展,因此他赞同马克思提出的对资本主义制度的彻底变革。也正如马克思所认为的,只有共

---

[1] 《列宁全集》第 7 卷,北京:人民出版社,1986 年,第 122—123 页。

产主义才能够使人性得到复归,确保人与自然和人与人之间的矛盾得到彻底解决,进而实现对人的本质的真正占有。只有在作为人类社会发展高级阶段的共产主义社会才能真正打破由于资产阶级对无产阶级残酷剥削而造成的无产阶级身体和精神的双重异化,实现共同富裕。中国是世界上最大的社会主义国家,中国共产党也是世界上人数最多的代表无产阶级的政党,中国共产党带领中国人民不仅在真正意义上实现了人民当家做主,而且还在全面深化改革、全面扩大对外开放中有力地推动着共同富裕的实现。特别是党的十八大以来,习近平提出的共享发展理念中所蕴含的"人人享有、各得其所"的根本价值取向与共产主义中关于实现人的全面发展思想完全契合①。这一方面为国际共产主义运动的发展做出了重要贡献,另一方面也从实践上进一步丰富了科学社会主义运动。

3. 中国共产党共同富裕百年实践促进了共建、共享的"人类命运共同体"的发展

对美好生活的向往不仅是中国人民的期待,也是全世界人民的共同心愿。当前资本主义主导下的经济全球化,一方面给广大发展中国家带来了机遇,另一方面悬殊的利益分配又造成了世界贫富差距的不断扩大,具体表现为发达国家与发展中国家、发达国家内部资产阶级与广大下层民众之间的利益差异的扩大。对此习近平明确指出,这种富者愈富穷者愈穷的"马太效应"是不可持续的。在他看来,"大家一起发展才是真发展"②。因此,他在中非领导人与工商界代表高层对话会上将实现非洲人民在内的各国人民共同富裕作为构建"人类命运共同体"的重要内容,而"中非命运共同体的"形成为"人类命运共同体"的构建打好了"头阵"。可以说,"人类命运共同体"的提出为全人类找到消灭贫困和通向美好生活的道路提供了指引。一方面,不论是发达国家还

---

① 刘旭雯:《马克思世界历史思想与共享发展理念》,《河南大学学报(社会科学版)》,2020年第3期。
② 习近平:《大家一起发展才是真发展,可持续发展才是好发展》,http://www.gov.cn/xinwen/2020-11/10/content_5560307.htm,2020年11月10日。

是发展中国家,都不可能脱离"人类命运共同体"单打独斗,因此实现共同富裕必然是"人类命运共同体"的题中应有之义,也是世界所有国家都应该去共同完成的事业。另一方面,中国共产党对内立足于国内实际国情,在促进共享发展中推动共同富裕的实现,对外则积极推进"一带一路"建设和"人类命运共同体"的构建,这些都为世界范围内消除贫困和实现共同富裕作出了重要贡献。

原载于《河南大学学报(社会科学版)》2021年第4期

哲学研究

关于价值哲学的自设性对话

张曙光①

甲：从国内和国外的哲学界来看，价值哲学的研究是在回应现代世俗价值观的过程中产生的，应具有分析、批判和纠正现代世俗价值观的能力，但就国内的情况而言，似乎不那么理想。价值论研究在上世纪八九十年代比较活跃，后来一直没有大的进展。我们应当怎样评估国内的价值论研究？这方面存在的问题是什么？

乙：我们知道，在西方，强调价值的主体性这样一种思想取向，从德国的新康德主义一直沿袭、发展到上世纪五六十年代的西方、日本和苏联，在这个过程中，马克思早期著作中的思想也发挥了很大作用。而康德、马克思的主体性思想和实践观点，在上世纪七八十年代，更是中国学者的主要资源。国内的价值论研究在上世纪八九十年代曾发挥过重要作用，把哲学从近代传统的认识论带入到价值论域，把单纯的"真假"问题进一步引向"好坏"的问题，突出了人的主体的评价和选择，哲学这才谈得上进入人的现实生活。现在的问题在于这种价值论没有突破认识论框架，走不出人是"价值"的主体，世界是客体、有用物或欣赏对象，能满足人的各种需要这样一套说法，无法批判性地应对越来越世俗化功利化的社会现实和人们越来越多元化的价值观念。说人的价值在于个人对社会的贡献和社会对个人的回报，也不过是双方的交换关系。所以，人们才会把"价值观"等同于"需要观""利益观"。在这种理论视

---

① 张曙光（1956—），男，江苏沛县人，北京师范大学价值与文化研究中心暨哲学与社会学院教授，博士生导师。

域中，诸如人的"仁爱""尊严""自由"，天地自然的"生机""博大""神圣"，文化艺术的"丰富多彩""优雅隽永"等这些具有内在意义的、根本性的"价值"，都难以呈现出来。并且，囿于主客二分的认识论框架，也无力深入到价值问题的根本所在和矛盾之中。比如，简单地认定"价值是客观的，评价是主观的"一类结论，就阻碍了价值论研究的深化，因为它不能解答人的"理想""爱""自由""幸福"等是主观的还是客观的，是价值还是评价这类问题。

甲：法国哲学家保罗·利科指出：众所周知，价值（value）这个词本身来自政治经济学的创立者，他们把价值理解为"效用"据以比较和交换的尺度。尼采把这个概念一般化了，用它来指一切与由意志产生的评价的对应词。意志创造着自己的评价，并表现着这种力量（权力意志的力量）的核心。从此以后，自由和价值的哲学，就变成了把价值的等级与意志不同强弱程度联系起来的哲学。① 尼采的价值论是非理性主义的，也是反西方笛卡尔以来的主体主义的，但它也可以被理解为一种意志主体论。现代价值哲学色彩各异，如有的偏重经验，有的偏重超验，但又不乏某种家族相似性，它们大都拥有"主体"和"主体性"这一组关键词，②主张人是价值的主体或强调价值的主体性，将价值现象从属于主体性即人的自为的能力、需要和行动。那么，这是否不言而喻，天经地义？我们不妨先来看一下海德格尔的批评。基于反对主体主义和人类中心主义的立场，海德格尔写道："反对'价值'的思并不主张人们认为是'价值'的一切东西——'文化'、'艺术'、'科学'、'人的尊严'、'世界'与'上帝'——都是无价值的。倒是现在终于需要来明见正是把一种东西标明为'价值'这回事从如此被评价值的东西身上把它的尊严剥夺了。这意思就是说：通过把一种东西评为价值这回事，被评价值的

---

① 参见保罗·利科：《哲学主要趋向》，北京：商务印书馆，2004年，第482—483页。

② 英文中subject有主题、主语之意，也可译为主体。作为对笛卡尔主义的批评，说人是主体在于强调人是有身体的人，不是无身体的思维。汉语的主观性和主体性在英文中都是subjectivity，德语为Subjektivität，是同一概念，而分别译为主观性和主体性，前者在于说明它是个人的感知和体验，后者则在于突出它是人这一自然和社会实体的自主性和自为性，是在人的有目的的行动中表现出来的属性。

东西只被容许作为为评价人而设的对象。但一种东西在其存在中所是的情形,并不罄于它是对象这回事中,如果这种对象性有价值的性质的话,那就完全没有罄于此中。一切评价之事,即便是积极地评价,也是一种主观化。一切评价都不让存在者:存在,而是评价行为只让存在者作它的行为的对象。要证明价值的客观性的这种特别的努力并不知道它自己在做什么。"①显然,海德格尔并不一概地拒绝价值概念,他认为存在自身即有其价值,主体性并非价值的根据,所以他依据非主体主义的价值观批评了主体主义的"价值"观。

乙:海德格尔反对站在人的主体立场看待世界,要让世界自身,让存在通过此在绽出、呈现。关于价值问题,庄子也有一个批评,《庄子·秋水》中有:"以道观之,物无贵贱。以物观之,自贵而相贱。以俗观之,贵贱不在己。"庄子最后一句是说贵贱不依赖于你自己,而取决于你的作为是否合潮流顺时宜。主体性价值哲学的立场显然未曾超出庄子批评的"以物观之"。无论是否在功利价值之外承认善美等更高的价值形态,只要人们持一种以己为"主"以人为"客"的立场,就不可能超出功利的态度,如"真"自身似乎无价值,其价值在于转换成"有用"的知识或技术,这就以偏概全甚至因小失大了。在我们这里,有用或无用、用处的大小,更是成为评判一切事物的准绳,这种"实用性"价值论连我们平常说的"无价之宝"都无法给出解答。所以,毋宁说价值是"作为问题"存在的。

甲:如同有正价值就有负价值,有价也是相对于无价而言的,甚至可以说来自于无价。试想,我们与自己的父母、兄妹,首先是认知关系、功利关系吗?我们像打量一个陌生人那样以"客观"的眼光来看他们,以"评价"的眼光评估父母、兄妹对自己的"用处"吗?这是一个休戚相关的生命共同体啊!家庭内部的确存在着功利性,但更根本的东西,彼此的依赖、信任、亲情、帮助,能归结为功利性价值吗?推而广之,小到一个民族,大到人类社会,乃至包括人类的整个生态系统,根本上也有一个休戚相关的生命共同体的属性。

乙:海德格尔和庄子的批评,既涉及对"价值"概念的界说,更关乎

---

① 《海德格尔选集》上,上海:上海三联书店,1996年,第391—392页。

价值的语境和根据问题。我们不能简单地否定主体性的价值论,却应当基于一种更为根本也更为广阔的视野,扬弃这种价值论。说到底,主体及其活动只能在社会和自然所提供的可能和境域中产生和展开,支持并制约着我们生命活动的关系、境域、世界的秩序,其本身就具有价值意蕴,而不只是事实。如果我们的价值哲学,只能让我们围绕着自己的需要和事物的效用做文章,却无视那些根本的、前提性的方面,那么,价值哲学也就失去了反思和批判的哲学意义。价值论作为继哲学认识论之后的哲学新形态,要有能力涵盖和解释传统伦理学、美学、政治学、法学乃至神学所处理的价值形态和价值现象,只有这样才能深入到人类内部的关系和人类与自然的关系,发现人类生存的各种可能性与可行性,洞察人性的复杂性及其弱点,理解和把握人的社会历史命运,继承和更新现有的文化符号世界。这才是现代价值论研究的宗旨所在。

甲:为了论说的方便,我们应当预设一个合理的价值定义,例如一个与古人的"好""善"相通,与康德的"目的性"概念相合,而又不外于中国哲学思想所推崇的"天人相与"之"道"的价值界说。我先尝试性地给出这样一个界说:价值是体现着目的或规范的功能性存在,或者说是人和事物在趋向于目的或规范的过程中所产生的功能。

乙:这还需要给出一些解释。

甲:是的。一般而言,目的是人的目的,如同规范是人所给出的规定、标准。人按照目的、规范去行动,才会不断提升行为的合理性,带来优良的秩序,并借以自我实现。而任何具体目的的提出、规范的制定,都要依据事情本身的内在逻辑和秩序,事情自身的这种内在逻辑和秩序,是根本性的目的或规范,用西方哲学的术语表示它属于"逻各斯",用中国道家和儒家的术语表示,它则属于"天道"和"仁道"。所以,在逻辑与秩序的意义上,事物皆有其目的、规范并受其引导和节制。如果说事物是实体性、结构性的,那么,逻辑和秩序则是功能性的,功能总要依据某种实体或结构,如"好""善"总要通过好人好事或善人善行而存在,否则就成了柏拉图纯粹观念形态的"理念"。人当然始终有基于生命的物质和精神需要,有各种欲望,在认识和实践的意义上,还有主体性,但从根本上说,人的生命活动及其自我意识是大自然的自觉形态,人要贯彻和体现的是自然生生不息、动态平衡的"天道"。中国儒家提出的

"仁""道",是对这一天道的自觉转化。用现代的语言说,仁道就是对自由、公正与和谐的"爱与追求",有了这样的爱与追求,人类才能在与自然建立良性关系的同时,获得长生久视、自我实现。

乙:任何定义都只有"索引"的意义。我们不妨由此索引进入到对天道和仁道的考察。从历史上看,人类最初正是从日月的运行和季节的更替,即自然秩序中领悟自己的行为和社会生活规则的。自然秩序既是事实性的存在,又具有内在的规律性、规范性,因为自然秩序是自然因素在互动中产生的有序性、和谐性和可持续性。自然之道,用老子的话说,"寂兮寥兮,独立而不改,周行而不殆,可以为天地母。"不仅如此,"大道泛兮,其可左右。万物恃之以生而不辞,功成而不有。衣养万物而不为主,可名于小;万物归焉而不为主,可名为大。以其终不自为大,故能成其大。"(《老子》第二十五章、三十四章)大自然是人类最初的老师。从自然产生出来的人类,在与自然有了一定的对象性关系,而又感觉自身直接由大自然所支持和制约时,就有了对自然秩序的崇敬和对他们自身关系的规范性要求,也就有了应然的价值意识,价值意识也是评价意识。人从混沌状态的无价值意识,到价值意识的萌生,接着就有了利害、善恶、美丑等价值形态的区分和选择。价值也就成了人生的内在动力和自己所要解决的问题。人们直接感受到的一般是具体对象的属性,即价值特殊的、相对的方面,而支持并制约着人及其生命活动的那些东西,人们却容易忽略,或以为它们只是一些客观条件。这样,价值的境遇性、公共性和世界性就很难进入人们的视野,甚至导致理论上对价值根据的忽视。

甲:这可以参照西方自苏格拉底以来对美、善的研究。苏格拉底不满意人们以一个人、一朵花来说明善、美,而不断地追问一般的美、善,要得出美与善的普遍的、最终的定义。后来人们知道以知识论的提问方式探究价值这类现象有问题,人与对象的认知关系可以得到知识,而善美属于人与世界的生存性关系,它与人的信念、情感和意志的关系更加直接。然而,正是苏格拉底论辩式的提问,推动人们不断地反思日常的评价和价值现象背后的根据,努力从一般和个别、经验与超验的关系,去理解和把握美、善和其他价值形态的形式与内容,从而敞开人的伦理、审美甚至宗教信仰等精神和文化现象方面的矛盾,使价值的研究从知识论转向具有本体论意义的方法上来。从柏拉图基于灵肉对立的"善的理念",到康德独立于一切经验和质料的"实践理性"的提出,不难发现,西方哲学的主流在人的伦理价值的探究中,长期奉行感性与理性、经验与超验的二元对立的框架。康德十分警惕由于诉诸个人"禀好"而贬损德性的经验主义,他认为超越人的感觉经验的"实践理性",才既有自然科学那样的普遍性和必然性,又赋有自然科学所没有的崇高性。然而,这一抽掉一切质料,从而抽掉人类愿望的客体的实践理性法则,难免陷入形式化。马克斯·舍勒批评康德自以为在纯粹的、普遍有效的人类理性本身之中找到的根源,实际上是属于在普鲁士历史的一个特定时期的一个有限的民族伦理和国家伦理。① 凭借"情感直觉",舍勒跳出康德纯形式的伦理学,提出质料的价值伦理学,确立了由最高的神圣价值主导的价值谱系或者"爱的秩序"。其旨趣概括为一句话,一切价值,也包括一切可能的实事价值,还有一切非人格的共同体和组织的价值,都隶属于人格价值,这不是一个孤立的人格,而是那个神相连而知晓着的、朝向爱中的世界并与精神世界和人类之整体凝聚一致地感受着的人格。② 舍勒不推崇"共同体或善业世界",而推崇个人的"人格价值",这里既有人类价值追求的相通之处,又反映了他作为德国学者的基督教思想文化背景。

乙:舍勒曾说:不论我探究个人、历史时代、家庭、民族、国家或任一社会历史群体的内在本质,唯有当我把握其具体的价值评估、价值选取的系统,也就是他们的精神气质或性格时,我才算深入地了解了他们。我们对自己和其他民族的了解,也应当着眼于其价值取向和价值排序。舍勒关于价值的看法,基于其基督教的上帝之爱,主要从人生纵向的"灵肉"对立来把握价值,柏拉图主义的痕迹很明显。他最后提出的是"肉身的精神化和精神的肉身化"。其实,每个人的身心两重性既关乎天地自然,又密切地联系着物我关系和人己关系,这里面有纵有横、纵

---

① 舍勒:《伦理学中的形式主义与质料的价值伦理学》上册,北京:生活·读书·新知三联书店,2004年,前言第2页。
② 舍勒:《伦理学中的形式主义与质料的价值伦理学》上册,北京:生活·读书·新知三联书店,2004年,前言第9—10页。

横交错,中国传统思想文化重视从天人两方面来理解和把握人生价值,也是天道之落实。由于自然地理环境及其所形成的气质和性格的差异,不同的民族其文化和价值观也有明显的差异,现代各民族之间的文化和价值观的对话和相互理解问题,变得更为迫切。

甲:现代解释学与现象学从人的意向性活动理解对象,更能让事物的意义呈现出来。如海德格尔、伽达默尔通过人的生存活动、语言活动对"真"或"真理"的解释,即真理是对遮蔽的不断地开显,就把真理与价值内在地联系起来。真理何以为真理,人为什么认为这一论断是真理,那一论断却不是真理?从理解和接受的角度看,真理是在人们的生活场域中"呈现"或"绽放"出来的。可以说,自然科学的真理,在它被少数天才如爱因斯坦发现时就是真理,只不过作为有前提有条件的真理,也是相对的,也会被超越。语言符号的显与隐的双重功能,决定了任何真理之显现,都意味着某种我们还不了解的遮蔽。如果说自然科学的真理是"发现",就其关涉着人为的技术条件和符号表达而言才是"发明",那么,人文社会科学的真理更多地联系着人自身的进步和规则的制定,因而更接近价值,更需要"发明创造",但这又是依据自然和自身的可能性的发明创造,是事物本性及其内在逻辑的"呈现"和"开显"。人类的启蒙、解蔽就是真理的呈现或开显,所以,实践和历史自身就蕴含着解释学与现象学的原则。

乙:形象地说,人和世界原来有如一个"黑箱",它究竟是什么,我们并不知道,你可以说它是可能性的渊薮,也可以说它是"无"。有人说老子的本体是"无",我认为是"有无相生"。《老子》第一章说得明白:"无,名天地之始;有,名万物之母。故常无,欲以观其妙;故常有,欲以观其徼。此两者同出而异名,同谓之玄。"这里的"有"与"无",都是本体性的,从一方面说是"无",如同黑箱,看不到具体规定、具体内容,从另一方面说又是"有",因为万物都是它生育的。"道"呈现在感性的时间中就是有无相生、生死循环、生生不息。个体生命既本能地执著于自身的生命,又构成物种繁衍的环节,这里就有了个体与整体、有限和无限的矛盾,有了人以价值或评价意识对这一矛盾的体验和解决。人开始和动物一样,本能地执著于个体的存活与种类的繁衍,趋利避害、趋乐避苦,凭借在自然选择中形成的本能和后来萌发的意识,越来越能动地利用、了解并改变自然条件,为自己营造适宜的生存环境,人自身也相应地发生变化,心智不断地开发,经验和技能不断地增长,分工与合作变得越来越有成效,与此同时,人的心理和意识也越来越有了广阔的空间感和绵延的时间感,生物无目的的合目的性,变成了人的自觉目的,并以此为自己设定对象,指导自己的行为并协调他们的相互关系,最后分配和享用自己的活动成果。这样,人的活动的目的性越来越强、自由度越来越大、社会性也越来越高,上述"黑箱"就渐次被打开了。当然,它永远也不可能被完全打开,总有许多我们不了解然而又支持和制约着我们的东西。世界的存在、我们的生命存在本身就是最让人惊奇的谜。所以,在思想上,人一方面努力地向下、向前,试图寻根究底、追本溯源;另一方面,则努力地向上、向前,试图超越一切的限制而获得自主、自由。人生的问题、希望和信念都生发在这两个向度的努力之间。

甲:人所谓的价值问题也都是在这两个向度之间展开的。按照老子的观点,"道大,天大,地大,人亦大。域中有四大,而人居其一焉。"(《老子》第二十五章)谈天论地,毕竟有谈论者,这就是人。人既为天地所生,又成为其中的一大。那么,天地生出人之后,是否就不再干预人的事情和命运了?人就完全自主自由了?天地自然生养万物而不自恃,所以诞生在其中的人类可以自主、自由。人有了意识就有了自由,用萨特的话说,人注定要自由、不得不自由,但是这种似乎只是依赖于自己意识的自由,又无不受到外部环境和他人自由的作用和制约,所以人会感受到种种的不适甚至痛苦。意识是什么?或意识对人来说意味着什么?意味着生命本能形态的自身突破和变化。生命原来本能地执著于自身,现在以意识的形式肯定自己,但意识既意味着人的肉身的自我肯定,又意味着人的肉身的自我超越或否定,这就是"自由",并且常常表现为"任性"。在本能状态下,人无所谓任性,但有了既表现着本能,又突破着本能的意识,人就可以强化、放纵自己的本能,对自己的行为及其后果不管不顾,就成了任性。人与自然、人与人之间由此发生冲突,原来的自然秩序被打破,如何建立新的秩序就成了问题,但它一定要建立。前面说的对自然秩序的仿效,成为人们解决这一问题的重要方式,这在西方表现为依据自然和理性的所谓"自然法"。中国古代虽无这样的自然法,但同样尊崇自然秩序,并且在信仰中越来越融入了人的社会经验和理性。殷商信奉的上帝是自己的祖先神,殷纣王死到临头还说"我生不有命在天乎",周人汲取了这个教训,产生怀疑和忧患意识,提出"敬德保民"的观念,把外在的对抗和改朝换代,转换为内在的自我警觉和规范,这才真正形成了易经所说的"汤武革命,顺乎天而应乎人"的思想。至先秦老庄孔孟,则深入而明确地论述了"天人关系"。老子要人道效法天道,在他看来,那个取象于形下又指向形上的大道,是人"长生久视"的最终凭借,它自然而然,生生不息,动态平衡,周而复始,无为而无不为。用今人的话说,它是一切事实和一切价值的本体或根据。可见,人的自主自由,仍然处于自然的大道中,人只有将自然之大道自觉地转化为自己的行动,才能达到真正的自由。

乙:我插一句话,有意思的是,老庄的追求似乎相反。老子是寻根究底于自然自在,《老子》第十六章说:"致虚极,守静笃。万物并作,吾以观复。夫物芸芸,各复其归其根。归根曰静,静曰复命。"人追溯、回归于那个先天地生、寂兮寥兮的自然之母,心境就会空明宁静,摆脱了一切的纷纷扰扰,不再受任何外在的强制。庄子也讲心斋、坐忘,但庄子心向往之的是像鲲鹏一样作逍遥游,扶摇直上九万里,甚至达到完全无待的自由境界。这两个向度貌似相反,其实相通。自在、自由,都是在自己、由自己。我们常说,某人活得很自在,即自如、自得其乐。但人要真正达到这种自在状态,却非一蹴而就,不但要经过一个否定之否定,即从无为到有为的过程,而且又要能够驾驭自己分化开来的各种潜能,掌控自己的行为及其后果,收放自如,从容淡定,无为而无不为。这种有思想文化内容的自在,就是人的自由。

甲:在先秦儒家那里,这种有内容的自由,是群体性、伦理性的自由,即体现为社会秩序和自我规范的自由。孔子将老庄所说的天道转化落实为仁道,在他看来,西周已经有了"尊尊亲亲"的"礼乐"制度,它带来了社会的良序,也就是我们所说的规范的人文价值秩序和政治组织秩序,春秋乱世把这个礼乐破坏了,所以,孔子的理想是"一日克己复礼,天下归仁焉。"但是,"人而不仁,如礼何,人而不仁,如乐何?"所以,《论语》强调"仁者爱人","人能弘道,非道弘人";指出"道之以德,齐之以礼,有耻且格。"后来更是致力于培养仁人君子,提出"夫仁者,己欲立而立人,己欲达而达人";"己所不欲,勿施于人";"君子笃于亲,则民兴于仁"；"志士仁人，无求生以害仁，有杀身以成仁"，等等论点。孔子看重的虽然首先是人心的价值秩序，但这个秩序与社会政治秩序有着互为因果、相互转化的关系，根本环节是践行仁道的活动。《中庸》开篇即谓："天命之谓性，率性之谓道，修道之谓教。"人性本乎天命，人也自然地依循其天性，但人的天性毕竟由于意识而生发多种可能，变得复杂，所以要根据仁道也是中和之道兴教化、讲修养，君子更要"戒慎""恐惧"，要"慎其独"。然后又接着说："喜怒哀乐之未发，谓之中，发而皆中节，谓之和。中也者，天下之大本也；和也者，天下之达道也。致中和，天地位焉，万物育焉。"可以说，致中和就是努力地寻求天人、情理、人己、内外的"和合"。

乙：孔子的这些论述既本之于天人关系，也是针对人自身的问题而言的。这就要求我们正视自身，正视真实的社会历史，而不只是关于它的观念和理想。前面提到，人由于意识而有了"自由"，因而，他就既可以自由地"为善"，也可以自由地"为恶"，并且，人从自身出发区分的好坏、善恶，都是相对而言的，是一枚硬币的两面。一般来说，人的第一天性无所谓善恶，但蕴含了这个可能，然后由于"意识"和社会生活形成第二天性，这个第二天性就有了善恶的问题，即善恶的二重性；同时也由于这意识而知善知恶，有了应当"何去何从"的问题，这个问题虽然是具体的，它要每个人根据具体情景给出具体回答，但有一个原则的答案，就是不管具体情况多么复杂，都应当秉持天地生物生人之"大德"，"参天地、赞化育"。儒家仁道就是对天道的人文转化，基本观点也可以说是天人本体论，它源于天地自然，又直接靠人的生命活动来体验、理解和践行。《传习录》中记载王阳明的"无善无恶心之体，有善有恶意之动，知善知恶是良知，为善去恶是格物"的"四句教"，就给出人们共同生活的一种应然取向，当然，这种"应然"恰恰是针对人的问题而言的，是要人们自觉地警惕和反对"为恶去善"，努力扬善惩恶。世人往往既行善又作恶，有时甚至作恶多于行善，有的人则泯灭良知、无恶不作。如果对此无动于衷，到头来多数人都会受害，所以，人们不会任凭恶行泛滥，相反，还会激起许多人打黑除恶的正义感，激起人们对理想生活的憧憬。阻止一个社会沦落所凭借的，归根到底是多数人的良知，是人的自我期许和理想。王阳明的四句教体现的是"心体"说，我认为"天人相与""天人之际"才是本体,天人相与也蕴含着人与人的相与之道。换言之,天人、人人的自存与共存,就是我们所肯定的本体,也是我们的信念所在;人的价值和价值观的分化与整合,人的文化和文明,都是从这一本体论中生发或开显出来的。天人相与、天人之际是人的最大的价值所在,也是人的价值评价的最终根据。

甲:有人说,人们之所以遵守"不杀人、不抢劫"的戒律,是因为知道别人会反抗,别人也会杀自己、抢自己;如果别人不反抗,逆来顺受,人就会肆无忌惮地杀人抢劫了。这是否说明人的道德行为其实是出于认知理性,出于对自己被伤害的担心,而不是康德讲的善良意志和你说的信念?虽然它有一定的道理,但我不能苟同。韩非子、马基雅维利早就提出人性恶的观点。人性无疑有恶的一面,从古到今一向如此,在历史转折、社会变革时期更是如此。原则地说,善恶是一枚硬币的两面,恶是善得以存在的条件并成为善的推动力,所以恶有积极的意义,如同人类猎杀其他生命以成就自己,经由生存竞争而提高生存能力。现代市场经济规则的建立,也离不开人们相互之间激烈的有时甚至是恶性的竞争。所以,在一定意义上,"善是诸恶的妥协"。但是,作为一枚硬币的两面,善与恶孰主孰次?应该是善为主恶为次吧?我们承认恶的作用,不就是因为它能够通向善吗?否则,我们还会给它一席之地吗?"善"本身就表征着人们可欲的生活,值得人们追求。认为恶是根本的,善是从属的,让人性恶遮蔽人性善,这在理论上难以说通,在实践上也难以行得通。既然人知道别人也是人,和自己一样,一方面,"己所欲施于人",按照这一逻辑,"人所欲也施于己",为了避免两败俱伤,人们只好克制自己并相互防范;另一方面呢,不是也可以得出孔子说得"己所不欲勿施于人"和"己欲立而立人,己欲达而达人"的结论吗?前者体现的是做人的底线,后者则是人对理想的追求,也是自我实现的需要。所以,从消极方面看,善是诸恶的妥协,从积极方面看,善是对恶的超越与扬弃。人有善有恶,善恶两重,不是单纯的性善或性恶,善恶的关系也不是半斤八两,善优越于恶,恶会刺激并转化为善。我们常说,人是"不打不相识",是这样,但人通过包括误会、暴力在内的"打",不仅会变聪明,还会悟出更高的道理,从而转换自己的思维和行为取向,由消极转向积极,把"不得不然"的被动转向应然的、自觉的主动。人的共同生活和人的自由全面的发展都需要这样，也推动着这样的变化。人只要意识到自己是"人"，想在社会上过一种体面的有尊严的生活，就必须努力地扬善惩恶。

乙：说得更彻底一点，我们的生存既依赖于我们的经验和理性认识，经验和理性认识又总是有限的，所以人在面对每天都要遇到的世界的未知领域时，才需要信念，支持着人的信念的不仅有经验和理性，更有生命的情感和意志，它们之间形成张力。人们相信命运，既表明人生有"不得不然"的一面，也表明这种不得不然是人生的必然性也是必要性，所以人的命运也是人的使命。人作为生物必须维护自存与种存，自存和种存构成人类生存的底线。但是，由于意识和有意识的行动，人的生存有了外在和内在双重向度，产生了文化和意义的问题。所以，"食"成为美食、"色"演为爱情；共同体还要求成员们相互帮助、相互关爱，甚至在特定情况下牺牲自己；而所有的人都要敢于回应自然的挑战、社会的竞争，积极地创新甚至冒险——人在自然和社会中的生存都充满变数和危险，这会暴露甚至诱发人性恶的一面，但人只有不回避这一点，才能培养出自主的意志，独立的人格，树立信念和理想，从而不断地反省和发现自己的问题并加以改变，逐渐变得聪明起来，也人道起来。这构成了人类历史的主流，这个主流意味着人类的一切活动都是为了在世界上"活着"并越活越"好"，包括人与人、人与自然和人与自身各方面关系的和谐。在价值问题上，我们既要转换知识论的科学主义态度，也不能完全倒向一种无批判的、一厢情愿的"小人文主义"。所谓小人文主义，就是庄子在《逍遥游》里所批评的世俗的"人情"。老庄赞许的都是"大仁不仁"。

甲：前面我说，人的实践和历史自身就蕴含着解释学与现象学的原则，所以，我主张以具有主体间性的"实践解释学"来理解和分析价值现象。实践本来是一个目的性鲜明，而又意蕴丰富的开放性概念，但在我们这里往往成为一种简单的、无须展开的遁词，所有的问题，似乎纳入到"实践"就万事大吉了。我宁可用"生命""自省""信念"与"创造"来表达，人是通过他们互动的生命活动及其后果，认识世界并体验自身的，包括对象的性质及其可能，人的天性、能力及其限度，还有善恶美丑的分辨，应该和不应该的判断等等，因而认识就是"知道"和"明理"；懂事了、明白了,人才能形成信念,设定"目的",去"爱"、去"追求"应当爱、应当追求的东西,创造也是以此为动力的。我前面提到家庭成员之间的信赖、亲情和理性态度,可以用"亲兄弟、明算账"这句俗话来表达,主体间性的实践解释学所要提示的就是这种活动的本体论性质和方法论功能,即把实践理解为人的生命形态在世界中生成和觉悟的活动,也是人追求意义即创造和阐释文化的生活活动,它关联着人的个体和群体、先天和后天、发现和发明、现实和理想等两方面,不是简单或抽象的概念。

乙:可见,研究价值问题,人当然要从自己的活动、感受出发,但它首先要直面一个基本的事实,这就是人生天地间。而天地本无所谓人的价值或评价意识,也无所谓那些相对性的善恶美丑。《庄子·知北游》中讲道:"天地有大美而不言,四时有明法而不议,万物有成理而不说。"天何言哉?天地通过四时行焉,百物生焉,而展示自身的自然和神奇。有意识的人参与其间,首先要体现天地自然之道,但客观上的分化和竞争,与主观上的自我认同,使得人类不能不进入基于物我之分、人己之别的价值分野之中,因而人也就难以尽窥"天地之大美"了。老子说:"天下皆知美之为美,斯恶矣;皆知善之为善,斯不善已。"(《老子》第二章)这说得不只是美丑、善恶的相对性,更是说人自己推崇的"美""善"自身即有"丑"与"恶",如同人的自我认同也意味着自我的分裂。因为人既认同于自己的整个生命,又有了身心、灵肉的二分;既认同于自己生活在其中的世界,又与这个世界有了对象性关系。这在哲学上就表现为人与世界的本体论关系和作为它的一个方面的认识论关系。所以,不能首先在认识论框架中看意识,当"意识"的对象明确地指向这生命自身时,意识就成了自我意识,生命意识也就成了人的意识。"人"意味着他的自我称谓、自我命名,因而,人内在地涌向"自我",具有"我向性"或海德格尔说的"向来我属性"。人不再是生物的"种",而成为自觉地创造着自己的符号和文化的"族"群,并指向在"人"的称谓或概念中已经蕴含的普遍的"类"意识、类属性,人的对象意识和自我意识,人的公共性的语言符号,在人与人之间形成共同的生活经验、情感与智慧的交流,并由此使人能够自觉地共同地开展人与自然之间的物质、能量和信息的交流,所以,它是一切社会性价值与评价的直接基础。没有意识和符号,人就不会有理想和信念,不会有价值观与价值评价,不会有道德规范和审美能力的提升,也不可能有整个文化意义世界的出现。人们的评价与意义感都直接发生于人的精神直觉和体验中,呈现在他们的意向性活动和语言中,人的意向不止是意识的意向,更是生命的全幅展开。例如,审美虽然不是反映对象客观的美,"美"或"不美"是人的直观感受,却必定与人的生命性状和精神追求相应。人的审美既有生物学前提,更离不开后天形成的生活旨趣、自由创造和欣赏能力,人的美感可以说是人的情感及审美图式与对象之间的同化或顺应关系,也可以说是人与特定对象或艺术符号之间的契合所带来的生命的共通感、欣悦感与自由感。因而,舍勒认为人的精神追求就是要达到普遍的绝对的本质,使上帝这一绝对本质与人的精神之爱融合在一起,用宋儒的话说,这就是人与天地万物的一体之仁。当然,这在现实中很难达到,族群之间的利益之争往往强化族群的自我中心意识,将"非我族类"视为异己的他者,甚至加以蔑视和敌视。由于利益和文化不同,至今各民族之间仍然充满着怀疑和误解,甚至动不动就诉诸武力,更不要说我们对自然资源的掠夺式开发了。可见,人有了自我意识,有了"我们"和"我",一方面,人由此获得社会性规定和对自身与族群的认同;另一方面,也会产生分别心、自私心,强化排他性的争夺与占有,人的价值观也总有某种功利性、狭隘性,即使自己认为属于真善美的东西也难以超越个人的或群体的尺度。老庄批评的就是这个问题。但事情都是相反相成的,如传统共同体曾经是个人的保护伞,但它也是个人发展的局限;人只有在更大的平台和尺度上社会化,才能更有益于自己的个体化,形成自由而丰富的个性。在今天这个全球化的时代,人的自我意识拓展到"类"意识,形成"类"属性,已不是什么抽象的理想,而是现实的需要了,也只有实现这一要求,才能"原天地之美而达万物之理"。

甲:是的。从历史的角度看,这当然是一个过程,人类思想文化上的进步也要通过多样化、多向性的看法、观点之间的争奇斗艳、竞长争高来实现,并且遵循社会的选择机制,优胜劣汰。各种价值形态、各种价值取向体现着人与世界全面的关系,我们应当努力使之保持必要的张力,既不任其冲突、分裂,也不抹杀它们的差异。善恶的基本关系前面已提到,我们不妨再具体地谈一下这个基本的价值问题。善恶既基于人的利害,也关涉人的自我意识、人性和理想。动物之间的弱肉强食无所谓善恶,那是本能,属于自然生物链,但它却为人的善恶之分提供了可能,因为当人有意识地猎杀其他生命时,不再是纯粹的本能,而是对这本能的有意的强化、放大,并且还有了一个被自己评价和选择的问题。原始人发现某个地方的猎物特别多,也较容易捕捉,就会特别兴奋;意识到留一部分猎物或把它们豢养起来对自己更有利,就慢慢地形成了畜牧业;自己养的宠物,有了感情,更是不忍伤害了。在人们定居下来,有了财产,并且高度依赖血缘共同体时,区分善恶的标准是共同体的利害,共同体通过劝诫、示范和奖惩让成员树立道德意志,把他们的意识和行为取向提升到集体的层次,久而久之,形成风俗习惯,甚至形成一个价值谱系、价值的金字塔,人类也由此进入文明时期。在文明时期,一部分人可以专门从事精神生产,生产包括科学知识、道德规范和宗教教义在内的文化,负责知识传授、思想教化和心灵安顿;但也正是在文明时期,东西方历史上特别是基督教的历史上出现了许多残酷的暴行,这些暴行往往是在善恶二元的信念下发生的,如以扬善祛恶的名义迫害异教徒、杀害所谓的女巫等等。但到头来,这种暴行不仅会伤害到施暴者自己,人们从中也意识到,善恶的价值其实已经被颠倒了,善成了恶的帮凶。当人们把文明与野蛮、人性与兽性完全对立起来时,文明和人性却不期然地过渡到了它们的反面,这真是文明的悖论,也是人性的悖论!老子很早就清楚地意识到人类文化的矛盾和悖论,在《老子》第十八章中说:"大道废有仁义,智慧出有大伪;六亲不和有孝慈,国家混乱有忠臣。"在他看来,人类走出自然成为人的过程,既是向上的过程,也是向下的过程,人类在获得某些东西时,也遗失了另一些很可贵的东西。现在人们批评西方的进步主义,应当说,基于理性的进步主义顺时而生,它推进了现代社会的形成和发展,起的作用首先是积极的。但是它也有先天的缺陷,就是与人类文明的矛盾、对理性的相对性了解不够,因而对历史的认识失之简单、片面。理性、文明好象通体光明,有了理性,蒙昧、野蛮和黑暗似乎就一扫而光。西方从柏拉图开始就向往阳光、光明,但没有意识到物极必反,纯粹的光明也是纯粹的黑暗。意识不到这一点,人们越是自以为文明、高贵,就越是容易对他认定野蛮的、低贱的人作出非常野蛮和残酷的事情。正是对这一悖论及其严酷事实的反思,一种宽容和理性的意识才慢慢地在社会中形成。

而宽容当然是对人们视为"异己"的、"恶"的东西的宽容。人类从过去对"异己"、对"恶的"仇视和不容忍,到后来的宽容和理解,这是人们在价值观上的巨大进步,这一进步意味着人们有了对自己的反省,开始超越基于传统共同体的"我们"和"我"的狭隘性,对陌生的、异己的他者有了同情和了解,也意识到人类的社会存在方式恰恰是各种相反相成的因素构成的。我认为,西方的"自由"、儒家的"仁爱",都蕴含着宽容,并通过宽容联系起来。

乙:我们由人的实践和生活步入人类历史的长河中。历史总是一方面伴随着新旧交替,现代更是经历理性化的祛魅;另一方面,它既有些像"东逝水"又非一切"转头空",因为历史毕竟是人们活生生的生命活动和代际关系构成的,其中的悲欢离合、爱恨恩仇,总会在人们的意识和文化心理中积淀下来。历史中不乏价值毁灭的悲剧性,价值哲学在显现价值毁灭的意义时,也应当给出深入的解答。所以,重要的在于历史的演化和场景的变换,能否转化人的精神财富,转化为人的智慧,促进人性的丰富和提升,使人类内部、人与自然万物之间都能和平共处,而不是自己越来越乖张,越来越背离大自然。海德格尔所强调的意义就是在人那里绽放出来的"存在"的意义、"存在"的可能性,而非个人一己之主观情愫。马克思说历史是人类史和自然史的统一,但由于现代性突出的是人的主体性,所以,历史越发展人与自然的关系变得越疏离、越紧张了。历史当然是人自身的展开和实现过程,但它永远是在大自然的母体中进行的,是自然的可能性通过人的活动的实现。儒家讲"人与天地参",很对,人既然参与天地的化育,就总要适应天地的化育,用今天的话说,就是要使生态环境可持续发展。人的活动引起的历史变化既是"人"自己的变化,还应当是天地的好生之德、万物并育之道的体现。孔子说"吾道一以贯之",人道应当越变越象人,越符合人的理念,人的生活也越变越让人感觉到醇厚、丰富、广阔,而不是越来越没味道,更不是狭隘化、恶化。这固然是人的愿望,但不是主观的一厢情愿,就在于人的"应该"所依据的是自然的可能与自己的意志、理性和情感的整合所形成的信念,这里面既有人的理想,也包含了对人类生存的基本条件和境遇的体认。因而,我们所关注的人的情感,也应当是与理性构成张力的情感,许多情况下,人是需要"狠"下心来对自己的柔情说

"不"的,如同父母狠下心来让儿女到外面去吃苦、去闯荡。《战国策·触詟说赵太后》中说,"父母之爱子,则为之计深远"。这里的情感是通向理性的,而理性是对人生"不得不然",也就是"必然性"同时也是"必要性"的把握。所以老庄"不言情"甚至表现出"无情"。当代学者提出"情感本体论",我则主张生存信念本体论,对"天人相与"的信念,或者说是对"天地人亲"的信念。因为在人类的生命活动、精神活动中形成的文化心理,特别是信赖、信念更为基本,情感是人的生命本能和文化心理的重要属性与表现,但它不能代表人的生存整体,离开了信赖与希望,就不是属人的情感。

甲:历史的文明时代也是善恶价值谱系与社会的等级系统密切联系又相互作用的时代,文明本身就意味着人类的社会组织秩序。我们过去既重视"形上"的价值观念,也重视"形下"的功利价值,却不重视价值系统、价值秩序,不重视研究社会组织系统自身的价值维度及其价值引导功能。在传统社会,特别是中国传统社会,社会组织系统特别是政治组织系统垄断了主要的资源,一个人无论是为了实现政治抱负,还是个人的荣华富贵,都要进入这个系统并努力往上爬,所以,它直接影响甚至决定了许多人的价值观、价值取向。传统社会的人们重视"忠诚""荣誉",崇尚英雄气概,现代人看重"自由""平等""公平"等价值,都与社会组织系统的性质有关。而社会从传统到现代的变革的基本推动力量也是人们对自由与平等的追求,只不过限于历史条件,以及社会生产和科学技术水平的低下,少数人垄断了权力,多数人的自由就难以实现甚至被剥夺了。随着市场经济的发展和政治的变革,每个人的权益、每个人的自由生活,才逐步成为整个社会的价值取向,这可以说是人类历史的重大进步。

乙:现代性的人文的价值谱系与社会组织秩序,都呈现出新的性质和面貌。传统的社会意识被边缘化,取而代之的是世俗的多元的文化,人们与周围世界的关系成为主客体关系或互为主客体的关系,但这也造成了社会价值的功利化、表浅化。现代人的价值观的多元化、相对化甚至滑向虚无化。在包括中国在内的一些后发国家,由于传统文化的危机和现代化进程的重重矛盾,更导致了人们价值观的扭曲和迷乱,人类生存的意义和智慧都面临着考验。每代人都制造着自身的问题,也唯有他们自己才能想办法解决这些问题。那么,人类为自己制造的是什么问题?其实是人随着自己能力的发展和新的理想的提出，总是希望过"更好"生活的问题。人类所谓的"问题"，都是相对于自己的"应当"和"期望"而言的，也是相对于社会文明程度而言的。为什么人的问题越来越多了？其实是因为你的要求更高了，实现的难度也更大了。比如，在传统社会，女性受男性的压迫或支配不是什么问题，现在就成了大问题；人类越是有"类"意识，就越会产生价值问题，即善、美、公平等问题。人们越来越希望有更大的自由度，同时有更高的平等，然而，自由与平等本身就是一对矛盾。就现代社会而言，每个人都有了独立性和一定的自由权利，但他们之间的相互作用和竞争也会频繁化，社会管理的难度也会相应增加。当然，重要的问题是人类的那个越来越"高"、越来越"自由"的要求本身是否合理，所以，我前面才提到要倾听老子的教诲。

甲：在文明时代，人类发展的不平衡、贫富悬殊越来越严重。老子早就意识到并要人们防范"损不足补有余"的问题，也就是从《圣经》马太福音中演绎出来的"马太效应"问题，至今这个问题没有被我们思考透彻，更没有得到很好地解决。老子主张人道效法天道，其中重要的一点就在于自然总是自在地"损有余补不足"，从而趋向平衡。人类则往往是社会不公、贫富悬殊达到多数人无可忍受的程度，才通过"造反""革命"实现暂时的公平合理，但时间一长，问题又周而复始地出现，这至少说明人类的理性和智慧还非常有限。现代西方民主社会形成了较好的纠错机制，能够比较及时地解决这种问题，但近些年来西方社会的不公平显然也在加剧。我们要从理论上深入分析这类问题，就要想到老子"损有余补不足"的天道观，扬弃只是从人的主体性的视角看待价值的思维方式。如果人的"主体性"成了绝对的价值尺度，可以免于一切批判，那么，人类与生俱来的那些缺陷如培根所批评的"种族假想"，即人性的弱点，我们就不会发现，更谈不上消除和超越了。如果我们换一个立场，站在自然的立场、其他生物的立场上看人的行为，人为了自己"活得好"而狂捕滥杀，甚至变着法子虐待动物，还有比这更残酷、更邪恶的事情吗？

乙：有人说人类不可能走出人类中心主义。其实，人类中心主义是人的一种"主张"，人对自己的主张是能够否定和超越的，真实的问题还是人如何看待自己与自然界的关系。如果说人吃其他生命是没有办法的事，是"不得不然"，那么，好，那就要承认这里面的矛盾和问题。人迫不得已的行为，就不能认为全然正当，完全是正价值，还要大张旗鼓地宣扬。孟子当年就意识到这个问题,所以主张"君子远庖厨",我们过去批其虚伪,那么,我们愿意让自己的孩子去屠宰场,看杀猪宰羊的血淋淋的场面吗?所以,要承认并非人类所做的事情都是好的、善的,都值得称赞褒扬。有些是不得已而为之,人来自于动物嘛,总会有些动物性,甚至是被放大、恶化了的动物性,所以,人才要反省自己、批判自己。历史经验表明,人类对待其他动物的方式,也影响到人与人的相互对待。为了争夺生存资源和生存空间,这一群人把那一群人或视为野人或视为敌人,大开杀戒,还制造出一套动听的说法,把这种行为美化,如当年希特勒所宣扬的种族优越论。这从反面告诉我们,人类由于意识而使自己的生理本能和需要放大,甚至恶性化,人因而更要凭借意识,特别是自我意识去反思自己的行为及其后果,反省自己的恶,努力地减缓、消除这种恶。现代社会的信息传播、普遍交往特别是公共空间的形成,不仅有利于人们的批评监督,自我反省,而且也会促进人们的理性思维,推动人们生活的美化和人性的提升。人类只能生存于"大自然"或上帝般的"绝对存在"的母体之中,人与自然具有伦理与审美的关系;而类似斯宾诺莎的"自然-上帝"这一"绝对存在"完全可以也应该在人的生命和精神中体现出来。人与世界万物的关系,从根本上、深层次上说就是前面提到的"亲兄弟,明算账"。"亲兄弟"旨在说明人与自然万物血肉相连、休戚与共,万物并育不相害,道并行不相悖;"明算账"则表明人与人、人与万物各有其独立性,有竞争和利害关系,要进行区分和划界,不能"混着过"。但人的"独立"是相对于"依存"而言的,"竞争"是相对于"合作"而言的,我们的任何行动都应当在合理的尺度内进行,以有益于人类内部和人与世界的共生共荣与可持续发展。这固然是我们的理念,但只要付出足够的信心和努力,它就有实现的可能。我们今天的价值观建设、文化建设都应当紧密地联系这一主题而展开,只有这样,我们才能为自己也为人类开辟出一条宽阔而光明的道路。

原载于《河南大学学报(社会科学版)》2012年第5期;《中国人民大学复印报刊资料》哲学原理2012年第12期转载

唯物史观视域中我国核心价值观建设

吕世荣　平成涛[①]

特定社会核心价值观的生成和演进逻辑,本质上是一定社会历史阶段中主导利益集团所期许的社会关系形态的核心表达,由此在根本上它又依循于由该阶段主导生产方式所决定的社会利益交割和权利博弈的时空场域。正是在此意义上,我国核心价值观在现阶段的建设过程中,由于国内外社会关系的复杂状况而呈现出特定的阶段性:部分人把核心价值观的建设视为局部领域及短时效应的事情,认为与我们的现实生活没有直接的、长久的实质关联;部分人又仅从语词表达上把我国核心价值观与西方资产阶级价值观之间的本质性区别模糊起来;而面对社会局部贫富差距拉大等一些阶段性发展问题,部分人又表现出对我国核心价值观建设的信心不足,认为价值观的实践难度较大。所有这些阶段性问题都导致了人们对我国核心价值观建设的认识误区。对这些问题的理性分析,构成我国社会主义核心价值观建设的必要维度。在新的历史条件下,运用唯物史观的理论和方法,直面我国核心价值观建设面临的挑战,研判这一过程中对我国核心价值观所产生的认识误区,同时透视资产阶级价值观的意识形态实质,从而引导我国社会主义核心价值观的建设更具科学性和现实性,这是我国理论工作者当前面临的重要任务。

---

① 吕世荣(1954—),女,河南开封人,河南大学哲学与公共管理学院教授,博士生导师;平成涛(1990—),男,河南濮阳人,上海财经大学人文学院博士生。

一、当前我国核心价值观建设面临的挑战

随着经济全球化的不断推进,世界各个经济体之间的利益冲突也日益激烈。在与世界发达经济体的交往与竞争中,我国社会主义市场经济的发展在拥有制度保障和众多后发优势的同时,也不可避免地存在市场经济先天不足,以及中国特定社会背景下一系列现实问题。社会交往关系的改变,带来思想意识领域对西方资产阶级普世价值观与我国社会主义核心价值观的混淆与误读。所有这些,都给我国社会主义核心价值观建设带来挑战。

(一) 经济全球化带来的挑战

目前的全球化是资本主导的全球化,它在促使我国经济不断开放的同时,也带来诸多问题与挑战。西方国家竭力推行资本主义市场经济的运作机制和资产阶级价值观念,力图让资本逐利的本性生长到全球每一个角落。全球化趋势造成了一种视觉麻痹,即不同社会制度、不同阶级、不同文化之间将绝对地打破利益隔阂,实现完全自由地交流和绝对的平等。我们并不否认全球化趋势在人类社会整体发展中的阶段性意义,但发达资本主义国家所主导的一体化,带来的只能是"特殊性"的普遍化。在此背景下,西方社会将中国的崛起视为对西方价值观念和制度模式的威胁与挑战,进而不断从经济发展和价值观念方面加大对我国的制约、遏制和分化的力度。西方国家打着新自由主义的旗号大肆宣扬所谓的"普世价值",其本质是鼓吹经济绝对自由化、彻底私有化和完全市场化。新自由主义反对国家对经济的任何干预和调控,鼓吹"市场万能论",称我国的宏观调控扼杀了市场的效率与活力。同时,新自由主义还反对公有制,极力主张"全面私有化",称我国的国有企业是"国家垄断",不仅效率低下,而且破坏了市场经济秩序。这些言论混淆了社会主义市场经济与资本主义市场经济的本质区别,其实质是要把我国基本经济制度拉向西方私有化的道路。与此同时,西方社会还将以人权、自由、平等、博爱为核心的资产阶级价值观念夸大为全人类的价值观念,从而赋予其普遍性和永恒性的属性。从这种抽象的资产

阶级价值观出发，西方社会必然否定中国道路的合理性，将中国当下发展过程中出现的阶段性问题全都归咎于中国现行社会制度和体制；同时，一些别有用心的西方意识形态理论家肤浅地把我国社会主义核心价值观理解为是对西方"自由""平等"等观念的全盘接受，从而混淆了我国社会主义核心价值观与西方资产阶级价值观的本质区别。总体来看，经济全球化趋势在西方发达资本主义国家的主导下，通过对我国社会制度和经济体制的诬蔑和否定，试图用西方中心主义的强权逻辑从根本上冲击和否定我国社会主义核心价值观的建设。

（二）国内经济社会变迁带来的挑战

改革开放以来，随着社会主义市场经济体制的建立和完善，我国社会阶层结构和利益集团相应呈现出分化与多元化趋势，出现了以往以社会为单位的伦理共同体向以个人为主体的市场共同体的社会模式转型。不可否认，这种历史性叙事的主题转换和现代性结构的变革取向，给中国社会的现代性发育带来众多积极的思想资源，如自主观念、进取精神、创新意识、效益观念等，但同样也给我国核心价值观的建设带来一定挑战：一方面，市场经济把个人从传统乡村社会抛离，单一价值观逐渐被多元价值观所取代，以往伦理共同体中的传统价值观念逐渐淡化，对共同体的认同感不断丧失、对整体性的归属感不断弱化、对传统道德规范的敬畏感不断被遗忘。传统伦理社会的缺口被打开，意味着新的社会联系模式的生成，进而标志新的价值观念的形成。原子式个体逐渐成了社会运作的基本单位和交往主体，由此，集体主义价值观被极端个人主义所冲击，社会主义价值观被盲目利己主义所冲击，人民主体价值观被腐朽权力主义所冲击，西方以抽象人性论为根基的个人主义价值观逐渐弥漫开来。另一方面，在市场经济结构运作机制中，由于市场主体在资源占有、博弈空间、权力关系等方面的差异，我国社会发展中不平衡、不可持续的问题凸显出来，导致各种经济社会问题相互叠加出现。特别是在我国社会财富快速增长使人们收入水平普遍提高的同时，出现了收入差距不断扩大、贫富悬殊突出等不可回避的矛盾与问题。经济社会的分化在意识形态领域的必然表现就是思想与价值观念的多元化，拜金主义、拜权主义、享乐主义等消极价值观凸显。西方"市民社会"精神价值腐朽的一面甚嚣尘上,一些人开始怀疑社会主义核心价值观的生命力,进而萌生对西方资产阶级抽象价值观的向往。价值观念方面的种种混乱状况直接影响了意识形态领域的健康发展,人们对社会主义核心价值观的接受和认同发生扭曲和偏离。所有这些方面造成对我国核心价值观建设的种种挑战。

(三) 社会主义市场经济体制尚不完善所带来的挑战

所谓社会主义市场经济体制不健全、不完善,不是对这一伟大实践的消极反应,而是直面社会主义和市场经济二者结合这一新的历史实践,认真反思其中所出现的一些现实社会问题。总结新中国建立以来几十年的经验教训,我们愈发清醒地意识到,必须以经济建设为中心,把发展社会生产力当作首要任务来抓,为此我们确立了社会主义市场经济体制的经济发展模式。社会经济体制的转变带来对社会价值观的重大影响,公有制是社会主义意识形态的存在基础,多种经济形式并存导致了利益诉求的多元化,进而产生价值观念的多元化。"按劳分配"比资本主义社会的"按资本分配"有了巨大的进步,但现阶段市场模式仍是一种相对的形式上的平等,因为市场主体的先天差异必然会带来分配结果的差异,进而这种阶段性历史现象的存在也会在一定程度上造成社会价值观念的分化。社会主义与市场经济的结合,就其实质而言,是要利用市场经济体制为我们的社会主义总体目标服务,社会主义和市场经济二者是目标和手段的关系。如果社会主义无法对市场经济进行有效的规范和驾驭,那么就会影响社会主义这一根本目的的实现和价值导向的引领。就市场经济体制本身而言,它有追求效率、激发竞争、促进开放等积极的一面,但也有造成贫富两极分化、社会关系混乱、固守物质利益等局限性的一面,进而在价值观念层面导致"分配正义""私有财产至上"等西方正义论者的话语权不断被加强。市场经济带来的现代性二律背反必可避免:自主精神与自私意识并存、集体观念与极端个人主义并存、整体合作精神与单向度思维并存、个性化意识与价值通约主义并存,等等。因此,如果我们的社会主义制度对市场经济体制的弊端和消极力量控制和约束不到位,就会对经济社会和人们的产生、生活产生消极影响,使得西方资产阶级抽象价值观乘虚而入,从而直接影响人们对社会主义核心价值观的接受和认同。

二、唯物史观是批判和澄清资产阶级价值观的思想武器

我国社会主义核心价值观建设面临的挑战，内在地要求我们厘清西方资产阶级价值观与社会主义核心价值观的本质区别，这就需要我们运用唯物史观对资产阶级价值观本身的思想基础、理论特征和本质意图给予深刻地揭示与批判。资产阶级价值观伴随着西方资本主义制度的产生而产生和发展，是西方现代性发育的产物。资本主义发展的历史走向和现代性的二律背反，必然地决定了资产阶级价值观的内在本性。唯物史观为我们揭示资本主义意识形态本质和批判资产阶级价值观提供了思想武器。

第一，唯物史观揭示和批判了资产阶级价值观普世性和永恒性的谬论。资产阶级价值观以原子式个人为出发点，以自私为人的本性，进而把这种"抽象人性论"作为理论基础，抽象地谈论个人自由及人与人之间的平等，主张所谓契约论政治；同时它把私有财产当作所谓自然法权的既定存在，把自然主义欲望和自利原则当作推动社会运转的根本动力，以此论证资本主义社会的天然合理性和资产阶级价值观的永恒性和普世性。唯物史观从社会实践活动及其历史性出发，强调人的本质"在其现实性上，它是一切社会关系的总和"①，不可能存在不受任何社会条件限制的抽象个人和永恒的、绝对的人性，所谓自利的个人只能是私有制条件下的产物。在此意义上，马克思揭示了任何人类实践活动的暂时性和阶段性，从而彻底否定了资本主义社会形态的永恒性。资本主义的暂时性在于，作为资本存在前提的私有制有其特定历史起源，而资本自身又有着不可克服的内在否定性因素，由此，建立在私有制基础上的人的自利本性也就不是永恒的，而以人的自利原则去论证资本主义社会的永恒性也同样站不住脚。通过对"德意志意识形态"的批判，马克思恩格斯得出结论：意识和意识形态都不是先验的存在，它

---

① 《马克思恩格斯文集》第 1 卷，北京：人民出版社，2009 年，第 501 页。

们都没有独立的历史。意识的产生最初直接是与人们物质活动和物质交往及其语言交织在一起的,从而受到物质生产和物质交往活动的决定性影响。同时,社会阶级关系以特定"物质联系"为基础,从而表达和维持特定阶级关系的意识形态也没有独立的历史。在唯物史观看来,意识形态本质上是统治阶级的思想体系,而统治阶级的思想在每一个时代都是占统治地位的思想。统治阶级要实现自身的长久统治,不仅要在物质力量方面占统治地位,而且还必须在意识形态领域占统治地位,而价值观就是该社会意识形态的直接表现和核心内容。这就在根本上阐明了价值观的阶级性和阶段性。正如马克思所说:"在某一国家的某个时期,王权、贵族和资产阶级为夺取统治而争斗,因而,在那里统治是分享的,那里占统治地位的思想就会是关于分权的学说,于是分权就被宣布为'永恒的规律'。"[①]

显然,马克思恩格斯以唯物史观的精神实质揭穿了以抽象人性论为基础的资产阶级价值观的永恒性。既然人的本质从根本上说是一切社会关系的总和,那么它就不是抽象的而是具体的;既然意识形态不过是统治阶级实施自身统治、确保自身权益的思想和观念体系,那么它就不但具有阶级性,而且必将随着社会矛盾的发展而发生变化,必将随着特定阶级的阶级地位以及社会各阶级之间矛盾关系的变化而变化。意识和意识形态与社会历史发展之间的这种深层关联,必然赋予价值和价值观以特殊性和历史性的特征。

第二,唯物史观揭示了资产阶级价值观的抽象性和虚伪性。唯物史观认为,价值是客体属性与主体需求之间的意义关系,从本质上说它是人的社会关系的表达,而价值观则是关于这种社会关系的总体性的观念形态。在阶级社会,不同的价值观是不同阶级对自身利益诉求的不同表达。在迄今为止的社会中,经济利益关系构成价值观念的基础,不同阶级的利益诉求不同,其价值观念和评价标准也就各不相同。同时,社会利益关系的历史性决定了价值观的历史性,不同的历史发展时期存在不同的价值观。评价价值观合理与否的标准是人的发展与社会发展的关系及其统一程度。

[①] 《马克思恩格斯文集》第1卷,北京:人民出版社,2009年,第551页。

资产阶级价值观是资本主义意识形态的集中表达,其核心内容是作为资产阶级特定利益关系的自由、平等、人权等观念。资产阶级将这种表达特定阶级利益关系的自由、平等、人权观念夸大为全人类的价值诉求,主张其是所谓"普世价值"。然而,在阶级社会中,阶级之间、阶级与社会、个人与社会之间均存在一定的不可调和的矛盾,所谓"普世价值"不过是资产阶级利益关系的通行证和人民大众的镜中花。马克思恩格斯对这种"普世价值"的阶级性和欺骗性进行了深刻揭露,他们认为:"每一个企图取代旧统治阶级的新阶级,为了达到自己的目的不得不把自己的利益说成是社会全体成员的共同利益……它之所以能这样做,是因为它的利益在开始时的确同其余一切非统治阶级的共同利益还有更多的联系,在当时存在的那些关系的压力下还不能够发展为特殊阶级的特殊利益。"①然而,一旦这个新阶级取代以往的旧的统治阶级而成为新的统治者,它与全社会共同利益之间的矛盾就暴露出来,以往的革命性和进步性转变为社会统治的腐朽性和对非统治阶级的欺骗性。资产阶级的"普世价值"正是如此,它从根本上说并不是代表全人类利益的,而是维护和扩张资产阶级在本国和全球的经济利益和政治权益的意识形态。它所宣称的自由、平等本质上是资本的自由和平等,其最终追求符合资产阶级的全球利益秩序。恩格斯又说:"社会的经济进步一旦把摆脱封建桎梏和通过消除封建不平等来确立权利平等的要求提上日程,这种要求就必定迅速地扩大其范围……这种要求就很自然地获得了普遍的、超出个别国家范围的性质,而自由和平等也很自然地被宣布为人权。"②应当承认,人权是世界性问题,对它的推动有其积极意义。然而,西方资产阶级却把人权从人类的公益性议题变成他们的地缘政治工具。这种私心的掺入造成人权议题的走样变形,与很多国家民众对人权的实际关切南辕北辙。把自由、平等的价值观上升为普遍的人权,这种做法的实质就是把资产阶级要求的利益关系推崇为全人类的利益诉求,用资本的自由取代人的本质自由,用人权的平等掩盖权利剥削的不平等。

---

① 《马克思恩格斯文集》第1卷,北京:人民出版社,2009年,第552页。
② 《马克思恩格斯文集》第9卷,北京:人民出版社,2009年,第111—112页。

第三，深刻揭示了资产阶级推行其价值观的实质是力图实现全球资本霸权。马克思早就揭示了资本的本质是不断榨取剩余价值，以追求自我增值，实现自身权力的扩张。无止境地吞噬剩余劳动以驱动自我繁殖，这正是资本的本性。它要求资本一旦卷入不断自我积累的过程，就永远不能停止扩张步伐，正如生物不能停止呼吸，资本也不能停止自我增殖。资产阶级作为资本的人格化，它从诞生之初，所有的动作和言论都是为了完成资本的扩张和积累这一"资本的神意"。在本质上，资产阶级价值观的推行和扩张，不管是暴力强制还是隐匿性话语，都是资本扩张的"绚丽脸谱"。

资产阶级用自由、平等打开了封建秩序的裂口，从此忘情地挥舞着资本的大旗开疆拓土，所到之处遍开资本之花，然而却是染着一无所有的赤贫者血和泪的恶之花。资产阶级用自由和平等打破了贵族的傲慢和骑士的偏见，却也产生了这一"正义的"资本与无产者构成的新的等级秩序，同时这一秩序被"自由世界"所冠名。当资产阶级所开辟的疆域由于资本的横行而生态自然不再秀丽、赤贫者力气耗尽，市场的狭隘使得资本自身增殖的欲望必然冲出国内去完成所谓的"全人类幸福"和"全球共同繁荣"。资产阶级价值观念的美丽说辞让人将信将疑，但资本扩张力量的卑劣和凶猛却不会欺骗世人。西方资产阶级打着"意识形态终结"等口号，以抽象的价值观和人性论来填补与其他非资本主义空间的沟壑，这些都丝毫无法改变其妄图扩张资本力量进而称霸全球的事实。新自由主义就是新的历史情境下资本扩张运行内在需要的产物，其大肆鼓吹的经济自由化，实质上就是资本扩张以追求全球霸权的意志的体现。新自由主义要求减少经济干预、打破贸易壁垒、促使国有企业私有化、利率自由化、开放金融市场等，以实现其所谓的"经济自由"和"市场平等"。然而，在西方发达垄断资本主导的世界市场中，这种说辞无异于痴人说梦，新自由主义在缩小贫富差距追求所谓平等以及遏制经济危机实现所谓自由这一方面，是不敢面对现实的，但其在发泄资本增殖欲望、完成资本的阶级利益方面却是成功的。与此相对应，资本独裁和资本控制却是新自由主义政治民主化和思想人性化主张的内在本质。在西方发达资本主义国家对待发展中的非资本主义国家的政策上，资产阶级的阶级本质和资本肆无忌惮的本性暴露得淋漓尽致。

"人权高于主权"的口号被资产阶级所利用,这一口号将人权与主权对立起来,企图用人权来贬低和否定主权,以此给其政治干涉行为罩上一层正义的光环,进而为资本的扩张鸣锣开道。正如邓小平所指出得那样:西方国家利用人权问题对其他国家进行指责,"实际上是搞强权政治、霸权主义,要控制这些国家,把过去不能控制的国家纳入他们的势力范围"①。而这一切,都包含着资本扩张的心计和追求全球资本霸权的企图,资产阶级美好的价值观在这种心计和企图中,如同它曾打破的贵族傲慢和骑士偏见一样,都烟消云散了。

三、唯物史观是我国建设社会主义 核心价值观的理论基础

唯物史观不仅是揭露资产阶级价值观的思想武器,而且是进一步建设我国社会主义核心价值观的理论基础。资产阶级所宣扬的价值观在语言表达上与社会主义核心价值观存在某些相似的地方,然而,哲学世界观和基本阶级立场上的根本不同却使这种相似仅仅停留在了语词和形式上。唯物史观的基本立场、观点和方法为我们厘清社会主义价值观建设中的一些复杂关系问题,进而为我国社会主义核心价值观建设的科学性和现实性提供了理论基础。

第一,唯物史观是认识和区别社会主义价值观与资产阶级价值观的思想基础。"每一历史时代的经济生产以及必然由此产生的社会结构,是该时代政治的和精神的历史的基础"②。价值观作为从属于上层建筑的社会意识范畴,在本质上是"社会经济状况的产物",是人们借以"进行生产和交换的经济关系"的产物。任何一种价值观念都产生于特定的经济关系。正因如此,社会主义和资本主义二者的经济关系以及由此产生的社会结构的不同,决定了其价值观的内涵和其基本特征必然有所不同。认识到这一根本区别,不仅是揭露当前西方意识形态家刻意混淆社会主义价值观和西方资产阶级价值观的思想武器,而且还

---

① 《邓小平文选》第3卷,北京:人民出版社,1993年,第348页。
② 《马克思恩格斯文集》第2卷,北京:人民出版社,2009年,第9页。

是矫正我国社会对社会主义核心价值观与西方所谓普世价值观之间关系的必要条件。

正如恩格斯在《反杜林论》中所论证的：资产阶级价值观的形成是从商品贸易自由发展的需要中产生的，是在同封建主义特权制度的斗争中形成的。资产阶级自身要求个人平等和交换自由，这具有反封建意义上的进步性，但就其本质而言，它是建立在私有制基础上的等价交换的自由和平等，其根本特征是用形式上的平等掩盖事实上的不平等。资产阶级价值观本质上是资本主义经济关系的产物，而在这种经济关系范围内的自由仅仅是交换自由、劳动力出卖劳动的自由，仅仅是"资本自由"。这种"自由"以生产资料的不平等占有为前提，然而，资产阶级却拒绝和回避这一前提。马克思在《资本论》中深刻地揭示了这种"自由"对工人的意义："这里所说的自由，具有双重意义：一方面，工人是自由人，能够把自己的劳动力当做自己的商品来支配，另一方面，他没有别的商品可以出卖，自由得一无所有，没有任何实现自己的劳动力所必需的东西。"[①]同样，这种经济关系中的"平等"，也仅仅是交换的平等，本质是在等价交换原则掩饰下的不平等。由于社会资源占有状态的严重不均，交换的一方为了资本积累必须去购买劳动力，而另一方为了生存则不得不被雇佣并进而陷入贫困。对此，马克思不无讽刺地说："平等地剥削劳动力，是资本的首要的人权。"[②]这就意味着，在以雇佣劳动为基础的资本主义社会，人与人之间的平等只具有表面和形式上的意义，平等的背后却是实质上的不平等。由此可见，资本主义的平等和自由，究其实质，都是资产阶级特殊利益的意识形态表达，而为了掩盖这个真相，其又往往以普遍人权的形式表现出来。

相反，由于经济关系的重大变革和社会利益的重新调整，社会主义价值观与资产阶级价值观存在着根本不同。在马克思恩格斯看来，社会主义是资本主义之后更高级的社会形态，其基本的经济制度是公有制和计划经济，其根本利益和出发点是全社会人们的共同诉求，这就消除了资本主义社会中产生不平等社会关系的"社会特权"和"利益垄断"

---

① 《马克思恩格斯文集》第 5 卷，北京：人民出版社，2009 年，第 197 页。
② 《马克思恩格斯文集》第 5 卷，北京：人民出版社，2009 年，第 338 页。

的因素,由此必然产生内涵和特征完全不同的价值观。正如恩格斯所说,在社会主义社会里"平等应当不仅仅是表面的,不仅仅在国家的领域中实行,它还应当是实际的,还应当在社会的、经济的领域中实行"①。在这里,平等体现了人与人真实而又合理的要求,它不仅有其正当和合理的形式,更有其实质的内容,即人与人在经济上、政治上,在社会生活领域的各个方面都享有真正的平等权益。而要确立这种真正而又真实的平等,就必须消灭私有制、消灭阶级本身。"无产阶级平等要求的实际内容都是消灭阶级的要求。任何超出这个范围的平等要求,都必然要流于荒谬。"②伴随着私有制和阶级本身的消失,社会主义的自由也不再是"抽象自由",而是"每个人的发展是一切人发展的条件"的自由,是建立在各尽所能、按需分配意义上的自由。"在这里不再有任何阶级差别,不再有任何对个人生活资料的忧虑,并且第一次能够谈到真正的人的自由,谈到那种同已被认识的自然规律和谐一致的生活。"③社会成为全体人民利益的"真正的共同体",个人与社会的利益才能真正统一起来。由此,社会经济关系和物质条件的变革与价值观的改变之间是辩证一致的,而那种把社会主义价值观等同于资本主义所推行的"普世价值"的言论,正是没有看到这一点。

第二,唯物史观是认识经典社会主义价值观与中国特色社会主义核心价值观之间区别的科学方法论。唯物史观是关于社会历史发展规律和人类整体命运的理论和学说,具有空想社会主义和其他社会学说不可比拟的科学性和革命性。它强调人类社会向共产主义(其初级阶段是社会主义)过渡的普遍性质和趋势。同时,社会理想的实现,必然要经历一个长期的历史过程。我国当前的社会实际上仍处于社会主义的初级阶段,正是在唯物史观这一最基本的认识社会历史发展的世界观和方法论基础上,我们应该看到经典社会主义价值观与中国特色社会主义核心价值观之间的联系与区别。这一认识不仅符合唯物史观的基本精神,而且对于我们认清当前社会核心价值观的现实意义,进而拨开人们对我国社会主义核心价值观的认识

---

① 《马克思恩格斯文集》第9卷,北京:人民出版社,2009年,第112页。
② 《马克思恩格斯文集》第9卷,北京:人民出版社,2009年,第113页。
③ 《马克思恩格斯文集》第9卷,北京:人民出版社,2009年,第121页。

误区具有思想导向的价值和意义。

前苏联社会主义和中国特色社会主义,在理论上都不是马克思恩格斯所设想的经过资本主义高度发展以后建立的社会主义,相反,它们都没有经过充分的工业文明发展。这也就决定了我国的社会主义在其本质上与马克思恩格斯所期待的理想社会形态在社会基础、经济结构、上层建筑、意识形态等方面还存在着一定差距。正如邓小平指出的那样:"现在虽说我们也在搞社会主义,但事实上不够格。"①我们所处的社会主义初级阶段给我们提供了判定我国核心价值观的历史场域,初级阶段的过渡性质在社会整体的经济结构和社会阶层等方面都与经典社会主义社会不同,但其根本上都区别于资本主义社会。实际上,唯物史观坚持以物质生产和社会经济关系为价值观的存在根基,价值观伴随着社会物质生产方式的发展而变化。作为一定历史的产物,价值观是为了寻求对一定阶段上发生的人与自然、人与人之间冲突关系的协调与和解而存在的。按照马克思恩格斯对未来社会的看法,共产主义社会"是人和自然界之间、人和人之间的矛盾的真正解决"②,在这种自由联合的社会,意识形态的神秘面纱消失了,价值观也仅只有了"史前时期"的意义。中国特色社会主义社会与马克思恩格斯所设想的经典社会主义社会,二者社会结构状态不同、历史状况不同,也就决定了其各自的价值观内涵有所区别。正确把握我国社会主义现阶段的社会状况(核心是经济关系和权力性质)是科学认识和理解中国特色社会主义核心价值观的基础,同时也是区别它与经典社会主义价值观的科学依据。中国特色社会主义价值观的社会基础,它虽然尚不是马克思恩格斯所理想的社会形态,但从根本上更不是资本主义的,而是社会主义初级阶段的。因此,中国特色社会主义核心价值观是具有社会主义性质的价值观。只有从我国社会主义发展的现实状况出发,才能真正把握我国社会主义核心价值观建设在这一历史阶段上的现实意义及其科学性质。

第三,唯物史观是建构当代中国社会主义核心价值观的指导思想。唯物史观为我们构建科学价值观提供了正确的世界观和方法论,对价

---

① 《邓小平文选》第3卷,北京:人民出版社,1993年,第225页。
② 《马克思恩格斯文集》第1卷,北京:人民出版社,2009年,第185页。

值观的考察要始终依循特定的社会历史环境和时代经济关系,走出历史境域空谈价值观念就会落入资产阶级形而上学的窠臼。正如恩格斯在《反杜林论》中所阐明的那样:"平等的观念,无论以资产阶级的形式出现,还是以无产阶级的形式出现,本身都是一种历史的产物,这一观念的形成,需要一定的历史条件。"①价值观的历史性要求我们对中国社会主义核心价值观的建构,要到中国当前的社会历史环境和现实经济关系中去寻找。

当前我国核心价值观建设在一定程度上受到挑战,在这些因素中恐怕最根本的即我国社会主义市场经济体制发展的不完善问题,对这一问题的真正解决是我们当前社会主义核心价值观建构的根本,同时也是对全球化进程中资产阶级价值观以及国内经济社会变迁带来的对社会主义价值观冲击的有力回应和化解。社会意识在本质上是社会存在的产物,是对特定社会关系的反映,我国社会主义与市场经济结合过程中产生了许多没有预见的错综复杂的社会利益关系,而对价值观的建设和重塑只能直面这一过程中出现的社会现实问题。市场经济发乎西方,发展于西方,它在优化资源配置、重组社会关系等方面有着巨大优势。但历史和现实以铁一般的事实告诉我们,它同样有着先天的顽疾,马克思恩格斯对此诸多论述给了我们观察自由放任市场非正义性一面的正确指导。当前,市场经济固有的弊端及其所带来的社会经济关系的扭曲,已经成为挑战和威胁我国核心价值观建设的突出问题。社会主义制度的根本性质决定了不可能出现特权参与分配、少数人"垄断利益"的问题,但在与市场经济结合的过程中,难以避免地出现了资源垄断的不平等现象和权权交易、权钱交易等腐败现象,从而滋生出与之相对应的各种意识形态杂音和被扭曲了的价值观念。这一现象之所以会出现,根本原因就在于社会主义整体制度对市场经济引导、规范和约束的作用力发挥不够。只有充分发挥社会主义整体制度对市场经济引导、规范和约束的作用,才能自觉提升社会主义驾驭资本的能力,才能有力和有效地规范社会经济利益关系,才能逐渐消除贫富差距和不平等占有社会剩余劳动等非正义社会关系,从而为我国核心价值观的建构

---

① 《马克思恩格斯文集》第 9 卷,北京:人民出版社,2009 年,第 113 页。

提供坚实的物质条件和社会关系基础。这一作用力的发挥,一方面需要我们从根本上维护社会主义制度代表最广大人民利益的政治权利诉求,从而消除特权支配社会关系的畸形现象;另一方面,在继续围绕社会生产力发展,不断创造从形式公平向实际公平转化的物质基础的同时,坚持和完善社会主义公有制主体地位,保障生产资料的公有性,从而消除利用生产方式来不平等地垄断经济利益的基础和条件。同时,唯物史观始终没有忽略社会意识在引导和塑形社会关系方面的巨大作用。正如马克思恩格斯所认为的那样,劳动的结果在劳动开始时就"已经观念地存在着"①,意识由于分工的发展能够"摆脱世界"②而去构造现实的社会关系和社会观念。当然,这里的观念和意识都是在社会存在中的观念和意识。这就要求在我国社会主义核心价值观的建设中,要始终以马克思主义为指导,把人民整体利益作为价值观的核心、以社会主义整体方向为价值观的目标,只有这样才能更好地抵御西方资本主义意识形态的渗透和影响,真正建构起具有中国特色的社会主义核心价值观。

总之,我国社会主义核心价值观的建设在当前遇到了经济全球化进程、国内经济社会变迁、社会主义市场经济不完善等诸多方面的挑战,从而不可避免地产生了一些对社会主义核心价值观建设的认识误区。唯物史观在正确认识我国当前社会发展的阶段性和历史性基础上,为我国社会主义核心价值观建设提供了科学的理论基础,同时也给了我们提供了研判复杂局势、批判资产阶级价值观的思想武器,进而为我们理清价值观认识误区,辨析资产阶级价值观与我国社会主义核心价值观的关系提供了深刻的思想基础和科学方法。只有自觉地运用唯物史观的立场、观点和方法,才能坚定人们对我国核心价值观建设的正确认识,才能应对资产阶级价值观的侵蚀,才能从社会存在方面夯实社会主义核心价值观的科学性现实基础。

原载于《河南大学学报(社会科学版)》2017年第5期;《新华文摘》2018年第2期论点转载

---

① 《马克思恩格斯文集》第5卷,北京:人民出版社,2009年,第208页。
② 《马克思恩格斯文集》第1卷,北京:人民出版社,2009年,第534页。

马克思人的全面发展理论的生态学阈限及其当代拓展

朱荣英①

在马克思看来,人向全面性方向的发展不是一蹴而就的,而是一个漫长的自然历史过程,其间,在特定条件下(如在资本主义条件下),的确会导致人的全面异化。那样非但不能确证人的本质,反而会全面丧失人的本质与能力,唯有在共产主义社会才能"建立在个人全面发展和他们共同的社会生产能力成为他们的社会财富基础上的自由个性"②,人将在自由自觉的交往关系中获得全面发展,成为具有自由个性的"完整的人"。笔者认为,马克思人的全面发展理论中的合理推断与理性设计,一定要与全球化时代生态文明建设的具体实际结合起来,要做到这一点,理清马克思人学思想之人本方式及动力机制的生态学阈限,为之注入新发展理念使之获得自由全面可持续发展的生态整合,其意义重大而深远。

一、人理应实现自由全面可持续发展的生态整合

马克思认为,人的发展是关乎社会一切方面发展的核心问题,实现每个人的自由而全面的发展是人类社会发展的至高境界与远大目标。结合当代我国社会发展的基本事实尤其是全球生态问题不断凸显的严

---

① 朱荣英(1963—),男,河南尉氏人,河南大学马克思主义学院教授。
② 《马克思恩格斯全集》第 46 卷(上),北京:人民出版社,1979 年,第 104 页。

重态势,人在全面发展中的生态学问题显得尤为突出,这表明马克思人的全面发展理论存在特定的时代阈限和"内在张力",① 必须引入可持续发展的科学理念对之进行重要的增补与完善,只有这样才能结合当代社会发展实际对之形成实质性跃迁,在不断激活其当代实践价值的同时,也为之走向未来并拓展新的意义空间奠定基础。当代人的全面发展的价值指向应发生重大的调整,不应再指向纯粹经济总量 GDP 的简单累积上,也不应指向科技的无限制使用并实现对自然资源无限制的开发上,更不应指向凭借人的能力无限张扬而可以为所欲为上,恰恰相反,应表征为"人的自由全面可持续发展的生态整合"②。在人与自然的关系上,恩格斯曾经告诫我们,切忌"不要过分陶醉于我们人类对自然界的胜利。对于每一次这样的胜利,自然界都对我们进行报复",还说,决不能如征服者宰割异民族那样,任意地以野蛮掠夺的方式来对待自然界,也决不能像站在自然界之外的人那样任意地去支配和侵吞自然资源,因为我们原本就存在并生长于自然界中,我们对它的利用之所以比其他一切生物更高明,就在于我们"能够认识和正确运用自然规律"③。我们应该更加自觉地把实现人与自然高度和谐统一,全面协调、综合平衡地认识并利用自然资源使之能可持续、可循环、可再生地利用,作为社会全面发展与人的全面发展的重要目标,以更加合乎自然发展规律、更加合乎和谐社会全面构建、更加合乎人类幸福生活的协同发展的方式,作为我们追求人与自然的美丽环境、和合共生之动态平衡的价值取向。

这就是实现全面发展、自由发展与可持续发展的内在统一的生态整合,它使得全面发展成为自由而可持续的全面发展,自由发展成为可持续的全面自由的发展,可持续发展成为自由全面的可持续发展。这样就能避免因固执某一端而造成人与社会的单向度的发展。唯有将此三者内在整合才能与人类文明的发展相一致,实现人的全面自由可持

---

① 王南湜:《马克思人的发展理论的内在张力》,《江海学刊》,2005 年第 5 期。
② 易小明:《人的自由全面可持续发展的生态整合》,《北京师范大学学报》,2011 年第 6 期。
③ 《马克思恩格斯选集》第 3 卷,北京:人民出版社,2012 年,第 998 页。

续发展与生态文明建设的和合相生、内在统一,才能达到自然生态与人的生态的天人合一,实现人的各个方面的即能力、个性与社会关系的完全占有。在公正合理地处理并协调人与自然、人与人、人与社会的复杂关系过程中,复归人与社会的全面自由可持续发展的真正本质,进而达到人自觉地把握自我发展、自我完善以及人与自然和合共生的存在方式,进而实现从必然王国到自由王国的飞跃。"人终于成为自己的社会结合的主人,从而也就成为自然界的主人,成为自身的主人——自由的人"①,"使社会的每一个成员都能完全自由地发展和发挥他的全部才能和力量,并且不会因此而危及这个社会的基本条件"②。唯有如此才真正实现了马克思所希冀的"自由人联合体",使自由全面发展的人组合在共产主义这一高级的社会组织中,其中每个人都能得到自由全面的发展,而且每个人的自由全面可持续发展都将成为其他一切人自由全面发展的重要前提和必备条件。这样,一切阶级之间的差别和对立将永远消失,一切政权的存在都将变成不必要的了,一切本质力量的发展都将会对每个人全面自由地开放。"代替那存在着阶级和阶级对立的资产阶级旧社会的,将是这样一个联合体,在那里,每个人的自由发展是一切人的自由发展的条件"③。实现人和社会的自由全面的生态整合,是马克思恩格斯所建构的意义世界中处理人与自然、人与人、人与社会关系的基本准则,也是每个人追梦祈福的理想目标与至高境界。

二、中外社会主义国家因缺乏这种生态整合而造成的失误

自觉地实现人的自由全面可持续发展的生态整合,需要合理的制度环境作保障,在不同的社会制度环境下对这种生态整合自觉性的认识与实践程度是极其不一样的,应该说只有在一个科学合理的制度环境下,才能真正确保实现人与自然、人与社会、人与自我身心的自由全

---

① 《马克思恩格斯选集》第 3 卷,北京:人民出版社,2012 年,第 817 页。
② 《马克思恩格斯全集》第 42 卷,北京:人民出版社,1979 年,第 373 页。
③ 《马克思恩格斯选集》第 1 卷,北京:人民出版社,2012 年,第 422 页。

面可持续发展的生态整合。马克思恩格斯在对未来社会及其人的自由全面发展的设想中,在其共产主义的崇高理想目标中,尚未有自由全面可持续协调发展的生态思想,或者说,在马恩时代可持续发展的历史任务尚未达到当代这样突出的程度,致使在前苏联与中国改革之前的社会主义实践中,因其背离了人与自然、人与社会、人与自身可持续发展原则,故而产生了不同类别、不同程度的失误。按照马克思恩格斯对未来社会和人的自由全面发展的设想,无产阶级在夺取政权后,"无产阶级将利用自己的政治统治,一步一步地夺取资产阶级的全部资本,把一切生产工具集中在国家即组织成为统治阶级的无产阶级手里,并且尽可能快地增加生产力的总量"①。全社会只有在生产资料公有制基础上组织生产,将生产工具统统集中在已经成为统治阶级的无产阶级手中,并利用其政治统治消除私有制社会带来的一切不平等及其他罪恶,尽可能有计划按比例地生产,增加生产总量,推进社会全面进步,才能够为全社会提供公平正义、物质充裕、健康有益、轻松闲暇的工作与生活,给所有人提供真正的充分的自由而全面的发展。马克思恩格斯设想的人的自由全面发展的基本原则,指出了社会主义发展的正确方向与本质规定,任何时候都不能违背,而是必须坚决捍卫,否则就会离开社会主义运动的目的和无产阶级政党的宗旨。但是,马恩对未来社会和人的发展的基本设想,毕竟只是一种科学预测和对社会发展趋向及人全面发展目标的大致分析,在具体的社会主义实践中绝不能教条化地理解与运用,绝不能将之视作一成不变的东西,如果不愿意落后于生活实际,就必须将它不断地推向前进,用发展的科学思想指导我们新的实践。但是,问题的关键在于,我们究竟该如何坚持、如何发展、如何实现同一? 正是在这一点上,中外社会主义建设实践都陷入了误区,留下了深刻的教训。

中苏在发展社会主义事业的前期,全面恪守并坚持了社会主义公有制、计划化、分配制、民主制与党的领导等基本原则,一度激发了人民群众建设社会主义的极大热情,在社会主义事业和人民群众生活等各个方面都取得了巨大成就,社会事业的全面进步与发展,的的确确为人

---

① 《马克思恩格斯选集》第 1 卷,北京:人民出版社,2012 年,第 421 页。

的自由全面发展提供了各方面的基础与条件,然而在其发展的后期则陷入停滞、衰退,甚至危机之中。之所以会如此,是因为在政治上获得解放后,新生的无产阶级政权极大地捍卫了人的同一性正义,强调集体利益、国家利益高于一切,通过消除个体差异、阶级差异及其他各种差别,实现了人与人之间的公平正义、自由平等,调动了广大人民群众建设社会主义的极大热情,极大地释放了人民群众当家做主后的群体力量。在阶级斗争为纲的政治高压下,急风暴雨式的群众运动普遍开展,群众路线、人民民主、阶级斗争与党的集权化领导高度统一,共同激活了人民群众的积极性、主动性与创造性,平均化、平等性的要求也得到空前的保障,人与人之间因群体性分离而造成的各种灾难、冲突与矛盾,都得到了化解,同一性基础上的集体利益、民族利益、国家利益得到了最高意义上的维护与发展。总之,由于尊重了人民群众渴望实现平等、公平与同一性的基本要求,推翻了各种外在的非法强制而获得了政治上的平等与正义,团结起来的广大人民群众在党的领导下自觉投入到社会主义各项建设中,群体力量在推动社会发展的动力系统中发挥了决定性的作用,充当了"每一个孕育着新社会的旧社会的助产婆"①。这说明社会主义和人的全面发展不可能自发实现,只有依靠人民群众的集体力量,通过全面推动生产力的解放与发展来全面改造社会关系,才能顺应生产力发展要求,破除各种旧体制的束缚。

　　但是,之所以到后来又陷入全面停顿,面临崩溃甚至葬送社会主义事业的风险,那是因为对一个社会发展来说,既需要集体力量的激发也需要个体力量的保护,而此前只一味强调同一性的合理诉求与集体力量的发挥,而不能同时看到差异性的合理性与个体力量释放的必要性。推动社会发展的历史主体不仅体现为集体主体而且还表现为个体主体,集体主体社会力量的发挥的确能够彰显同一性正义及其合理要求,而个体主体及其能量的激发则能够凸显差异性正义及其合理要求。如果一味强调同一性正义,追逐社会平均分配、完全平等,就会压制人的差异性表达及其个体创造,绝对平均主义与大锅饭就会泯灭人的创新灵性与个人激情,会遏制乃至窒息人积极主动的创新活力与勇往直前

---

① 《马克思恩格斯文集》第 5 卷,北京:人民出版社,2009 年,第 861 页。

的实践探索精神,单单依靠集体主体的力量来推动社会发展,势必造成社会发展的不可持续性。而一旦作为集体主体的活动激情逐步消散,要推动社会的持续发展,就需要从一个个分散的个体主体身上进行能量的累积,就需要通过确保个人利益来张扬个人能力。此时若固执于群众运动,试图通过"穷过渡"的办法实现社会发展目标,必然导致社会发展动力的严重不足,并在实际上造成人的个体自由的全面丧失。

问题的另一方面在于,如果像资本主义社会那样,私人占有生产资料、通过自由竞争来极力膨胀个人私欲、实现个性表达,完全通过价值规律和市场进行调节,对社会发展放任自流,任其自生自灭,人与人之间的差异性的确能够得到充分展现,个体的主体能动性的确能够得到全面的呵护与自由发展,人人都赖其力而生、凭其力而存、因其力而显,但社会的同向建构如何完成,社会发展的集体力量又如何实现呢?每个人或者每个企业都受利益驱使,而拼命地改造技术、提高劳动生产率,争取获得更大更多的市场份额与社会资源,通过不断扩大的社会再生产而追求剩余价值的最大化,力争在互相竞争中处于优势地位。这样能够极大地激发推动社会发展的个体力量与创新能力,但由于忽视社会同一性正义及其集体力量的发挥,甚至以牺牲社会公正与集体力量的方式彰显个性差异与个体实力,因而也会由于"看不见的手"对市场调节的滞后性、盲目性,而造成全面垄断、竞争无序、技术壁垒,进而遏制社会进步,造成两极分化、资源浪费、社会倒退和阶级对立;还会因为公共性视域的被遮蔽、共同性利益被遗弃,而大大降低民众对政治的参与热情,严重削弱社会利益、集体利益的正义力量,致使公平正义严重丧失,各种差别不断扩大,甚至还会导致金钱至上、货币崇拜、拜金主义和享乐主义的盛行。这样就会因偏执于差别性正义的另一端,而失去社会正义的完整性、协同性,同样会制约社会与人的全面自由发展。二战后的现代资本主义国家之所以经过内部调整使其产生种种新变化,原因就在于克服上述弊端,促进社会全面协调发展。①

---

① 林德山:《关于当代资本主义新变化的思考》,《国外理论动态》,2015年第6期。

三、中国特色社会主义对这种生态整合问题的解决

由以上分析可知,无论单一的计划经济抑或纯粹的市场经济,都各有利弊,都只能激发某一个方面的力量而不能把集体力量与个人力量整合为推动社会发展的一种合力。无论同一性正义抑或差异性正义都不能构建一个全面正义的社会基础。推动社会全面正义的协调发展既需要调动各方面的力量,更需要将各种正义力量整合起来均衡发展。同一性正义与差异性正义的和谐发展,是社会主义全面发展的本质规定与内在要求。为此,中国特色社会主义市场经济的建设与发展,必须站在推动人类社会和谐发展的"类主体"层面,尽可能调动、激发与释放各种社会力量并形成一种特殊的历史发展合力,将计划经济与市场经济的双重优势以最佳方案组合在一起,重新调整推动社会全面发展的人本方式与动力机制,将各个层面上的主体性力量发挥到极致并实现内在统一,进而达到全面自由可持续发展的生态整合。开发社会发展的人本动力,将个体力量、集体力量与"类力量"有机统一起来,将差异性正义、同一性正义、协同性正义及其各自的合理要求内在整合起来,推动社会真正贯彻"以人为中心"发展的现代人学原则,克服以往传统社会主义计划经济与资本主义市场经济发展各自的片面性与局限性。要将推动社会全面发展、社会关系全面展现、社会力量充分释放的最终目的落实在人的全面自由发展上,将人的全面解放、自由发展作为推动社会全面进步的根本动力,实现社会发展与人的发展在手段与目的上的内在统一。要将人的各种本质力量及其合理要求充分激活,人的各种潜能才可能得到全面实现;人全面参与社会建设的热情充分激发出来,才能推动社会发展自觉朝着"以人为本"的方向前进。"要按照民主法治、公平正义、诚信友爱、充满活力、安定有序、人与自然和谐相处的总要求和共同建设、共同享有的原则,着力解决人民最关心、最直接、最现实的利益问题,努力形成全体人民各尽其能、各得其所而又和谐相处

的局面,为发展提供良好社会环境"①。要着力推动社会和人的自由全面可持续的协调发展,把实现各个层次上的社会主体的根本利益作为社会全面发展的最高目标,做到发展为民、执政为民、以人为本、科学发展,促进社会发展成果由人民共享,保证人的全面自由可持续发展。全面建成小康社会、全面深化改革、全面依法治国和全面从严治党的"四个全面"建设,就是试图按照自由全面可持续发展的总要求,对中国特色社会主义社会的动力机制与正义基础进行总体部署与全局谋划。而党的十八届五中全会提出"五大发展"最新理念,即创新发展、协调发展、绿色发展、开放发展和共享发展,按照此"五大发展"理念来重新调整推动社会发展的动力机制,就应该按照以激活个人主体、集体主体、类主体的本质力量及合理要求为基准,对关乎我国发展全局的一切方面都做出深刻变革;在实现发展目标上,要自觉朝向"以人为本"的自由全面可持续发展;在破解发展难题上,要自觉克服依靠单一的差异性正义或单一的同一性正义导致动力不足的局限性;在厚植可持续发展优势、促进可持续发展质量上,必须牢固树立和深入推进"五大发展"理念的协调一致,最根本的还是要解决推动社会发展的人本动力及其发展方式问题,②通过全面释放三重人本动力及其本质力量来推动社会全面自由可持续发展。

马克思人的全面发展理论认为,人的全面发展就是人的本质力量的全面发展,换言之,就是人通过自己的创造性活动而对自己本质力量的全面占有。这表现为人的劳动技能、社会关系、自由个性、综合能力的全面发展,人在劳动中通过对外在对象和自己的改造,首先是劳动能力获得全面发展;其次是社会关系、自由个性、教育技能、实践能力得到广泛拓展。马克思强调的人的全面发展,是指具有三种属性的作为个体主体、集体主体、类主体的人的发展,强调要激发三种主体的实践创造力量。首先,马克思看到了人民群众作为历史集体主体对历史发展

---

① 夏东民:《中国特色社会主义科学发展论——党的十六大以来马克思主义理论创新体系研究》,人民出版社,2010年,第16页。
② 易小明,等:《中国社会发展的人本动力方式探析》,《天津社会科学》,2008年第6期。

的决定作用,认为决定历史发展的是"行动着的群众"①,强调使广大群众、整个阶级行动起来的客观物质动因及物质资料的生产方式在人类历史发展中的决定作用,认为唯有人民群众的活动才体现了历史主体的整体性。其次,马克思看到了个体主体作为历史活动的细胞和特殊的个人在历史发展中的重要作用,认为不管人们意识到了没有,人们的社会发展史说到底始终都只是个体发展史,不能离开个体主体的历史推动作用谈历史发展。个体与群体是辩证统一的,群体的存在与发展有赖于个体能力的全面发展,有赖于个体的人的独特创造,只有得到个体的积极支持并适应个体发展的需要,群体作为个体联合起来的共同体才能得到巩固与发展。但社会的发展又不能仅仅停留于从孤立的个体活动或者孤立的历史事件来把握主体的历史作用,也不能从个人的主观意志或者不现实的愿望来解释历史,更不能将个体与群体对立起来而片面夸大个人的决定作用。因为历史发展中的个人是处在特定社会关系、阶级关系中的个人,"某一阶级的各个人所结成的、受他们的与另一阶级相对立的那种共同利益所制约的共同关系,总是这样一种共同体,这些个人只是作为一般化的个人隶属于这种共同体,只是由于他们还处在本阶级的生存条件下才隶属于这种共同体;他们不是作为个人而是作为阶级的成员处于这种共同关系中的"②。群体主体是个体的真实联合而不是"完全虚幻的共同体",群体是个体联结的纽带而不是获得发展的"新的桎梏"③。

另外,马克思也认识到了要从"类主体"的角度解释历史发展,认为个体与群体只有在共产主义社会才能实现自由人的联合,才能实现个体利益、群体利益的高度一致,每个人才能获得自由而全面的发展。作为类主体而存在的人,其现实本质是一切社会关系的总和,对作为类存在物的人的全面发展,要求立足于整体的社会历史进程来探究,人永远都只能是"在一定条件下进行的发展过程中的人"④。作为过程性存在

---

① 《马克思恩格斯文集》第1卷,北京:人民出版社,2009年,第287页。
② 《马克思恩格斯选集》第1卷,北京:人民出版社,2012年,第201页。
③ 《马克思恩格斯选集》第1卷,北京:人民出版社,2012年,第199页。
④ 《马克思恩格斯文集》第1卷,北京:人民出版社,2009年,第525页。

的人,其全面性发展的要求也必然要纳入历史进程中加以理解。正如既不能将历史视作一种个体主体历史的简单堆砌,也不能将历史仅仅理解成群众性的事业一样,我们不能对人的全面发展作纯粹个体史或群体史的单一把握,而要站在人的三种属性内在统一的社会总体上来分析,将人的全面发展理解成个体、集体、类的实践活动及其产物的历史演进过程,即人以一定的物质生产方式为基础的社会全面发展和全面进步的演进过程。可见,马克思要求从历史主体的三个不同层次来考察人的全面发展过程,把推进历史前进的社会力量视作一种历史性的合力,并从不同层次历史主体的正义性要求和社会活动的实际效果上去分析人的全面发展的历史演进过程。

四、马克思人的全面发展理论的生态学阈限

马克思对人的全面发展的分析是基于对资本主义人的片面发展的情况而言的,这种通过消除资本主义的异化而达到全面发展的分析,具有历史进步意义和特殊的理论价值,但同时也具有一定的理想性、推断性和局限性。因为人的全面发展要受到各种条件的制约,人们不是随心所欲地进行历史创造的,而是在十分明确的前提和条件下创造历史的,其中经济条件显然具有决定性意义,政治条件和"萦回于人们头脑中的传统"①也起着一定的作用。先前存在的生产力与生产关系是人能否及怎样获得全面发展的决定性的前提条件,这些条件使人只能获得一定程度上的发展(片面发展),或者说他获得的发展只能是有一定限度的"全面发展"。在不同性质、不同水平的生产力状况下,人进行物质生产的范围、规模不同,彼此之间联系的社会程度及他们结成的社会关系的界限是不一样的,人获得发展的丰富性与全面性也是不同的;人究竟处在什么样的生产关系中,这也决定了社会发展能否及在何种程度上为人的全面发展提供怎样的可能性范围,特别是在阶级社会中,人所处的阶级地位及其代表的阶级利益,成为制约人"全面"发展的阶级基础。其实,随着社会分工的不断深化,人的片面性发展也越来越得到

---

① 《马克思恩格斯选集》第4卷,北京:人民出版社,2012年,第605页。

强化,使得人的发展越来越呈现出深刻的片面性,正是通过人们互换这种深化了的片面性,才为社会提供了日益丰富和全面的基础。社会生活的全面性是以个体的片面发展及其互换为前提的,不能把社会关系或社会生活的全面性等同于个体的全面性。在有限的历史条件下,个体只能作为片面性存在,人本身就是一种片面性的存在物。社会关系与社会生活的可能性范围与空间是无限的,而人能够形成和得到的社会关系与实际生活是有特定阈限的,有限性的生命不可能完全占有一切可能性的社会生活与社会关系。不仅个体主体是如此,集体主体与类主体也一样,群体乃至人类与世界接触的范围与空间非常狭小,在实践活动中所实现的全面性、丰富性也是非常有限的。人的全面发展还要受自然条件、社会条件、精神条件等各个方面的限制,如人类文明的生产方式、演进方式深受劳动分工的影响,人的全面发展作为对片面性发展的超越,不能不受人类文明自身存在与发展方式的制约,实际上它制约着人的全面发展的性质与方向。其中起决定性作用的是生产方式,它是社会的人和人的社会赖以存在与发展的基础,是人与自然分化与整合的基础,也是各种自然条件、精神条件、社会条件互相对立统一的基础,是人能否及怎样获得全面发展的首要前提条件。人的社会化的生产方式及其交往方式,决定着社会的结构、性质与面貌,制约着处在社会关系中的人的各方面的全面展开与和谐发展。生产方式的发展与变迁,还决定着整个社会历史的变化与发展,决定着社会形态的更替与发展,当然对人的全面发展的历史演进也具有决定性的意义。再如,人的全面发展必然受制于自己生存的自然环境,"人和自然,是携手并进的"①。自然环境提供着人获得生存与发展的自然能源,但它是一个无限开放的系统,从人作为类存在的意义上看,人能够触及到的自然疆域是十分有限的,人在非常有限的、片面的意义上与自然保持着互换能量与信息的关系,自然也是在极其片面的意义上保障着实现人的全面发展的生产资料与生活资料。自然资源的有限性及其人对之利用的不科学、不正当,使之不可循环、不可再生,都对实现人的全面自由发展形成"新的桎梏"。

---

① 《马克思恩格斯文集》第5卷,北京:人民出版社,2009年,第696页。

当然，制约人全面自由发展的不仅有生产方式、自然环境，而且还有精神性的各种因素：既定存在的意识形态体系、特定的文化传统、社会价值的认同体系与评价系统等，这些精神条件同样构成了人的全面发展的必备要素。它们总是以这样或那样的方式、以积极抑或消极的方式来影响人们的生产与生活，赋予人们活动以各种各样的实际效应，使人成为一种被规定的存在物，一种片面性存在的社会动物。诚然，社会教育"就是生产劳动同智育和体育相结合，它不仅是提高社会生产的一种方法，而且是造就全面发展的人的唯一方法"①。它避免并克服了因自然力、实践力的不充分而形成的片面性。但是，教育本身不仅不能解决一切方面的问题，不能给人提供丰富而真切的社会体验与直接经验，而且教育本身也存在不全面、不充分、有限性的问题，也会形成各种专业缺憾与技术隔阂，不可能真正造就全面发展的"全能人"。② 同样显而易见的是，优越的社会制度能够为人的全面发展提供最基本的制度保障，但若将人的全面发展只寄希望于一种所有制及其变革上，也同样具有乌托邦色彩。譬如，传统社会主义的公有制及计划化，确实能够消除资本主义异化劳动对人造成的各种弊病，但其自身发展中也会形成"新的桎梏"——忽视了差异性正义及个体力量的发展与发挥。而且，制约人的全面发展的并非只有制度一个方面的因素，并非制度本身的完善就能解决人的全面发展的所有问题。事实上，传统社会主义计划化、公有制程度的提高，由于片面地占有了人的三种属性，强调了同一性正义要求而忽视了差异性正义要求，产权不明、平均分配、吃大锅饭，致使人的创造性热情严重受挫，反而不利于激发与调动各种社会力量推进社会和人的全面自由可持续发展。

五、马克思人的全面发展理论在当代中国的最新拓展

当代人要不断超越各种条件的制约，从各种社会桎梏与自身的束

---

① 《马克思恩格斯选集》第2卷，北京：人民出版社，2012年，第230页。
② 易小明：《论人的全面发展的限度》，《天津社会科学》，2005年第4期。

缚中解放出来，从乌托邦的想象、急功近利的短视行为中挣脱出来，就必须对马克思基于对资本主义旧式分工弊病的批判以及对未来理想社会的科学预测而得出的人的全面发展理论注入可持续发展的现代理念，致力于实现人的自由全面可持续发展的生态整合。在马克思看来，人类社会发展到共产主义社会，"大工业及其所引起的生产无限扩大的可能性，使人们能够建立这样一种社会制度，在这种社会制度下，一切生活必需品都将生产得很多，使每一个社会成员都能够完全自由地发展和发挥他的全部力量和才能"①。马克思这种分析的高明之处在于，他不只是揭示了资本主义片面发展的各种弊病，而是还进一步揭示了它的根源、实质及自我否定的力量，"通过批判旧世界发现新世界"②的方式做出了对未来社会的预见。这种预见只是揭示了未来社会发展的一般特征和大致走势，至于对其具体细节的详尽描绘及"在将来某个特定的时刻应该做些什么，应该马上做些什么，这当然完全取决于人们将不得不在其中活动的那个既定的历史环境"③。马克思推断未来共产主义社会高度的公有制、计划化，是建立在取缔资本主义旧式分工、异化劳动基础之上的，是建立在随着机器大生产和现代科技的广泛运用而"使生产力和生活资料无限增长的可能性的基础之上"的。④马克思认为，在共产主义社会的高级阶段，一切旧式分工、劳动差别、阶级差别及其异化现象均荡然无存，劳动不再是"谋生的手段"而成为"生活的第一需要""在随着个人的全面发展，他们的生产力也增长起来，而集体财富的一切源泉都充分涌流之后"⑤，才能消除资产阶级权利的狭隘界限，进而实现各尽所能、按需分配。

问题的关键在于，基于生产力全面发展基础上的人的全面发展，恰恰不是无限性的而是具有限度的。社会化大生产不可能是无限的，生产力发展也要受到各种条件的制约，不可能产生充分涌流和无限增长

---

① 《马克思恩格斯选集》第1卷，北京：人民出版社，2012年，第302页。
② 《马克思恩格斯文集》第10卷，北京：人民出版社，2009年，第7页。
③ 《马克思恩格斯文集》第10卷，北京：人民出版社，2009年，第458页。
④ 《马克思恩格斯全集》第42卷，北京：人民出版社，1979年，第373页。
⑤ 《马克思恩格斯选集》第3卷，北京：人民出版社，2012年，第364—365页。

的情形,自然资源越来越匮乏、人与自然之间的关系不断发生冲突、人的生命的有限性及社会资源的稀缺性,所有这一切决定了不可能产生产品极大丰富、物质高度繁荣的情况。马克思没有预见到今天人与自然、人与人自身矛盾会达到如此激烈的程度,没有预见到现代人自身认识能力、实践能力及掌握科技的能力都是有限的。人永远都是一个片面性、有限性的存在物,有限性的生产力不可能满足无限增长的各种需要。社会全面发展及财富极大涌流的情形只是一种哲学推测,生产力、自然力、科技、教育、信息等方面的发展限度构成了人的发展的"单向度"性,证明人的全面发展只能是一种有限性的发展。"全面发展意味着人的完美境界,是人的需要、人的社会关系、人的个性和人的能力等各个方面的充分发展,这只能是一种理想,不可能最终实现"①。人说到底只能有一种片面性、有限性的发展,"实现人的全面发展,这只能是一种善良愿望而已"②。恩格斯也曾说:"历史同认识一样,永远不会在人类的一种完美的理想状态中最终结束;完美的社会、完美的'国家'是只有在幻想中才能存在的东西;相反,一切依次更替的历史状态都只是人类社会由低级到高级的无穷发展进程中的暂时阶段。"③我们必须从根本上转变人的全面发展的旧理念,或者必须将人的可持续发展引入人的全面发展理论中,致力于构建人与自然的生态整合,以自由全面可持续发展作为人发展的价值目标和发展方向,只有这样才能使得人的全面发展与生态文明的可持续发展达到内在协调,才能实现人的实践本质、综合能力、社会关系、丰富个性的全面可持续的发展。

从学理上弄清马克思人的全面发展理论可持续性的现代意涵,具有重大而深远的生态学意义。正如习近平同志所说:"良好生态环境是最公平的公共产品,是最普惠的民生福祉。"④在当代中国,推动人的全面发展必须做到促进经济发展与生态保护的有机结合,牢固树立保护

---

① 韩庆祥:《思想是时代的声音:从哲学到人学》,北京:新世界出版社,2005年,第195页。
② 翁超:《马克思社会教育思想研究》,北京:人民出版社,2013年,第184页。
③ 《马克思恩格斯选集》第4卷,北京:人民出版社,2012年,第223页。
④ 《习近平关于全面深化改革论述摘编》,北京:人民出版社,2014年,第107页。

和改善生态就是保护和发展生产力的现代发展理念,更加自觉地将"以人为本"的可持续发展意涵引入人的全面发展理论中,努力推进人的全面自由可持续发展的新生态体系建设。"建设生态文明,关系人民福祉,关乎民族未来"①,是一种功在当代、利在千秋的伟大事业。我们必须要以对人民及其子孙后代高度负责的态度,将人的全面可持续发展的生态整合视作当前最大的政治问题,纳入中国特色社会主义"五位一体"建设的总布局之中,以最严格的制度、最严密的法律为生态保护提供最强有力的约束和导引,自觉地推动社会的绿色发展、循环发展、低碳发展,以实现人的自由全面可持续的发展,而决不能以牺牲生态平衡为代价来换取一时的经济增长。近年来,我们提出以人与自然的和合共生促进人与社会的和谐建构,以改善和提高人口承载力、生态承受力、资源支撑力为重点,推进社会和人的创新发展、协调发展、绿色发展、开放发展、共享发展,这为丰富和拓展马克思人的全面发展理论和科学求解人与自然内在发展的规律找到了新的契机与思路。

原载于《河南大学学报(社会科学版)》2016 年第 5 期;《新华文摘》2017 年第 4 期论点转载;《高校学术文摘》2016 年第 6 期论点转载;《中国社科文摘》2017 年第 1 期论点转载

---

① 习近平:《努力走向社会主义生态文明新时代——在十八届中央政治局第六次集体学习时的讲话》,《人民日报》,2013 年 5 月 25 日。

应然、实然、必然：论马克思"真正的共同体"

钟科代　郑永扣[①]

共同体是人类基本的生存方式，是基于个体间相互作用、相互联系的共同观念、共同行为、共同利益和共同责任所构成的社会群体。马克思通过对过往历史的经验总结与对资本主义社会的现实批判，将人类共同体形式划分为"自然形成的共同体""抽象的或虚幻的共同体"和"真正的共同体"。马克思恩格斯不止一次地表达了希望建立人类"真正的共同体"的社会理想，早在《德意志意识形态》中，马克思、恩格斯就指出："在真正的共同体的条件下，各个人在自己的联合中并通过这种联合获得自己的自由。"[②]在《共产党宣言》中，"真正的共同体"被表述为"代替那存在着阶级和阶级对立的资产阶级旧社会的，将是这样一个联合体，在那里，每个人的自由发展是一切人的自由发展的条件"[③]。在《资本论》第一卷中，马克思将其对未来社会组织形式的构想表述为"自由人联合体"。他在批判商品拜物教的同时提出："让我们换一个方面，设想有一个自由人联合体，他们用公共的生产资料进行劳动，并且自觉地把他们许多个人劳动力当做一个社会劳动力来使用。"[④]然而，时至今日依然有人将马克思关于"真正的共同体"的思想解读为充满浪漫主义色彩的"诗意的""美学的"乌托邦思想，因此，揭示和说明自

[①] 钟科代（1991—），男，河南焦作人，郑州大学马克思主义学院博士生；郑永扣（1954—），男，内蒙古卓资人，郑州大学意识形态安全研究中心主任，马克思主义学院教授，博士生导师。
[②] 《马克思恩格斯选集》第1卷，北京：人民出版社，2012年，第199页。
[③] 《马克思恩格斯选集》第1卷，北京：人民出版社，2012年，第422页。
[④] 《马克思恩格斯选集》第2卷，北京：人民出版社，2012年，第126页。

由人联合体实现的历史必然性以及迈向这一理想社会的现实途径和条件就显得尤为必要。

一、应然：真正共同体的历史渊源

"共同体"的雏形早在人猿揖别之初就已实际存在了，马克思指出："我们越往前追溯历史，个人，从而也是进行生产的个人，就越表现为不独立，从属于一个较大的整体。"①在马克思看来，人的生存与发展离不开共同体，但共同体中的个人不断受到"对他们来说是异己的力量的支配"②。如何克服共同体对个体的压制，从而实现个体与共同体的和解，成为古今中外具有人文关怀的思想家们求索的重点，关于人类社会最合理的组织形式的构想更是灿若繁星、源远流长。从古希腊柏拉图、亚里士多德提出"城邦共同体"开始，到霍布斯的"利维坦"、黑格尔的"伦理共同体"，直至空想社会主义者的"乌托邦"；中国从先秦儒家所倡导的"大同（社会）"，到近代以来康有为的《大同书》、孙中山提出的"天下为公"理念等，人类从没有停止过对理想社会形态的追求与探索，即便世界从未如人所愿。正如黑格尔所说："如果这个世界已经达到了'应当如此'的程度，哪里还有他们表现其老成深虑的余地呢？"③但这些理想所提出的"应当"，作为一种高远的价值目标，却始终指引着现实世界的发展方向。

其一，西方传统政治哲学共同体构想对马克思共同体思想具有重要启示。柏拉图在《理想国》中指出，由于个人无法单独生存，必须聚集起来通过分工满足每个人的生存需求，进而形成城邦共同体。因而，柏拉图除了将正义作为城邦构成的主要原则、将劳动作为个人的第一需要以外，更加注重每个人在社会分工中找到自己的位置。他将个人分为黄金做的统治者、白银做的护卫以及铜铁做的普通劳动者，他们分别具有智慧、勇敢和节制的品质，在社会中各司其职、各尽所能，共同维护

---

① 《马克思恩格斯全集》第46卷（上），北京：人民出版社，1979年，第21页。
② 《马克思恩格斯选集》第1卷，北京：人民出版社，2012年，第169页。
③ 黑格尔著，贺麟译：《小逻辑》，北京：商务印书馆，2011年，第44页。

城邦共同体平稳运行。亚里士多德则将公正看作是城邦共同体的最高目标,他在批判柏拉图城邦共同体的基础上又提出许多新的规定性,但在城邦共同体有助于实现人民的幸福生活这一点上两人已达成共识。霍布斯在《利维坦》中认为,"在没有一个共同权力使大家慑服的时候,人们便处在所谓的战争状态之下。这种战争是每一个人对每一个人的战争"①,要改变这种状况,每一个自然人或社会法人需通过签订契约让渡出自身的一部分权力,将之总合在一个自然人或社会法人身上。霍布斯主张将权力集中起来,由这个享有至尊权力的人或群体来决断杀伐,对外守护国家主权,对内维系社会发展。由于受生产力水平与阶级立场的限制,这些"虚幻的共同体"不可能真正实现,但这些对于共同体的有益探索却对包括马克思在内的后世学者产生了深远影响。

其二,黑格尔关于市民社会与国家的论述对马克思共同体思想的影响最为深刻。在黑格尔看来,国家是实现自由、提倡"善"的伦理实体,因此是"地上的神物"。资本主义条件下的市民社会"是个人私利的战场,是一切人反对一切人的战场"②。因此,如果没有国家和法律的约束,社会将混乱不堪。在黑格尔论述资本主义现代国家的出场逻辑时,市民社会概念是作为家庭和国家两个概念的中介环节出现的。黑格尔指出:"市民社会,这是各个成员作为独立的单个人的联合,因而也就是在形式普遍性中的联合,这种联合是通过成员的需要,通过保障人身和财产的法律制度,和通过维护他们特殊利益和公共利益的外部秩序而建立起来的。"③但是,由于人与人之间各种条件的差异,这种每个人单纯追求个人利益的结果必然会造成社会财富不平衡且人与人之间的矛盾愈加尖锐的局面,从而导致市民社会与国家相分离,个体的自由与利益也无从实现。黑格尔指出国家是以实现整体利益为目的,是普遍性与特殊性的统一。社会成员在国家中表现为独立的个体,同时这

---

① 霍布斯著,黎思复,黎廷弼译:《利维坦》,北京:商务印书馆,2011年,第94—95页。

② 黑格尔著,范扬,张企泰译:《法哲学原理》,北京:商务印书馆,2011年,第351页。

③ 黑格尔著,范扬,张企泰译:《法哲学原理》,北京:商务印书馆,2011年,第198页。

种个体的独立性又必须通过国家来获得现实的依据。黑格尔说:"国家的力量在于它的普遍的最终目的和个人的特殊利益的统一,即个人对国家尽多少义务,同时也就享有多少权利。"①因此,出于保护人们普遍利益的需要,国家的出场是必然且正当的。与其他思想家相比,黑格尔的"国家共同体"已经达到相当的高度,但其从客观唯心主义的立场出发,"采取了唯心主义的头足倒置的形式",完全颠倒了国家和社会的现实关系,体现出他作为资产阶级思想家的历史局限性。

其三,空想社会主义对资本主义制度的批判以及对未来社会美好愿景的描绘。是马克思共同体思想的直接来源。19世纪初的空想社会主义思想家们揭露了私有制条件下资本主义的累累罪行,试图探讨消灭私有制的途径并勾勒出未来理想社会的基本蓝图,这成为日后科学社会主义最直接的理论与实践来源。圣西门希望通过发展实业来维护社会的安定团结,实现每个人的自由发展。他提出"人人劳动""废除特权""妇女有选举权"等朴素的社会主义原则,希望通过实业争取无产阶级与资产阶级一样的的平等地位,进而实现政治解放。英国空想社会主义者欧文则希望通过建立劳动公社去直接践行共产主义的伟大构想。他在劳动公社中实行公有制,形成了一个包含了农、工、商、学的"大家庭"。他期望在劳动公社中各个成员能够各尽所能、团结互助,公社与公社之间同样以这种方式进行交往,共同构成一个完美的社会。这些空想社会主义者囿于阶级立场,未能看到"真正的共同体"得以实现的物质基础。马克思批判地继承了空想社会主义的积极成果,在创立了历史唯物主义与剩余价值学说的基础上提出了"真正的共同体"思想。

其四,中国传统文化中对于大同社会、太平盛世的构想同样具有深厚的价值底蕴,时至今日依然是中国人心中最深切的情怀与期盼。《礼记》中描述了两种社会的发展形态,即"公天下"阶段的大同社会与"家天下"阶段的小康社会。在"公天下"阶段,社会统治者的权力交接是"禅让制",谁的德性与智慧最高,就把天下交给谁。在"家天下"阶段是

---

① 黑格尔著,范扬,张企泰译:《法哲学原理》,北京:商务印书馆,2011年,第297页。

"继承制",权力按照血缘关系的原则进行传递。其原因在于,"公天下"阶段财富为社会共有,共同体的繁荣会平均惠及到每一个人,而"家天下"阶段出现了私有制,每个人都只爱自己的父母和孩子,都希望自己的小家过得更好。由此不难看出,儒家对大同和小康社会的描述,与其说是对"三代"与"先王"的追溯,不如说是对未来完美社会的构想。这种对人类理想社会所寄寓的希望与憧憬,成为历代中国仁人志士现实的追求和奋斗的目标。特别是近代以来,在亡国灭种的危机面前,中国的有识之士依然秉承"大同社会"的价值目标,寻找中国未来的出路。康有为的《大同书》不仅继承了儒家三世进化的理论,更带有欧洲空想社会主义及达尔文进化论的色彩,其中所倡导的完全否定国家和种族的一切区别的想法,只能视为一种空想。孙中山重提"天下为公"的思想理念,在当时社会条件下同样无法真正实现。所有这些对理想社会"应然"的追求,虽然都具有"虚幻"的性质,但作为一种正面的价值引领,在历史上显得弥足珍贵。

二、实然:真正共同体的现实依据

具有人文关怀的思想家们在应然层面表达了对现世苦难的控诉与反省和对真正共同体的向往与追求,但这些理想主义色彩浓厚的共同体蓝图要想实现却缺乏现实的依据,也就是说当时的社会生产力发展水平还没有能够孕育出实现真正共同体的条件。马克思在《〈黑格尔法哲学批判〉导言》中指出:"真理的彼岸世界消逝以后,历史的任务就是确立此岸世界的真理。"[1]因此,对"天国"的批判也应该转为对"苦难尘世"的批判。他意识到对于"真正的共同体"不能仅从意识形态或价值目标的层面去理解,而应该从其背后的物质根源着手,寻找其得以实现的现实依据。

马克思指出,以黑格尔为代表的资产阶级理论家们,始终站在唯心主义的立场上,从观念出发来解释实践。而马克思、恩格斯则认为应该"从直接生活的物质生产出发阐述现实的生产过程,把同这种生产方式

---

[1] 《马克思恩格斯选集》第1卷,北京:人民出版社,2012年,第2页。

相联系的、它所产生的交往形式即各个不同阶段上的市民社会理解为整个历史的基础"①。正是在此基础上,马克思得以深刻地揭露资本主义生产方式对无产阶级的剥削和奴役,以及对人的自由全面发展的压迫与限制。首先,在资本原始积累的过程中资产阶级对无产阶级的直接掠夺。马克思一针见血地指出资本主义的原始积累绝非是由于资产阶级的祖先勤劳勇敢,而是通过赤裸裸地抢劫完成的,如圈地运动、贩卖黑奴等。通过直接掠夺,一方面资产阶级积累了原始资本的第一桶金,另一方面与生产资料相分离的生产者沦为无产阶级,为资本主义的发展提供了广泛的劳动力基础。对此,马克思痛心地控诉:"资本来到世间,从头到脚,每个毛孔都滴着血和肮脏的东西。"②其次,剩余价值学说揭示了资本主义生产方式在其运行过程中对无产阶级剥削和奴役的秘密。在资本主义生产方式中,资产阶级和无产阶级看似获得了一种形式上的自由与平等,即通过自由市场合理地进行等价交换。之所以说是形式上的自由与平等,根本原因就在于资产阶级在进行原始积累的过程中造成了无产阶级与其生产资料的分离,他们除了将劳动力出卖给资产阶级以外别无选择。即使如此,资产阶级虽然购买了雇佣工人的劳动力,但是实际占有的却远远大于其购买的劳动力价值,其中多出来的部分马克思称之为剩余价值。再次,马克思用"异化劳动"这个概念来表述资本主义生产方式对人的本质压迫与限制。作为人类生活的对象化的实践活动,其本质上应该是自由自觉的,但在资本主义生产关系中,人逐渐与自己的劳动、劳动产品、类本质以及他人相异化。以这种生产关系为基础的社会关系,不可能是自由自觉的个人的自愿联合,而是客观分化的两个阶级之间的广泛对抗。资本主义的国家共同体形式不仅不能为人的自由全面发展提供必要条件,反而成为压抑、扼杀人的本质的因素。归根结底,处于建立在资本主义生产方式之上的共同体中,人的自由全面发展根本无法实现。

但同时也应该看到,在资本主义的发展过程中孕育着向"真正的共同体"过渡的物质和精神条件。马克思充分肯定了资产阶级在创造生

---

① 《马克思恩格斯选集》第1卷,北京:人民出版社,2012年,第171页。
② 《马克思恩格斯选集》第2卷,北京:人民出版社,2012年,第297页。

产力和开辟世界市场方面的贡献,赞美"资产阶级在它的不到一百年的阶级统治中所创造的生产力,比过去一切世代创造的全部生产力还要多,还要大"①。正是因为资产阶级积累了巨大的物质财富,同时通过开辟世界市场,客观上推动了人与人之间的普遍交往,才让马克思看到了人能够实现自由全面发展的现实可能性。首先,随着生产效率的提高,人们的自由支配时间增多。自由支配时间对实现人的自由全面发展具有重要意义。自由支配时间意味着人从必然王国的束缚中解脱出来,这是完成"由必需和外在目的规定要做的劳动"之外社会成员得以发展自身,更为重要的是,这是从事"生产科学和艺术"活动的前提。其次,随着机器使用的普及,为人的全面发展提供了可能。机器的进化与普及最大限度地提高了生产效率,将劳动中对人的力量的使用降到最低,它不仅将人从劳动中解放出来,还客观上促进了人在劳动中角色的转变。因此,随着生产方式的不断改进,片面发展的个人显然无法适应不断变化的劳动需求,客观上对人的全面发展提出了要求。再次,随着世界历史的产生,为"全世界无产者,联合起来"②提供了条件。构建"真正的共同体"的价值指向是实现全人类的解放,世界历史的产生使每个人真正与整个世界的物质与精神生产切实地联系起来,使人类能够摆脱民族与地域的局限,站在世界历史的角度去思考问题。特别是资本主义的全球化发展在世界范围内创造出无产阶级的同时,也使资本主义内在矛盾扩展到全世界。资本的发展与世界历史的形成,客观上提供了无产阶级在世界范围内进行共产主义革命的现实可能。

马克思在《资本论》中指出:"作为价值增殖的狂热追求者,他肆无忌惮地迫使人类去为生产而生产,从而去发展社会生产力,去创造生产的物质条件;而只有这样的条件,才能为一个更高级的、以每一个个人的全面而自由的发展为基本原则的社会形式建立现实基础。"③应该看到,资本主义生产方式在奴役人、压迫人的同时,也是人类历史上的一次重要解放,在一定历史条件下具有进步性与合理性。资本主义生产

---

① 《马克思恩格斯选集》第1卷,北京:人民出版社,2012年,第405页。
② 《马克思恩格斯选集》第1卷,北京:人民出版社,2012年,第435页。
③ 《马克思恩格斯文集》第5卷,北京:人民出版社,2009年,第683页。

方式中孕育了真正共同体的条件和因素,应然层面对共同体的向往在这里获得了现实的根据,"真正的共同体"的萌芽也在"虚幻的共同体"内开始成长。特别是随着资本主义不断发展,客观上培育了马克思主义生根发芽的土壤。在科学社会主义理论的指导下,以列宁为代表的俄国布尔什维克党和以毛泽东为代表的中国共产党先后在沙俄和中国建立了无产阶级政权,从理论与实践两个方面为真正共同体的实现指明了方向,开辟了道路。

三、必然:真正共同体的逻辑确证

社会主义制度的建立向世人充分展示了令人信服的实现"真正的共同体"的能力和条件。虽然苏联在社会主义道路的探索过程中遭遇失败,但其不失为一种制度性与方向性的引领,并且更说明,实现"真正的共同体"并非一蹴而就,而是一个包含着艰辛与曲折的探索过程。中国通过改革开放以及一系列对于中国特色社会主义道路的探索,至今仍然屹立于世界的东方,虽然我国目前扔处于社会主义初级阶段,但却是现实的但不完备的"真正的共同体"。从马克思主义的创立,到21世纪中国化的马克思主义,从俄国十月革命的胜利,到新时代中国特色社会主义的实践,无不彰显出世界走向真正共同体的逻辑必然性,并且我们可以揭示并掌握这种逻辑必然性。同时,我们也看到了这种从"应然"与"实然"的双重维度对社会历史发展的"必然"趋势所作出的判断,与空洞而武断的目的论、宿命论或机械论不同,绝非是无关人的努力的"必然如此"。

第一,从历史逻辑来看,生产方式的矛盾运动决定了人类必然走向"真正的共同体"。马克思关于实现"真正的共同体"的思想并非抽象理性的逻辑推演,而是将历史发展规律落实到现实的生产力与生产关系的矛盾运动中。马克思明确指出物质生产的基础性作用,看到"手推磨产生的是封建主的社会,蒸汽磨产生的是工业资本家的社会"[1]。历史唯物主义将之概括为:生产力决定生产关系,经济基础决定上层建筑。

---

[1] 《马克思恩格斯文集》第1卷,北京:人民出版社,2009年,第602页。

由于生产力本身具有不断突破自身的力量,当之前建立的生产关系因其稳定性而成为生产力发展的桎梏时,生产力则会通过社会革命改造生产关系,直至其重新满足生产力发展的现实需要。随着经济基础的变革,竖立其上并与之相适应的全部上层建筑也将随之改变。马克思正是看到了资本主义生产方式中生产的高度社会化与生产资料日益集中的私人占有之间的矛盾愈演愈烈,才得出了"资产阶级的灭亡和无产阶级的胜利是同样不可避免"①的科学论断,而无产阶级的胜利最终指向的就是"真正的共同体",马克思将之称为"铁的必然性"。

马克思高度重视生产力的发展对实现真正的共同体的推动作用,他认为人们在生产过程中不仅获得了生存所需要的物质资料,而且同时获得了全面发展其自身的能力。在马克思看来,在"真正的共同体"中要求有高度发达的生产力和"进入新境界"的生产方式。为了使真正的共同体不至于造成"极端贫困的普遍化",就必须要求有高度发达的生产力作为物质保障。马克思提出无产阶级夺取政权之后要充分吸收资本主义的全部发展成果,同时还要大力发展生产力,让财富的源泉充分涌流。因为真正的共同体中的分配方式是按需分配,所以。一方面要考虑到平等地满足共同体中每个个体的需要,这本身就有赖于生产力高度发展所带来的物质的极大丰富;另一方面要在高度发达的生产力和充分涌流的社会财富的基础上提高每个人的思想境界,把人从狭隘的私有制条件下形成的观念中解放出来,让劳动而非对物质财富的占有成为人们生活的第一需要。同时,生产力的高度发展还有利于将人从自然界中解放出来,特别是生产力的提高让人的必要劳动时间不断缩短,因此才能有更多的闲暇时间从事更加高级的实践活动,让人摆脱"必然王国"的束缚,真正从事自己喜欢的活动,最大限度地激发出人的潜能,从而实现其全面发展。

在生产关系方面,马克思提出要"在协作和对土地及靠劳动本身生产的生产资料的共同占有的基础上,重新建立个人所有制"②。恩格斯在《反杜林论》中说道:"靠剥夺剥夺者而建立起来的状态,被称为重新

---

① 《马克思恩格斯选集》第1卷,北京:人民出版社,2012年,第413页。
② 《马克思恩格斯选集》第2卷,北京:人民出版社,2012年,第300页。

建立个人所有制,然而是在土地和靠劳动本身生产的生产资料的社会所有制的基础上重新建立。"①按照恩格斯的阐述,个人所有制是马克思对真正共同体的生产关系的设想,是在生产资料社会所有制的基础上的个人所有制。马克思指出,前资本主义的生产关系是"个人的、以自己劳动为基础的私有制",资本主义生产关系中劳动者与生产资料所有权的分离就是对它的第一次否定。而真正的共同体中对劳动者不占有生产资料的克服就是对资本主义生产关系的否定,是否定之否定。因此,在能够适应高度发达的生产力的生产关系中,劳动者必须占有自身的劳动产品。这种占有与前资本主义生产关系中孤立的、单个人的占有不同,这里的"个人所有制"指的是联合起来的个人在联合劳动的基础上所实行的所有制。

第二,从主体能动性方面来看,"人的自由自觉的活动"决定了人类必然走向"真正的共同体"。正如马克思、恩格斯所说:"全部人类历史的第一个前提无疑是有生命的个人的存在。"②无论是探讨何种共同体的组织形式,"人"的问题始终处于首要地位。马克思将历史发展看作是追求着自己目的的人的活动,他看到了作为历史主体的现实的人对人类社会发展的推动作用。当下所走向的真正的共同体既不是命中注定的,更不可能不劳而获,而是人通过丰富多彩的实践活动自由、自觉、自主创造的结果。马克思指出:"自由的有意识的活动恰恰就是人的类特性"③,是对人的本质的确证。对于自由自觉的实践活动,马克思提出了以下三个规定性:首先,自由自觉的实践活动必须是有意识的实践活动。"有意识的生命活动"④直接把人跟动物的生命活动区别开来,而动物的活动与它们的生命是直接同一的,而人在实践过程中则会将自己的意识加入进来。人在实践活动开始之初就已经自觉地将带有特别目的的意识融入到实践活动的过程中。人通过改造自然的实践活动满足自身的需要,并且实践的方式也体现着人的目的,从而是"人的自

---

① 《马克思恩格斯选集》第3卷,北京:人民出版社,2012年,第509页。
② 《马克思恩格斯选集》第1卷,北京:人民出版社,2012年,第146页。
③ 《马克思恩格斯选集》第1卷,北京:人民出版社,2012年,第56页。
④ 《马克思恩格斯选集》第1卷,北京:人民出版社,2012年,第56页。

为的生成"。其次,自由自觉的实践活动必须是目的性而非工具性的实践活动。自由自觉的实践活动应该是人的本质力量的反映,不能将实践活动等同于生产活动的某一特定环节,否则就只能是"用摧残生命的方式来维持他们的生命"①。再次,自由自觉的实践活动必须是全面的而非片面的实践活动。自由自觉的实践活动其根本意义在于促进人的自我实现、自我发展。"真正的共同体"的最高价值取向是实现"每个人自由全面的发展",与之相对应的实践活动必然也是带有丰富性与普遍性的。只有全面的、自由的、普遍的实践活动才能将人从片面的、固定的、单一的劳动中解放出来,真正实现人对自身本质的"全面占有"。

自由自觉的实践者代表了个体在实践中追求自由全面发展的要求,同时,"批判的武器当然不能代替武器的批判"②,"真正的共同体"必须要通过一个自为自觉的阶级来达到逻辑与历史的统一,这就是无产阶级。马克思始终将无产阶级作为实现共同体理想的"物质武器",因为无产阶级的阶级特质、历史使命与"真正的共同体"的价值取向、发展趋势是完全一致的。首先,无产阶级是大工业本身的产物,代表了人类社会的发展方向,这与自由人联合体的实现进程完全一致,甚至可以说无产阶级就是通往真正共同体必然进程中的历史主体。其次,无产阶级除了枷锁以外一无所有,因此,它本身就包含了要求改变现状的决心与勇气。又因为无产阶级处于社会最底层,如果它不能彻底解决阶级剥削和压迫问题,使其他所有阶级都获得解放,它就不能解放其自身。由于无产阶级的特殊利益与人类的普遍利益具有一致性,这就决定了它必然要承担解放全人类的历史使命。

第三,从实践逻辑来看,当代中国特色社会主义实践体现了人类必然走向"真正的共同体"的发展趋势。首先,中国特色社会主义的探索是对真正共同体发展规律的认识和把握。中国共产党人的全部理论和实践都是建立在对人类历史发展规律的深刻理解和把握之上的。在新的历史条件下,我们走向真正的共同体虽然道路曲折,但总的前进步伐却从未停止。在上世纪世界共产主义运动出现重大挫折的情况下,中国共产党立足

---

① 《马克思恩格斯文集》第1卷,北京:人民出版社,2009年,第580页。
② 《马克思恩格斯选集》第1卷,北京:人民出版社,2012年,第9页。

基本国情,摒弃了以僵化的计划经济为主要特征的社会主义发展模式,坚定不移地进行改革开放,走出了一条符合实际的中国特色社会主义道路。虽然我国当前还处于社会主义初级阶段,国内国际各方面面临着一系列矛盾与挑战,但人类向着"真正的共同体"迈进的总趋势却没有改变。改革开放40多年以来,中国经历了从站起来、富起来到强起来的发展历程,在秉承马克思主义发展理念与吸收、借鉴其他国家发展过程中的经验教训的同时,开拓创新了发展中国家实现现代化的道路。现代化是人类社会发展的必经阶段,特别是党的十九届四中全会提出要继续推进国家治理体系和治理能力现代化,为实现"两个一百年"奋斗目标进而实现中华民族的伟大复兴提供了坚实的制度保障,体现了新时代党对迈向真正共同体发展道路和发展规律的遵循。

其次,人类命运共同体是通往"自由人联合体"的一个重要发展阶段,它必将引导人类最终走向"真正的共同体"。真正共同体的最终实现是一个长期奋斗的过程,是连续性与阶段性的统一。习近平新时代中国特色社会主义思想作为21世纪的马克思主义,进一步探索人类解放的当代途径,提出构建人类命运共同体,为人类社会的发展指明了方向,创造性地回答了马克思共同体思想所面临的时代课题。"人类命运共同体"以马克思真正的共同体思想为指导,直面当前人类社会发展难题,是理想与现实相结合的"过渡方案"。习近平总书记秉承共产党人历来对人类命运的深切关怀以及"改变世界"的初心使命,提出了关涉政治、安全、发展、文明、生态等五个领域的价值规范。相对于"真正的共同体","人类命运共同体"具有过渡性、包容性与实践性的特点。其过渡性体现在人类命运共同体是以自由人联合体为发展目标的。随着生产力的不断发展以及人类文明的不断演进,人类社会终究要过渡到自由人联合体的阶段。其包容性体现在人类命运共同体是不同社会制度、不同发展阶段的联合,而自由人联合体则是在全世界完成无产阶级革命的基础上实现的一种崭新的社会形态。其实践性体现在自由人联合体只对社会的一般特征进行描述。正如恩格斯所言,离开具体实践去规划社会主义形态的具体蓝图,制定的越是详尽周密,就越要陷入纯粹的空想。相比之下,人类命运共同体有较为具体的实践方案,毕竟前者是指向未来,而后者则指向当下。

再次,随着生产力持续提高、生产关系不断调整、新兴科技日新月异,当今社会的生产方式与生活方式发生了巨大改变,"利益共同体""网络空间共同体"等包含真正共同体萌芽的共同体形态已初露端倪。改革开放以来,我国不断探索经济体制改革,利用多种所有制资本为社会和人民服务。在充分利用外资和私企资本发展经济、促进就业的过程中,"鼓励员工参股持股,以形成资本所有者和劳动者利益共同体"①。特别是在大数据、AI产业中,生产资料不仅是物理资源,更重要的是技术、知识等无形资产,它们存在于生产者的头脑中,无法被别人所掌握,所以生产者以自己所固有的"生产资料"入股,形成"利益共同体"。此外,2019年互联网诞生50周年,半个世纪以来,网络空间已经成为人类生活的重要领域,并深刻地改变了人们的生产方式与交往方式。虽然网络虚拟空间是马克思所处的时代不可能预见得到的,但是在某些特定的条件下,互联网上的"自由联合"已经具备了某些自由人联合体的特征。"网络空间共同体"虽然形式上是虚拟的,但隐藏在网络背后的终究是一个个现实的个人,在互联网条件下人的自由本质同样能够得到确证。当然,无论是企业中的"利益共同体"还是虚拟的"网络空间共同体",都还与马克思所构想的"真正的共同体"相去甚远,但这至少给了我们一种提示和启迪。如果随着生产力的不断发展和科学技术的持续进步,在某种特定的条件下,这些不完备的共同体萌芽在现实中找到适合其生存的土壤,到那时我们便可以看到"真正的共同体"的花朵在"整个世界"尽情绽放。

原载于《河南大学学报(社会科学版)》2020年第3期;《高等学校文科学术文摘》2020年第4期论点转载

---

① 郑有贵:《中国特色社会主义政治经济学中的中国共产党、人民、资本——基于改革开放40年跨越发展经验的探讨》,《毛泽东邓小平理论研究》,2018年第8期。

生态文明建设需要关照的两类基础性问题

郑慧子①

一、引言

生态文明建设是党和政府做出的一项战略性的政治决策,这一决策对我国社会的当前及未来的发展必将产生极其深远的影响。《中共中央国务院关于加快推进生态文明建设的意见》明确指出:"生态文明建设是中国特色社会主义事业的重要内容,关系人民福祉,关乎民族未来,事关'两个一百年'奋斗目标和中华民族伟大复兴中国梦的实现。"因此,在总体要求上要"把生态文明建设放在突出的战略位置,融入经济建设、政治建设、文化建设、社会建设各方面和全过程"②。这种影响,从最一般意义上的人类文明史的角度看,直接涉及到了社会的发展模式或社会形态的一种根本性的转换。在这个意义上讲,这个转换意味着生态文明建设必然是一场伟大的史无前例的社会实践。可以预见的是,只要我们能够坚定不移地和持续地推动这一政治决策的社会实践,那么,它将会引导我们的社会在技术系统、社会的组织形式和观念形态方面有序地发生深刻而全面的变革;通过这种变革,最终带来的结

---

① 郑慧子(1959—),男,河南开封人,河南大学哲学与公共管理学院教授,河南大学黄河文明与可持续发展研究中心兼职教授。
② 《中共中央国务院关于加快推进生态文明建设的意见》(2015年4月25日).《中华人民共和国国务院公报》,2015年第14期。

果必然是一个以生态为导向的社会的出现。这种生态化的社会将向我们呈现出两种基本的生态景观:人在自然中的生态地生存;人在社会中的生态地生存。而这种生态地生存不仅是一个持久的社会变化过程,而且也是社会及其未来的一个基本特征。今天,我们正处在实践这一社会的生态化发展转型过程的起始阶段,虽然我们无法准确地预测出完成这一社会转型最终所需要的时间,①但是,我们知道在这一历史性的社会转型过程中,我们不可避免地要面对以往所不曾遭遇过的大量的性质完全迥异的问题。

关于生态文明建设中的一些基本问题,我在过去的十多年中曾就社会发展的生态化形态转换、生态文明建设的基本任务、生态文明的本质,以及生态文明建设中的社会学方面的问题有过一些比较专门和详细的讨论,②在这篇文章中,我将主要就生态文明建设中需要关照的两类基础性的问题进行一些尝试性的讨论,包括如何理解生态科学在生态文明建设中的地位以及在现实中观念层面存在的一些反生态的社会现象和社会行为问题。从哲学的和实践的角度看,这些问题直接涉及我们的生态文明建设这一社会行动的合理性基础是否坚实可靠以及是否高效的问题。可以说,生态文明建设能否有序健康地推进,取决于我们对于那些影响到它的一系列的前提性的问题能否有一个清晰的认识和把握,因为那些问题都会以各自不同的方式对生态文明的建设构成影响。

二、生态学在社会生态化发展中的地位

第一类基础性的问题是关于社会的生态化发展的生态学基础问

---

① R. S. Morrison, "Building an ecological civilization", *Social Anarchism: A Journal of Theory & Practice*, 38 (2007). 作者在这篇论文中指出走向生态文明是一个历史性的课题,认为从工业文明完全转换到生态文明至少需要 150 年的时间。

② 郑慧子:《多样性的再发现:从技术社会到生态社会》,《自然辩证法研究》,2000 年第 7 期;郑慧子:《试论生态文明建设的两个基本任务》,《当代伦理学文库·第 2 辑》,南京:南京师范大学出版社,2010 年,第 171-177 页;郑慧子:《生态文明与社会发展》,《南京林业大学学报(人文社会科学版)》,2008 年第 5 期。

题。毫无疑问,社会的生态化发展表明"生态化"构成了对我们的社会在一个可预见的未来发展方向的限定。这意味着生态学的思想、原理或规律应当是我们在社会的生态文明建设过程中必须遵循的科学前提,或者说,它是社会发展的科学规定性和内在尺度,这也是我们今天坚持社会的科学发展理念的一个具体和直接的体现。为什么说是生态学而不是其他的什么学科在我们的社会发展中获得了如此重要的地位呢?在我看来,这个问题是我们在开展生态文明建设过程中要给予特别重视的一个基础性的问题,在这个问题上存在认识上的模糊必然会影响到生态文明建设的实际成效。

  生态学之所以会突破学科的界限,从一个默默无闻的小的生物科学的分支学科一跃而成为当代最引人注目的"颠覆性"的学科,在现实的社会生活中被赋予这样一种重要的地位,其原因除了我们当前正在遭遇到的全球性的和地区性的生态环境的压力这些直接和现实的原因之外,最根本的原因还在于,这是由我们的行动的逻辑所决定的。首先,从最一般的意义上讲,人的行动的逻辑根源于人是一个自我决定的文化存在物。这是因为,相对于所有的非人类生命,地球的生命进化驱使人类走上的是一条自我决定的发展道路。这种自我决定表现为,人类总是会随着内外生存环境的变化对自己的行动做出重新审视和评估,以决定未来的发展模式和发展方向。这是一个不断的自我调整和自我设计的过程。我们国家正在开展的生态文明建设,就是我们因应环境和自身的变化而给出的一个新的自我设计或自我建构的结果。生态文明建设所要实现的目标是明确的,从空间关系的角度看,就是要达成两种基本关系的和谐发展:一是人与自然关系的和谐发展,这种和谐发展既不是建立在那种以浪漫主义的环境观为归宿的基础上的,也不是建立在仅以人的发展为目标的基础上的,因为无论其中的哪一种情形,都不可能达成一种可持续发展的结果;二是人类社会内部关系的和谐发展,这种关系基本上可以分为文化与文化之间的或国家与国家之间的关系,以及一种文化或一个国家内部的关系。相对于前者,人类社会内部的这种关系或许是更为重要和棘手的,因为这种关系的和谐与否,将会不可避免地反映在全球环境的变化上,例如全球气候变化问题。此外,从社会发展的形态方面看,生态文明建设所要实现的,就是要促成社会尤其是中国社会发展的一种深刻而根本性的转换,这种转换将会把我们带进一个生态化的社会发展形态之中。

其次,人的行动的逻辑作为一个评价过程,从根本上涉及两个基本的内容或环节:一个是评价的对象;另一个是评价者的期望。评价的对象指的是我们生存于其中的这个现实的社会。在这里,我们对社会主要关注的是它的实际的存在状况,尤其是要关注社会在运行过程中产生的与上述两种基本关系的和谐发展相冲突的各种问题。这些问题现实地构成了我们审视社会运行状况的目标对象,是我们由此做出事实判断的指示器,同时,我们所关注的这些问题将会成为我们对社会的运行状况做出目的明确的评价的基本依据。而评价者的期望则是指评价者希望评价的对象能够以某种其所乐见的形式运行或存在,这种所乐见的形式将转换成可操作的一组评价指标或评价体系而呈现出来。由此可知,评价者的期望本质上就是评价者努力使评价的对象朝着他所认定的那一组可操作的评价指标或评价体系的方向运动,也就是说,评价者的期望是对评价对象未来运动方式或存在状态的一种合目的的规定。那一组可操作的评价指标或评价体系就是评价的对象是否达成我们的期望的一个参照系。在这个评价过程中,我们将会做出怎样的抉择,是继续保持评价的对象原有的运行方式或存在状态,还是做出改变的判断,这一方面取决于我们所关注的评价对象中的那些方面的问题对我们造成的实际影响的程度;另一方面取决于我们给出的那个期望中的参照系自身是否具有充分的合理性支持,在这里,这个合理性的支持直接地表现为我们期望的那个参照系是否能够真正地满足对那些我们业已强烈经验到的各种问题的消弭。换言之,一个好的参照系,它不仅应当能够满足我们的期望,同时也应当符合事物发展的基本规律。

最后,在这个行动的逻辑中,针对社会发展的实际状况,我们给出的那个评价者的期望正是建立在生态科学的,而非什么其他学科基础之上的,这个价值期望构成了我们的社会在当下及未来的运行方向和方式的参照系。我们今天强力推进的生态文明建设,明确和具体地标示出了我们关于社会发展之期望的核心内容:我们在文化上渴望走向一条更加文明的社会发展道路;这个更加文明的道路是以"生态"为其路标的。因此,生态文明建设作为我们对自身发展的一种价值期望,一种自我设计和自我建构,深刻地表明了生态学与生态文明建设之间所形成的那种非常明确的内在关系,即"生态"构成了我们所期望的文明样式的一种基本特征或是对这种文明样式的一种本质规定,生态学作为一门科学成为我们理解这种文明之意义的思想根源。从科学与社会的关系,或社会的科学发展观角度看,这是我们主动地通过科学从观念层面直接和具体地影响社会和建构社会的一种表现形式。直截了当地说,当生态学成为这种价值期望的参照系时,也就意味着生态学的思想、原理或规律已经成为我们在生态文明建设过程中应当时刻遵循的科学前提,它从整体上为社会的生态化发展提供了基本的科学规定性和评价的尺度。我们的价值期望的实现,毫无例外地总是建立在事物的发展和变化的规律基础之上的;规律可以被我们认识,但不可以被我们改变。事实上,生态文明建设这一价值期望已经特别地表明了这是我们能够做出的一种符合社会发展的理性抉择。

因此,在生态文明建设的过程中,为了保证我们所制定的发展规划以及采取的各项行动具有基本的合理性,进而推动社会、经济和自然能够和谐有序地发展,从我们的行动的逻辑角度看,系统地了解生态学的基本概念、原理、规律和理论,就成为一个非常自然的事情了。从整体上讲,生态学的研究对象涵盖了地球上包括人类在内的所有的生物和非生物的存在物,面对如此多样和复杂的自然世界,生态学所要研究的是生物与环境之间的关系以及生物与生物之间的关系。概括地说,生态学正是试图通过这两类基本关系的系统研究去明确整个地球自然世界的图景,像所有其他的自然科学部门那样,期望为我们提供包括从基本概念、规律到理论的一套完整、清晰、可靠的知识体系。为此,生态学家在生态学作为一门生物科学的分支学科诞生以来的一百多年间,在增进我们对地球自然生态系统的小到种群大到整个生物圈的认识方面,已做出了巨大的努力,取得了丰硕的成果。但是,直到今天,生态学家们的这种努力还没有完全实现,或者说,生态学由于它自身的研究对象的极端复杂性和丰富性,加之该学科建立时间相对较短,从而使其研究从整体上还没有达到其他的自然科学部门能够达到的那种足够严密、精确的程度;即使是在生物科学内部,生态学也还没有获得像生理学、生物化学、遗传学那样一些重要的分支学科的科学地位。

在生态学作为生态文明建设的重要科学基础的问题上,我之所以要特别指出这一点,并不是说我们由此便可以从生态学作为科学基础或科学尺度的约束中走出来,相反,而是要更加强调我们对生态学需要的紧迫性。因为,离开了生态学这一重要的科学基础作为支撑,生态文明建设不可避免地就会处在一种无根的窘迫状态之中。例如,假设我们对一个给定地方或区域中的物种的数量、分布、物种之间的相互作用,以及它们与特异的自然地理环境的关系等基本的生态状况缺乏基本的了解,那么,我们在其中打算采取的行动,要么会变得无所适从,要么就会导致蛮干。事实上,生态学的这种状况在过去的几十年里已经引起了许多生态学家和哲学家的注意,至少在上世纪的 80 年代就开始了对这一问题的研究。[1] 生态学家和哲学家希望通过这种研究找出生态学走出困境的路径。

从现有的研究状况来看,对生态学的这种研究所呈现出来的结果,总的来讲分歧要远大于共识。造成这种结果的一个最重要的原因,来自于生态学家和哲学家们在方法论上所采取的策略的不同和冲突。这种方法论策略上的不同和冲突,实质上又根源于科学哲学家们长期以来所坚持和主张的那种一般的不同的科学哲学的理论体系及科学评价的价值取向。这个一般性的科学理论的评价体系的一个基本特征就是,它是以物理科学为标准而建立起来的,在这个评价体系中,科学哲学家们并没有为包括生态学在内的整个生物科学留下一个适当的位置。而那些对生态学的科学地位及科学性产生质疑和批判的生态学家和哲学家,正是以这样一种一般性的科学理论的评价体系作为审查生态学的参照系的。因此,一点也不奇怪,这种对待生态学的方式自然在生态学内部引起了激烈的争论。因为,根据这种方法论的策略审查生态学的时候,能够反映和标志出生态学的科学发展成熟性的基本概念、规律、模型、理论等基本方面,几乎毫无例外地处于被质疑的境地中。

---

[1] D. Simberloff, "The sick science of ecology: symptoms, diagnosis, and prescription", *Eidema*, 1:49—54(1981). F. di Castri and M. Hadley, "Enhancing the credibility of ecology: Can research be made more comparable and predictive?", *GeoJournal*, 4 (1985).

在这种方法论的评价体系下,生态学的基本概念(如"自然平衡""稳定性""整体性"等)是模糊的,生态学中的模型、假说和理论是不具有可测量的精确性或预见性的。这就导致了许多生态学家和哲学家至今不把生态学看成是一门像物理科学那样严密的硬科学,相反,而只是把它视为一门仅仅具有某些启发性或教育意义的软科学,甚至认为生态学作为一门科学已处在"危机"之中。① 可以说,这些方面的质疑对生态学作为一门科学的科学地位构成了严重的挑战。

面对生态学遭遇到的这种科学困境,生态学家们做出的反映是不同的:一些生态学家提出了以个案研究的方法论策略来取代一般规律或理论的预见性的方法论策略,②还有生态学家主张应当把生态学交付给人文学科,以此化解生态学的危机。③此外,与之针锋相对的一种方法论策略,确切地说,是在一个更大的超出生态学的背景下,也即在整个生物科学的背景下,有少数的但却是极有影响力的生物学家从一开始就明确拒绝了那种一般性的科学理论的评价体系。如以大生物学家恩斯特·迈尔(Ernst Mayr)为主要代表的一些生物学家在方法论上把物理科学与生物科学做了彻底的切割,他们主张生物学是一个不受

---

① R. H. Peters, *A critique for ecology*, Cambridge: Cambridge University Press, 1991. K. S. Shrader—Frechette and E. D. McCoy, *Method in ecology: strategies for conservation*, Cambridge: Cambridge University Press, 1993. L. W. Aarssen, "On the progress of ecology", *Oikos*, 80(1): 177—178(1997). L. Hansson, "Why ecology fails at application: should we consider variability more than regularity?", *Oikos*, 3 (2003).

② K. S. Shrader—Frechette and E. D. McCoy, *Method in ecology: strategies for conservation*, Cambridge: Cambridge University Press, 1993.

③ J. Weiner, "On the practice of ecology", *Journal of Ecology*, 1 (1995).

物理科学方法论评价标准约束的具有独立的"自主性"的科学领域。①按照迈尔等人的主张,这意味着生物科学应该有属于自己的区别于物理科学的一套科学评价体系,当然,这种主张如果能够在理论和经验方面获得充分的证据最终被证明是成立的,那么,生态学从根本上也就不存在前者所声称的那种困境或危机了。

由以上分析可知,一方面,由于现实的生态环境的巨大压力,人们越来越认识到生态学在生态文明建设或社会的生态化发展中具有重要的基础性地位和作用,社会对它表现出强烈的需求,期待它能够为环境问题的解决做出独特的贡献;另一方面,生态学又遭遇到许多生态学家和哲学家对其作为一门科学的科学性地位的质疑,这种质疑对于如何有效地把生态学的概念、规律、模型和理论应用于社会实践,为生态文明建设提供科学的支持造成一定的影响。基于生态学在当前面对的这种双重压力,尤其是直到目前,在我们还看不到这种尖锐对立的方法论立场有任何缓和迹象的情况下,我们需要做出抉择。要么我们根据一个统一的方法论规则来审视生态学,要么我们根据一个具有"自主性"的方法论规则来评价生态学,从而决定生态学应用于社会的方式。这是一个无法回避的问题,但无论是哪种选择,从生态文明建设对生态科学的理论和实践的紧迫需求看,都需要政策的制定者和决策者与生态学家建立起一个良好的交流和沟通机制,并尽可能地使生态科学能够为我们的环境决策和环境保护提供可靠的科学合理性的支持。此外,在这里我认为有必要强调的一点是,无论生态学作为一门科学的科学性或成熟状况遭遇到了怎样的质疑,甚至被认为是处在某种困境之中,这都属于科学共同体内部存在的一种正常的现象,科学中存在这种质疑实质上是科学获得进步的一种重要的方式。我们不能因为存在着这

---

① E. Mayr, "The autonomy of biology: The position of biology among the sciences", *Quarterly Review of Biology*, 1 (1996); E. Mayr, *This is biology: the science of the living world*, Cambridge: Harvard University Press, 1998. Chapter 2; E. Mayr, *What makes biology unique?: considerations on the autonomy of a scientific discipline*, Cambridge: Cambridge University Press, 2004; F. J. Ayala, "Biology as an autonomous science", *American scientist*, 3 (1968); A. Grandpierre and M. Kafatos, "Biological Autonomy", *Philosophy Study*, 9 (2012).

种质疑，就进而对生态学在生态文明建设中具有的至关重要的科学地位产生怀疑。

三、观念方面存在的一些反生态问题

第二类基础性的问题是有关现实的社会发展中存在的各种反生态的社会现象和社会行为问题。对于这类问题的明确有助于我们更好地发现现实的社会与生态学的科学规定性之间存在的差距。这类问题对生态文明建设的正常运行会构成不同程度的影响，因此，我把它们看成是我们在生态文明会实践中需要克服或解决的问题。

直到目前，在现实中还依然存在着各种各样的实质上影响到生态文明建设顺利实施的社会现象和社会行为，它们通过日益发达的互联网等大众传媒干扰着社会公众对包括生态学在内的科学的正确认知，对政策制定者和决策者做出的合理利用自然而造福于人类生活的社会计划和行动不能给出符合科学基本要求的公正评价。导致这种状况发生可能根源于许多不同方面的因素，但无论是哪种具体的原因造成的，它们所带来的实际后果都共同地表现为与生态学基本思想在实质上是冲突的，至少是不相一致的，所以，在这个意义上我把它们统一地视为反生态学的，包括反生态的思想和行为。做出这样的判断或许有过于简单或贴标签之嫌，我想这样一种判断虽然有某种过于片面和激烈的意味包含在其中，但是如果能够因此引起环境哲学家、政策分析者以及政策决策者等对这些问题的注意和思考，那么这对于我们更合理地运用生态学的思想去引导和规范生态文明建设，无疑是有积极意义的。

反生态学的或与生态学的基本思想不一致的情况表现在我们社会生活中的许多方面和领域，而来自于观念层面的反生态的问题，相较于其他方面而言，则是更为重要的。我们知道，从人的行为与观念的关系看，我们的行为发生的背后总是会潜隐着某种观念形态的东西，无论我们自己是否能够明确地意识到这一点，它们都客观地存在着。这些观念形态的东西真实地反映着人们对事物的认识和判断，以及事物应当如何运行和发展的价值取向。我们将要采取的行动无法逃避地由这样或那样的观念所驱动，被它们所引导。可以预见，由一个正确的观念所驱动的行为和由一个错误的观念所驱动的行为,必然会在现实中导致两种截然相反的社会后果。如果在我们的生态文明建设的过程中实际存在着的一些反生态学的观念不能被我们清晰地认识到,并得到有效清理,那么必然会对我们社会实践带来不利的影响和干扰。因此,在这里我将主要就观念层面存在的一些反生态问题进行简要的讨论,希望能够引起人们的关注。

  观念层面中存在的反生态的问题,或许更多地来自于人文学科和社会科学领域。马丁·W. 路易斯(Martin W. Lewis)在他的一个研究中对此有过专门的介绍和评价。他指出,那些最坚定的环境保护主义者迄今依然保持着对科学的警惕,把科学视为破坏环境的同谋。他们的激进之处在于把科学和理性一同视为造成人类彻底疏离自然的罪魁祸首。不幸的是,环境主义者对科学和理性的这种敌视已在许多有影响的从事环境哲学研究的学者中形成一种惯例,在大学的哲学、政治科学、历史、地理学、环境研究等部门中,那些探究自然观及其对人与自然关系影响的学者们通常把近代出现的科学革命看成是人类所犯下的最大错误。① 通过路易斯的这个工作使我们多少能够了解到一些当下西方学术界在环境问题上存在着的观念冲突。保罗·R. 格罗斯(Paul R. Gross)和诺曼·莱维特(Norman Levitt)则明确指出,如果任由激进的环境主义者所推崇的狂热的反科学主义到处泛滥,必然会减少那些标准的科学问题得到回答和解决的机会。② 在我看来,由激进的环境主义者发起的对科学与理性的攻击,实质上反映出来的是存在于自近代科学革命以来一直延续至今的发生在科学与人文两大领域之间冲突,或者说,由环境问题而引发的对科学与理性的那些充斥着修辞式的指控不过是这一历史冲突在当代的一种新的表现形式而已。这意味着,只要科学与人文之间的历史冲突没有得到最终的解决,那么,这种冲突

---

  ① M. W. Lewis, "Radical environmental philosophy and the assault on reason", *Annals of the New York Academy of Sciences*, 1 (1996).
  ② P. R. Gross, and N. Levitt, *Higher superstition: the academic left and its quarrels with science*, Baltimore and London: The Johns Hopkins University Press, 1994. 156.

即使不在环境问题上反映出来，也会在某个时刻以其他问题的形式而呈现出来。

然而，一个有趣的现象是，一方面，激进的环境主义者们在通过探求造成环境困境的根源问题上所表达出来种种敌视科学和理性态度，另一方面他们还不得不借助生态学的基本概念、规律、模型以及理论等研究成果去论证和表达他们提出的人与自然关系的学说。更广泛地说，他们找到的那些用来反对科学和理性的所谓证据，事实上恰恰来自于科学家的研究成果，或许他们并没有意识到这一点。例如，大量的物种灭绝、植被退化、气候变化、动植物栖息地的破坏等一系列的环境问题，如果没有科学家们的持续关注和审慎研究，并把它们告知公众，他们怎么会知道这样的事情呢？不言而喻，诸如此类的以科学的成果反对科学的这种做法，至少在逻辑上是混乱的和扭曲的；不仅如此，更为重要的是，那些激进的环境主义者们在以环境保护的名义敌视科学和理性的时候，实质上也对生态学构成了一种不可避免的严重伤害。因为，他们没有明白的一件重要的事情是，生态学作为一个学科领域，其本身就是科学体系中的一个不可分割的有机组成部分，生态学同样是科学和理性的一种呈现，尽管生态学在今天还被包括生态学家在内的许多研究者视为不够成熟，仍未取得像物理科学那样的硬科学的地位，但是，生态学从来就没有、也不可能会游离于科学之外，更不能使之成为攻击科学和理性的工具。

对此，我在这里想要强调的是，那些激进的环境主义者在生态环境问题上表达出的这种敌视科学和理性的态度，事实上导致了各种各样的非理性的观念已经或正在涌入环境保护的思想建设之中。这些非理性的观念主要包括：有以鼓吹回到前现代、反文明为归宿的浪漫主义的思想观念；有以反理性、推崇体验为目的的直觉主义的思想观念；有以宣扬宗教为目的的信仰主义的思想观念；有以倡导传统知识为价值偏好的相对主义的思想观念等。尽管这些思想观念的旨趣互不相同，但是，它们的共同之处就是试图以各自的观念和立场去取代建立在科学和理性基础之上的环境保护的思想。由这些非理性的观念所推崇的所谓的环境保护思想不仅会在认识上使人们陷入独断论的泥潭，造成实质上的反生态学后果的发生，而且还会在实践上与真正的建设性的环境保护思想和社会行动背道而驰,因为认识上的混乱必然会通过各种方式在现实的社会实践活动中反映出来。事实上,这种情况无论是在国外还是国内都已经不同程度地在现实中表现出来了,在西方甚至出现了以环境保护为名的"生态恐怖主义"的暴力行为①。生态文明的建设需要有正确的环境政策的制定和决策作保证,而这种保证还需要得到强有力的科学作为其合理性的支撑。

此外,在观念层面存在的另一个比较严重的问题,是对生态学的误读以及有意无意的滥用。这种情况既存在于学院派的学术研究中,也存在于那些以追究特殊而具体的环境事件为旨趣的环境保护主义者中。学院派的学术研究中存在的问题,大多可以归属于对生态学误读的范畴。我们自然不会把这种情况视为一种有意的结果,但是,因此带来的后果却是消极的,因为它会在不断扩大的范围内造成生态学思想被错误应用的后果,这同样是对真正的生态学思想的一种伤害。造成对生态学思想误读的原因是多方面的,我这里暂时把它们归为以下两种情况。

第一种情况是由生态学本身的原因所造成的。我们知道,生态学相对于其他的自然科学部门,还只是一门非常年轻的生物科学的分支学科。从它在1866年由著名的德国博物学家恩斯特·海克尔(Ernst Haeckel)给出正式的学科命名之后,直到今天也不过才有150年的历史,这与近代以来已经得到了充分发展、有着深厚的研究成果积累的整个物理科学相比,显然具有云泥之别,再加上生态学面对的研究对象所具有的多样性和高度的复杂性等特点,其学科的发展和进步就更不会像我们想象的那样快,甚至它的许多研究成果包括基本概念、模型、理论等都还处在不断的争论之中。而那些处在生态学发展的不同时期的研究者和生态学思想的应用者,如果不能在这种相对混乱和不确定性的情况下做出审慎和准确的科学判断,如果不能及时地了解和洞察生态学的发展状况,就不可避免地会出现误读或歪曲的后果。

第二种情况是由学科间的壁垒原因所造成的。20世纪以来,学科

---

① D. R. Liddick, *Eco－terrorism: radical environmental and animal liberation movements*, Westport: Praeger, 2006.

发展的高度分化是一个重要的科学特征，这一特征一方面反映了认识对象的日益细分，另一方面也标志着整个科学的一种进步状况。不过，这种状况的出现带来的一个后果是，它不仅加剧了自然科学内部的学科之间的分离，而且也加剧了科学作为一个整体与人文学科之间的分离，同时由于包括生态学在内的整个自然科学的研究手段和水平的不断提高，使得人们理解其他学科的难度也在不断加大，尤其是对于人文学科的研究者而言，就更是如此。可以想象，即使是在一个科学部门如生物科学中，一个生态学家要想去真正地了解一个分子生物学家的工作，他该会遭遇到怎样的困难；同样，在那些关注和研究环境问题的研究者中，无论是哲学家、政治学家，还是历史学家和法学家，在他们必须就所面对的生态学方面的问题做出基本准确的判断时，由于专业背景的限制，他们又该会遭遇到怎样的一种难以想象的困难！就我所知，在环境哲学或环境伦理学的研究中，由于对生态学的不甚了解、误读进而导致做出错误判断的情况，并不是一个多么罕见的事情，甚至对某些重要的生态学思想的误读及其错误判断还一直在环境保护和环境哲学的研究中存在。

对生态学的有意无意的滥用同样是一个不能忽视的问题，这种情况更多地出现在那些与社会大众的现实生活更为紧密的领域中。随着20世纪60年代现代环境运动的兴起，生态学被迅速地推向历史的中心舞台，开始成为人们普遍关注和谈论的话题，同时也随之成为人们为实现其他目的而任意利用的工具。生态学在现代环境运动中所得到的出乎意料的声望，虽然促成了生态意识在普遍范围内的增长，但是也被附加上了本不属于它的东西。从科学与社会的关系看，这真实地反映了除科学之外的其他社会领域对待科学的基本方式和态度。自从科学建制化以来，科学作为一个组成部分已经被内在地组织在了社会结构之中，而科学之所以会成为社会中的一个建制，其根本原因就在于它表现出了社会所渴望的巨大的功用价值。社会通过科学获得了它在以往的发展中从未有过的成功，科学开始被看成是社会中最具竞争力、最有价值和最可信赖的东西。这是科学社会功能的一种正常的表达。但是，也正是这种成功，使人们看到了它的可资利用的另一面的价值，即任何事情只要贴上科学的标签，便会得到他们期望中的高附加值，或去实现他们想要达到的某种目的,这几乎成了科学建制化后的一个宿命。其实,人们如此对待科学的方式表明了他们实质上并不关心科学本身的含义究竟是什么,或者说科学本身并不重要,重要的是,他们知道通过这个科学的标签可以使其获得利益。这样,对科学的滥用也就成为一种必然。

因此,可以预见,当生态学突然获得了如此引人注目的地位和声望,开始与社会建立起紧密的联系,并影响到人们的日常生活时,它也就不可避免地成为一个被贴标签的候选者了。在这里试举一例,这就是在现实社会中非常流行的所谓"原生态"的观念。我把它看成是对生态学概念或思想做标签式的肤浅滥用的一个典型代表。"原生态"这个用法集中、频繁地出现在文学、艺术这些人文领域中、各种商业促销的广告中,以及地方文化的宣传中。为此,我查阅和检索了近些年国外出版的许多生态学的百科全书、手册、词典和教科书,都未发现有"原生态"这一术语或词条,后来在与一位一线的生态学家说到这个事情时,这位生态学家明确地告诉我,生态学中不存在这样的词。这里的问题是,这不只是对生态学的浅尝辄止或不求甚解所导致的一种错误的利用,而在许多情况下,它是利用了人们普遍缺乏相应科学背景知识,同时又对科学信任的心理,附会融入了更多的价值偏好。正是由于这种价值偏好,不仅使社会大众接受了一种错误的观念,而且也误导了他们的判断和行动。这些被任意附加在生态学身上的东西是我们必须予以彻底清除的。

对于上述问题,在有关生态文明建设的学术研究中,我们有义务和责任对观念层面中存在的诸如此类的反生态学的问题保持特别的关注。其意义在于,我们将以一个怎样的生态学面貌给环境保护提供支持,尤其是为生态文明建设提供一个坚实可靠的科学支撑。

四、结语

生态文明建设需要我们把生态学作为从科学角度评价环境决策和社会行动的参照系,这表明了生态学在生态文明建设过程中具有不可替代的基础性地位和作用。因此,在推进生态文明建设的过程中,我们应当特别关注这两类基础性的问题。这两类基础性的问题将会从不同的方面实质性地影响到生态文明建设的顺利实施。尤其是第一类问题,由于在生态学内部依然存在着直到今天仍未解决的冲突,这在实际中势必会在不同程度上影响到我们的决策和行动,但是,这种情况并不能成为我们可以由此摆脱生态学作为科学评价参照系的基础性地位的理由。在这个问题上,我们没有其他的可替代的选择,所以,为了能够更好地推进生态文明建设,尽可能地减少不必要的发展代价,我们一方面要加强生态学科的研究,另一方面也要对那些实质上反生态的观念进行持续的清理。一句话,生态文明建设需要一个清晰和坚实的生态科学基础做保证。

原载于《河南大学学报(社会科学版)》2017年第1期;《新华文摘》2017年第10期全文转载

道德扩展的合理性及其边界
——兼论激进环境主义的困境与出路

姬志闯①

关于人与自然的关系问题,一个重要的历史转折点出现在 20 世纪 60 年代。美国海洋生物学家蕾切尔·卡逊(Rachel Carson)于 1962 年出版了《寂静的春天》一书,并通过详实的事实向人们揭露了由于大量使用以 DDT 为代表的化学杀虫剂而给环境以及生存于其中的包括人类在内的生物带来的灾难性的生态后果,②由此导致了美国乃至整个世界的现代环境运动的迅速兴起。而现代环境运动在哲学上带来的一个重要影响,就是研究者们开始主动地去系统审查和反思在人与自然关系上人类对于自然的态度问题,尤其是在伦理学层面,哲学家们为了从根本上解决环境问题,在人与包括非人类生命在内的自然之间建立起一种实质上等同于人际伦理和社会伦理的伦理关系,即把原来仅由人本身才能够独自享有的道德关怀扩展到整个自然世界,呼吁和倡导在人与自然之间建立起一种全新的环境伦理关系。③ 为使这种跨越人类界限的道德扩展成为一种可被接受的伦理观念,主张这一扩展的环境哲学家们试图从价值论的角度提供一种合理性论证,而这种论证的核心之处,就是通过赋予自然以"内在价值"的方式为这种意义上的道

---

① 姬志闯(1976—)男,河南睢县人,河南大学哲学系教授,博士生导师。

② Rachel Carson, *Silent Spring*, Boston: Houghton Mifflin Harcourt, 1962.

③ R. Sylvan (Routley), "Is there a need for a new, an environmental, ethic?", In A. Light & H. Rolston III, eds., *Environmental Ethics: An Anthology*, Malden: Blackwell, 2003, 47—52; H. Rolston III, "Is there an ecological ethic?", *Ethics*, 85, 2(1975).

德扩展建立起一个可靠的伦理基础。① 哲学中出现的这一变化，对于哲学发展史上长期存在的自然被认为仅具有"工具价值"的观念而言，毫无疑问是一种颠覆性的冲击和变革。然而，这种意义上的道德扩展却被认为是一种哲学上对激进环境伦理主张的否认，而且在实际的环境保护上也不具有可操作性。通过系统的考察和审视，我们发现，道德扩展的合理性基础并不需要通过赋予自然具有"内在价值"属性的方式来实现，或者说，当我们把人类内部的道德关怀扩展到整个非人类的生命世界以及无机的自然世界中去时，我们需要把这种道德扩展的合理性基础建立在人的"道德自主性"之上，而不是建立在自然的"内在价值"之上，因为，相对于自然的"内在价值"而言，人的"道德自主性"是一个更为直截了当的合理性基础。

一、基于内在价值的道德扩展及其局限

自现代环境运动开展以来，人们在广泛的范围内愈发认识到，环境问题呈现出来的严重性已经显著超越了其他重大社会问题而上升为当今最紧迫的全球性问题，因此，如何应对和找到有效解决环境问题的根本方法，是人类社会生活中各个领域都不得不面对的时代课题和迫切任务。在理论层面，研究者做出的首要和典型反应，是在人与自然关系问题上他们试图通过系统地反思找到导致环境问题产生的根源。例如，美国著名历史学家林恩·怀特（Lynn White, Jr）在他 1967 年发表的影响广泛的《我们的生态危机的历史根源》一文中，把导致生态危机的原因直接归咎于最具人类中心主义色彩的西方基督教文化。② 也正是怀特的这一论断，使得人类中心主义问题被凸显出来，进而构成了哲学上长期以来持续争论、批判和努力拒斥的一个最重要的观念对象，而对此问题感兴趣的许多研究领域中的研究者包括科学家在内，都参与

---

① H. Rolston Ⅲ, *Environmental Ethics: Duties to and Values in the Natural World*, Philadelphia: Temple University Press, 1988.

② L. J. White, "The historical roots of our ecologic crisis", *Science*, 155, 3767 (1967).

了这场具有特别意义的哲学论争,特别是因受环境问题的激发而迅速兴起的环境哲学或环境伦理学领域的研究者,更是构成了这场讨论和研究的主要力量。

在环境哲学或环境伦理学中,这种批判和拒斥的旨趣在于,把人类中心主义观念视为导致生态危机的一个最重要的原因,并希望通过哲学上的批判,能够从根本上改变人类对待自然的基本态度,倡导人类放弃人类中心主义的自然观念,进而转向一种非人类中心主义的自然观念。确切地说,这种批判希望改变的主要是人类中心主义中的关于自然的"工具价值"的价值论的自然观念。历史上的人类中心主义有多种含义,大致有宇宙论的、目的论的、认识论的、生物学的和价值论的等五种不同意义上的人类中心主义,其中,前四种意义上的人类中心主义已被证明是不成立的。[1] 所谓价值论的人类中心主义,其实质是只有人才是一切事物的价值源泉,是一切事物价值大小的衡量尺度,人是唯一具有内在价值的存在物,而一切自然物对于人类而言,仅具有工具价值而不具有内在价值。

这种意义上的人类中心主义,在那些主张把道德关怀从人延伸扩大到自然界的哲学家看来,是一个必须突破的理论障碍。他们相信只有把道德扩展和建立在内在价值基础上,也即建立在一切自然事物拥有不依赖于人的评价或仅以自身为目的而存在的这种价值观基础上,才能够真正实现人对自然事物的义务和责任,进而在人与自然之间建立起一种平等的道德共享的关系。为此,美国著名环境哲学家霍尔姆斯·罗尔斯顿三世(Holmes Rolston III)不仅赋予自然事物以内在价值,而且更是从进化论的角度论证了这种价值是从自然界中孕育而出的,因而这种价值的存在是客观的,而不是依赖于主观评价才存在的。[2] 而生态学家则强烈地主张,地球上的人类与非人类生命的幸福与繁荣本身就具有内在价值或固有价值,这些价值不依赖于非人类世

---

[1] 郑慧子:《对两种意义上的人类中心主义的批评》,《自然辩证法研究》,2005年第12期。

[2] H. Rolston III, "Are values in nature subjective or objective?", *Environmental Ethics*, 4, 2(1982).

界对人类目的的有用性而存在;丰富而多样的生命形式不仅有助于这些内在价值的实现,而且它们本身即具有价值;因此,如果人类不是为了满足某些至关重要的需要,就没有任何权利减少这种丰富性和多样性,并且呼吁人们采取必要的行动以保护自然事物的内在价值。①

这种基于一切自然事物均具有内在价值的价值观,虽然在环境哲学、环境伦理学以及保护生物学等研究领域中得到了研究者的积极响应,但是这种主张也同样带来了诸多争议和批评。美国环境哲学家纳什(R. F. Nash)指出,环境伦理把一种前所未有的道德维度给予了传统的功利主义的资源保护理论,不仅如此,这种环境伦理的更为激进之处还在于,它主张自然本身具有内在价值和存在的权利,并赋予自然与人同等的伦理地位。② 还有研究者认为,把环境伦理建立在内在价值的基础之上本身是一种错误。③ 植物学家墨迪(W. H. Murdy)也指出,即使我们承认人不是价值的源泉,不是衡量一切自然价值的尺度,每一物种拥有与人一样的内在价值,但是我们人类还是要把自己的价值评价看得比非人类生命价值更高。④ 此外,一些哲学家和科学家则更为具体地从环境保护的实践角度出发明确指出,尽管许多自然保护生物学家认为,保护自然实体的最佳的伦理基础是自然本身拥有的内在价值,而不是它们对人类的工具性价值,但是,关于在什么是内在价值以及它如何能够调控保护决策方面都存在着严重的混乱,而且内在价值本身也无法满足可测量和优先处理的实践要求,所以,能够给自然保护所需要的决策提供指导的一个充分的伦理基础,恰恰应该是工具

---

① B. Devall & G. Sessions, *Deep Ecology*, Salt Lake City, UT: Peregrine Smith, 1985, 70.

② R. F. Nash, *The Rights of Nature: A History of Environmental Ethics*, Madison: University of Wisconsin Press, 1989, 9—10.

③ T. Regan, "Does environmental ethics rest on a mistake?", *The Monist*, 75, 2(1992).

④ W. H. Murdy, "Anthropocentrism: A Modern Version", *Science*, 187, 4182(1975).

价值而不是内在价值。① 简言之,在批评者看来,环境伦理主张的这种把道德扩展和自然保护建立在自然事物拥有内在价值的基础上的做法,不仅是激进的,而且也无任何实际的可操作性。

除了批评者已指出的这种扩展的激进性和不可操作性的局限之外,从更普遍的意义上讲,我们也不认为基于自然的工具价值的人类中心主义观念就是导致生态危机的根本原因。这是因为,我们在关于自然及其与人的关系问题上形成的态度,实质上是与人天生渴望占有想要占有一切事物的天性联系在一起的,而人类中心主义不过是对我们人类的这种不愿受到任何限制的天性的一种强烈的自我意识和观念化。事实上,那些坚持主张以自然的内在价值为导向的道德扩展的环境哲学家或深生态学家们,似乎并未意识到他们的这种论证的取向在方法论上不仅绕了远路,而且在逻辑上也是自相矛盾的,一个明显的理由就是,所谓道德扩展,它的逻辑起点是人而不是自然,其实,以人为逻辑起点也并不必然会导致价值论意义上的或其他形式的人类中心主义。相对于内在价值的道德扩展的论证方式,以人为逻辑起点的论证方式不仅更为直截了当,而且在逻辑上也更具有内在的一致性。因此,当采取这种论证方式时,我们便很容易就能发现,在解决道德扩展的问题上实际上存在着一个更可信的理由,即既然道德扩展的这种伦理要求是由我们人本身提出的,那么,它一定首先并直接根源于我们的道德自主性这一人类属性。换句话说,把人类的道德关怀从人扩展到自然,是由我们的道德自主性而不是由自然是否拥有内在价值所决定的。

二、道德自主性:道德扩展的基础与可能

道德的自主性在当代伦理学的讨论中普遍存在的含义主要有三个方面:(1)在不受他人不当干预的情况下自己做出决定的权利;(2)拥有适当的反思和独立的思想以及做出决策的能力;(3)人对自己以及与他

---

① J. Justus, M. Colyvan, H. Regan & L. Maguire, "Buying into conservation: intrinsic versus instrumental value", *Trends in Ecology & Evolution*, 24,4(2009).

人关系的理想生活的控制。① 上述三个方面对于每个人自我决定的权利、自我决策的能力以及对理想生活的自我控制,刻画出了人的道德自主性的基本特质,而确认人的这种自主性是一个社会的道德生活水平的重要体现。实质上,人的这种自主性是否能够实现或实现的程度如何,都是建立在人是否拥有自由地做出选择的权利这个基础之上的。离开了选择的自由这个前提,道德的自主性也就不可能实现。然而,当代伦理学中的道德的自主性是限制在社会内部的个体水平上而进行的一种讨论和实践,因此,我们需要把这种意义上的道德自主性从社会的个体水平扩展到人作为一个物种与自然事物之间的关系水平上,以满足我们把道德关怀从人扩大到包括非人类生命体在内的整个自然世界中的伦理期望。对于人而言,这种道德扩展正是基于我们的这种自主性而提出的,而并非是由自然世界或某种外部力量强迫我们做出的。我们是在一个充分自由的前提下做出了我们在道德上的这种选择和判断,并希望在人与自然之间达成一种我们认为理想的关系图景。

不过,在这里我们想要特别强调的一点是,这种基于道德自主性的道德关怀的扩展,从现象上看它的确是一个由生发于我们社会内部的道德关系然后向外部世界扩展的过程,但事实上人的这种道德自主性,乃是根源于人作为一个物种所具有的一种类属性,只不过这种类属性历史地看首先是显现于我们的社会生活中,而不是我们今天特别关注的人与自然的关系中。从人对世界的认识角度看,可以确切地说,对于人本身所具有的这种类属性的发现,首先应当归功于伟大的进化生物学家达尔文。早在《人类的由来及性选择》一书中,达尔文就明确地告诉我们:"所谓有道德的生物乃是这样一种生物,它能对过去的和未来的行为或动机进行比较,而且能赞成哪些或反对哪些。我们没有理由来假定任何低于人类的动物具有这种能力;一条纽芬兰狗拖出一个落水的小孩,一只猴面对危险去营救它的同伙或抚养一只失去母猴的幼猴,我们都不把这种行为称为道德的。但是,毫无疑问只有人类才能被

---

① T. E. Hill, "Kantian autonomy and contemporary ideas of autonomy", In Sensen, O. ed.. *Kant on Moral Autonomy*, Cambridge: Cambridge University Press, 2013, 24.

纳入有道德的生物的地位,在人类的场合中某一类行为,不论是经过同相反动机的斗争后而深思熟虑地完成的,还是出于本能的冲动,或者是由于缓慢获得的习性的效果,都可称为道德的。"①而且,人类的这种道德关怀所涉及的对象的边界也在不断地扩大,以至于可以"扩大到一切种族的人、低能儿、残废人以及社会上其他无用的人,最终扩大到低于人类的动物"②。因此,在达尔文看来,道德观念在我们人类和低等动物之间构成了一个最好和最高意义上的界限。③ 从这个意义上讲,道德扩展是人的道德进化的结果。我们能够做出这种道德上的扩展的选择,正是我们作为人的类属性的一个正常的极其自然的表达或显现。

对于道德的进化属性和客观性,著名的澳大利亚伦理学家彼得·辛格(Peter Singer)在为他的《扩大的圈子:伦理学、进化与道德进步》一书于2011年再版时写的序言中告诉我们:"现在人们普遍认为,我们的道德根源于我们的祖先即社会哺乳动物中进化出来的行为模式,而且我们保留着这些进化反应的生物自然基础。我们对这些反应已经有了相当多的了解,我们正在开始去了解它们是如何与我们的推理能力相互作用的。许多哲学家现在认识到这一工作与我们对伦理学的理解之间的相关性。……如果我今天写这本书,我会比30年前更开放地接受行为的客观原因和道德的客观真相。"④辛格的这一说法充分表明,自达尔文的创造性工作以来,我们关于道德及其本质的认识和理解已达到了一个前所未有的高度并形成了普遍共识。尤其是辛格在这里所说的从我们的祖先那里进化出来的社会行为模式与我们的推理能力之间是如何相互作用的研究,对于我们更深入地了解我们的道德自主性及道德扩展将具有特别重要的意义。但无论结果如何,我们已能够从中

---

① 达尔文著,叶笃庄,杨习之译:《人类的由来及性选择》,北京:科学出版社,1982年,第135—136页。
② 达尔文著,叶笃庄,杨习之译:《人类的由来及性选择》,北京:科学出版社,1982年,第151页。
③ 达尔文著,叶笃庄,杨习之译:《人类的由来及性选择》,北京:科学出版社,1982年,第153页。
④ P. Singer, *The Expanding Circle: Ethics, Evolution, and Moral Progress*, Princeton and Oxford: Princeton University Press, 1981, xi.

得到一个基本的认识,这就是:我们今天特别倡导的道德关怀向整个自然世界扩展的愿望和努力,已经建立在一个坚实的道德客观性和科学的基础之上了。

这意味着,我们的道德扩展只要是建立在这一内在于人的类属性的基础之上,或者说以道德自主性作为其理论基础,那么,这种扩展的合理性相对于自然的内在价值而言便是更值得信赖的。例如,奥尔多·利奥波德(Aldo Leopold)在他的《沙乡年鉴》(1949)中呈现给我们的关于"土地伦理"的思考,就鲜明地蕴含着道德自主性的进化思想。他指出土地伦理是从人际伦理到社会伦理,再由社会伦理发展而来的第三种伦理,这种伦理将"成为一种进化中的可能性和生态上的必要性。按顺序来说,这是第三步骤,前两步已经被实行了"①。利奥波德还特别告诉我们,他是有意把"土地伦理观作为一种社会进化的产物"而讨论的,"土地伦理的进化是一个意识的,同时也是一个感情发展的过程"②。毫无疑问,利奥波德的"土地伦理"思想是严格地建立在人的道德进化以及生态学的科学基础之上的。利奥波德作为环境伦理的思想先驱,他的研究为我们在方法论上提供了由人作为逻辑起点来思考和研究道德扩展及其合理性的一个示范性的路标,同时,这也提醒我们今天的环境哲学或环境伦理学的研究者,在努力推进环境伦理向前发展的时候,应当十分清楚地知道自己究竟是从什么地方出发的。

三、道德扩展的边界及其社会实践

如果说我们人类的道德扩展从根本上是建立在"道德自主性"的基础之上的,那么,道德扩展的边界究竟在哪里呢?或者说,道德扩展到怎样的程度才是合理的,并且这种扩展怎样才能够真正得到社会的确认和实行呢?毫无疑问,我们人类的道德即使已被证明有了它的可靠的客观基础作为其

---

① 奥尔多·利奥波德著,侯文蕙译:《沙乡年鉴》,长春:吉林人民出版社,1997年,第192—193页。

② 奥尔多·利奥波德著,侯文蕙译:《沙乡年鉴》,长春:吉林人民出版社,1997年,第214页。

扩展的合理性前提,但它的扩展也不会没有边界的限制,也就是说,道德的扩展事实上会遇到一些现实的边界条件的约束。

首先,一个现实的边界条件是空间性的,同时这也是一个最重要的限制性条件。这个条件表明,在一个可预见的未来,我们的道德扩展的实际发生地,它能够达到的一个最大的空间范围就是在地球范围内,超出这个空间范围的道德扩展只能存在于我们的想象中。此外,从科学的角度看,超出这个空间范围的道德扩展也是没有意义的,因为我们人类还不可能突破现有条件的限制去实现星际间的空间转移,因此,那个超出了地球范围的更为广阔的泛化的自然实体,也就不可能成为道德关怀的现实对象。

其次,从道德关怀的内容上看,我们的道德扩展所涉及的那些具体的对象,应当是存在于地球范围内的各种事物,确切地说,它们指的是人之外的各类生命存在形式,以及它们赖以生存的各种环境条件,也许这是一个容易引起争议的边界条件。如果说我们把道德的关怀仅仅限制在人类和各类非人类生命形式的范围内,这是可以理解的,但是,如果把道德的关怀也无差别地扩展到整个无机的自然世界,就很可能遭到质疑,甚至是反对。然而,我们之所以认为并坚持把整个无机自然世界也包括在这个道德关怀的范围之内,是出于生态学上的一个整体主义的考虑。正如我们今天特别强调要建立一个可持续发展的环境友好的人与自然的关系一样,在这个关系中,所指涉的自然并不仅仅是自然中的各种生命形式,它们只是构成我们所说的自然中的一个部分;而整个无机的自然世界的意义在于,它们的存在恰恰构成了支持包括人类在内的所有生命形式生存与发展的不可替代的客观基础或前提条件。因此,当我们把道德的关怀惠及地球上所有的生命形式的时候,它们生存于其中的这个无机的自然世界也理所当然地被涵盖其中,因为,这是支持它们得以发生、发展和存在的生命家园。

事实上,把道德扩展到这样一个范围,并不是我们自以为是的主观意愿所为,也不是什么激进的环境主义主张所驱动的一个过于浪漫的结果。与其说这种道德扩展与生态学关注的对象之间是高度一致的,还不如说这样的扩展是来自于生态学上的一个必然的限定。我们知道,生态学是关于地球范围内的包括人类在内的所有生物与其生存环境之间，以及生物与生物之间的关系的研究，这种研究的基本路径或特征是以"生态系统"为基本单位的，而"生态系统"正是一个涵盖了所有生物以及整个无机自然环境的实体性的生态学概念。近几十年来，人们大力倡导和传播的"环境健康""环境安全""环境友好"或"绿色发展"等这些旨在促进和维护人与自然关系和谐发展的理念，从科学上看，所有这些都应当是建立在以生态学的"生态系统"这一概念作基础之上的。这就是说，我们在哲学上所主张的这种道德关怀，不会根据我们的某种价值偏好或主观感受而特别地指向某些具体的生物或对象，因为这种所谓的道德关怀不仅是狭隘和典型的功利主义的，而且也是完全与生态学的基本原理和思想不相符的，甚至是反生态学的。在这种意义上，"生态系统"本身才是也必然是构成道德关怀的对象。

对于道德扩展的这种限定的意义，一方面表现在我们对自然的道德关怀是建立在生态学的基础之上的，这将从根本上区别于一切形式的建立在浪漫主义基础之上的那些对自然热爱的道德直觉，另一方面，这种意义上的限定将使我们的道德关怀不再拘泥于自然世界中的一事一物的纠缠和道德上的论证，例如，我们将不再基于某些生物是否拥有神经系统、是否能够感知痛苦，也不再根据某些事物是否有害，尤其是对我们人类有害等原因作出我们在道德扩展上的选择。换言之，我们作出道德关怀及其扩展的唯一根据，就来自于那个作为从整体上代表和反映人与自然关系的"生态系统"本身是否健康。在这个意义上，也许我们可以直截了当地说，我们关于自然的道德关怀就是关于"生态系统"健康的道德关怀。事实上，也只有这种到的关怀和道德扩展才是我们在哲学上所需要的，才能够保证人与自然关系的和谐，进而实现共同繁荣和发展。

正像任何一种道德律令或规范的实践都需要得到所在社会共同体的确认和接纳一样，有关人与自然关系上的道德关怀及其扩展的社会实践，同样也需要我们今天的社会共同体在最广泛的范围内加以确认和接纳。道德作为我们的无论是个人还是社会生活及行为的一种自我约束，尽管从根本上都带有某种理想的品质，但是，只要这些道德对我们的社会生活具有积极的调节作用，那么它们就是我们所需要的。尤其是在今天，环境问题已显著上升为全球性的最紧迫的问题，人们对它的关注比历史上任何一个时期都更加强烈，因为直接根源于第一次工业革命以来的社会发展对环境造成的压力,不仅使环境本身以及生存于其中的所有生物陷入严重的困境之中,而且同时也使得人类本身的发展遭遇到了空前的威胁,这已经不再是一个容许我们有任何侥幸心理而可以逃避的问题。因此,在应对当下及未来的环境问题上,除了实质性地推动和加大环境保护的立法和执法的力度,以及开发更加环境友好的一系列的生态技术和产品之外,我们还特别需要在道德层面给予更多的理论关照。相对于环境保护的法律和制度层面的建设而言,环境道德方面的社会实践虽然不具有强制性,但是它在启发、培育和塑造社会成员的环保意识方面,却起着不可替代的作用。对于我们的社会而言,一个建立在科学基础之上的环境道德和环境意识将有助于环境问题的最终解决。

四、结语

毋庸置疑,在环境伦理学的研究中,道德关怀的扩展及其合理性问题一直都是该领域中的理论研究方面的一个核心问题,它不仅直接关系到道德扩展能否顺利进行、能够前行多远,进而为以此为基础的环境伦理建构提供坚实基础,而且也将最终决定我们能否在人与自然的关系探究中妥善处理和解决当代环境问题,进而取得令人满意的实际成效。因此,要合理地建构一种环境伦理并解决实际的环境问题,我们就必须在思想上尽可能地澄清我们做出研究的逻辑起点在哪里。显然,在这个问题上,我们现实的逻辑起点只有两个,一个是自然,另一个就是人。然而,从不同的逻辑起点出发,我们得到的结果以及这种结果所具有的合理性的程度却会呈现出明显的不同,并因此不可避免地影响到其理论在社会实践中效用的发挥。因此,事实上(也是本文的论证主旨),把道德自主性作为道德扩展的基础和前提,无论是在逻辑的合理性上,还是在获得社会确认和认同以及实际的可操作性上,都是道德扩展和环境伦理建构的合理选择,并因此为整个当代环境伦理的研究展现一个更为持久和美好的发展前景。

原载于《河南大学学报(社会科学版)》2019年第6期;《高校学术文摘》2020年第1期论点转载

语言学的哲学转向及哲学的
语言转向与回归

李志岭①

  理查德·罗蒂曾说:"20 世纪取得的一个重要思想进步是……人们越来越愿意忽略'我们的本质是什么?'的问题。……我们已经不太提起'我们是什么?'的本体论问题"②。此语或许适合于哲学,但对于 20 世纪语言学的发展则未必合适。因为,恰恰相反,正是在 20 世纪,人们才真正逼近和正面思考语言的本质,而关注本质或本质主义,是形而上学的根本属性,例如:"如果同一性哲学就是追求回归到底的'同一性',不管这'同一性'是来自'本体',还是来自'主体',那么,这种哲学就叫做'形而上学'"③。形而上学原是"哲学的本意或祖宗,不了解形而上学,就不能真正理解哲学"④。所以,当现代语言学开始关注语言的本质(例如,无论索绪尔的结构,还是乔姆斯基的普遍语法或语言能力,都是对语言"本质"或"普遍性"的追求与探索),实际上就已经发生了语言研究的形而上学转向,或哲学转向。因此,20 世纪不仅发生了哲学的语言转向,而且还发生了更为重要的语言研究的形而上学转向,或哲学转向,西方形而上学产生 2000 多年以后,才真正出现了语言研

---

  ① 李志岭(1966—),男,山东禹城人,聊城大学外国语学院教授,文学博士。
  ② 理查德·罗蒂著,张国清译:《后形而上学的希望》,上海:上海译文出版社,2003 年,第 322 页。
  ③ 张志扬,陈家琪:《形而上学的巴别塔》,上海:同济大学出版社,2004 年,第 1 页。
  ④ 詹姆斯·利奇蒙德著,朱代强,孙善玲译:《神学与形而上学》,成都:四川人民出版社,2003 年,第 1 页。

究自己的形而上学。这正是《普通语言学教程》类似于"哥白尼革命"的重大意义所在。

一、古希腊时期的形而上学：
一种言说方式的形成

洪汉鼎指出：修辞学在古代曾是一门"显学"，能言善辩是古典大师必备的一项才能。① 丁福宁曾在《语言、存有与形而上学》中指出，对于形而上学这种认识范式，语言是其首要和主要的哲学工具。②

从苏格拉底开始，形而上学的理想就是要通过辩论否定和超越相对、差异和变化，以逼近和把握绝对、同一和不变的普遍性。苏格拉底认为，人与人之间的差异并没有抹杀他们都是人这一事实。他进而拒斥理智上的怀疑主义和道德上的相对主义，主张法律、正义和善的概念可以像人的概念一样被严格地定义。显然，苏格拉底区分了两个层次的知识：一个基于对事实的观察，另一个则基于对事实的解释；前者基于特殊的事物，后者则基于普遍的概念。③ 如此，苏格拉底拓展了一条形而上学之路，或形而上的方法论，即通过对话、分析、不断追问而指向事物的抽象共性，进而以语言命名或定义这种普遍性。这是形而上学之路的第一步，或真正理论意义上的哲学的第一步。柏拉图在此基础上所做的，是对概念的属性展开研究和命名，所以，亚里士多德将"归纳论证和普遍定义"归功于苏格拉底，而将"相论"（普遍的原型独立于特殊的事物存在，特殊事物只是他们的具体化）的发展归功于柏拉图。④

其实，古希腊长期存在关注语言的传统，甚至可以说，形而上学本

---

① 洪汉鼎：《诠释学与修辞学》，《山东大学学报（哲学社会科学版）》，2003年第4期。

② 丁福宁：《语言、存有与形而上学》，台北：台湾商务印书馆，2006年，第78页。

③ 萨穆尔·伊诺克·斯通普夫，詹姆斯·菲泽著，丁三东、张传友等译：《西方哲学史》，北京：商务印书馆，2005年，第56页。

④ 萨穆尔·伊诺克·斯通普夫，詹姆斯·菲泽著，丁三东、张传友等译：《西方哲学史》，北京：商务印书馆，2005年，第50页。

身就是思想反思语言,关注语言的产物。赫拉克利特说:"不要听从我,而要听从语词－逻各斯,并且承认一切是一。"①

这就是说,赫拉克利特已经给古希腊哲学规定了方向,即它要倾听、关注语词,但更重要的是语词后面的 logos,即普遍真理,或万物的普遍性。而开创逼近语词背后的 logos 的方法的,是苏格拉底。他创立通过诘难、论辩和追问以达至概念的方法,即所谓的"思想的助产术"。这种方法背后所遵循的不仅是关注语言,而且更关注"语言之后(meta－language)"的致思之路。Logos 就是语言之后的语言,就是 meta－language(语言之后)。2000 多年以后,尼采说,柏拉图式的真理的世界不过是"一簇流动的隐喻"②尼采此论,指明了形而上学作为一种言说方式的本质属性——柏拉图循着他老师之路,把真理之思的归宿引向了对恰当语言表达的追逐。柏拉图甚至断言,不管任何人,只要他在语言的镜子中看待事物,他就开始认识了它们完整无损的真理。伽达默尔评论说,这是对的。③

当然,柏拉图所确定的形而上学的言说,尽管尼采称之为"流动的隐喻",但却是一种特殊的"隐喻"。柏拉图排斥、抑制"诗"或"诗人",通过这种否定的方式对形而上学式的隐喻进行了限定(否定,即"负性",这恰恰是形而上学根本性的言说方式)。通过否定和超越感性的认识和言说,古希腊哲学家找到了逼近事物本质的言说方式。这种言说方式的形成和确定,就是形而上学萌芽和确立的过程。正如丁福宁所说,当人们不再完全以神话的方式,而开始以理性的方式尝试在错综复杂的事物中寻找第一原因或第一原理时,就开始了所谓形而上学式的思考。④ 简言之,古希腊形而上学始于对神话言说方式的超越,也就是始于对语言和言说世界的方式的反思,而成于一种特殊言说方式的确立。这是一个完美的从语言之思到形而上学的过程。这也从一开始就决定

---

① 卡西尔著,甘阳译:《人论》,上海:上海译文出版社,1985 年,第 143 页。
② 张国清:《中心与边缘》,北京:中国社会科学出版社,1998 年,第 212 页。
③ 伽达默尔著,夏镇平,宋建平译:《哲学解释学》,上海:上海译文出版社,1994 年,第 27 页。
④ 丁福宁:《语言存有与形而上学》,台北:台湾商务印书馆,2006 年,第 7 页。

了语言对于哲学的重要价值和意义语言既是形而上学的故乡,也是它成长和回乡的必由之路,尽管它同时也是哲学需要挣脱的牢笼。

但要充分认识语言在哲学探讨中的重要性,或者说如果哲学要专门针对语言展开自我反思,则要等到19世纪末20世纪初索绪尔式的现代语言学出现,语言本身被确立为形而上学意义的对象之后。

二、姗姗来迟的语言研究的哲学 (形而上学)转向

语言学也像其他学科一样,在其发展的任何历史阶段都必须首先明确其本体论,即自己要面对和处理的对象是什么。索绪尔对这个问题的解答,奠定了他作为现代语言学之父的地位,这是学界公认的。但下面一点却论者不多——似乎是索绪尔第一次正面提出了关于语言本质的问题,并将这一问题作为语言研究和开创科学的语言学的起点,进而也首次将语言之思指向了语言本体这一方向。索绪尔语言之思所指向的,正是古典形而上学意义的本质,因为索绪尔的 langue 是柏拉图式的理念,属于柏拉图所谓的最高级的原型世界,是原型式的范畴。换言之,索绪尔这个解答是形而上学性质的,属于"理念或形式",是对如何超越具体、直观的语言,以及超越后应追求什么这个问题的总解。Langue 也具有巴门尼德所说的"一"的性质。同时,索绪尔之提出 langue,继承了柏拉图的理念的双重语义,即兼具理念(Idea)和形式/范型(Form/pattern)两重意义。"理念"与"形式/范型"合而言之,就是"理式"。所以,索绪尔既强调语言的心理学属性,又强调其结构之维,完美地对应了柏拉图理式的心理之维和本体论之维。

索氏此语言观类似于苏格拉底关于事物的本质与普遍性的观点。而他主张将语言与言语分开的做法则类似于柏拉图关于"相"与具体事物之关系的观点。"语言是形式,不是物质。"[①]现代语言学要研究语言的"多"中所蕴含的"一",因而实现了朝形而上学的转向,同时也带动一

---

① J.卡勒著,张景智译:《索绪尔》,北京:中国社会科学出版社,1992年,第57页。

系列人文科学(譬如文学研究),实现了 M. H. 格列茨基所说的"从记述—经验研究向抽象—理论研究"的过渡和转变。① 后来,乔姆斯基标举普遍语法,直接继承柏拉图与笛卡尔的哲学,也即直接转向了形而上学的视域。如果形而上学是哲学之根,那么自索绪尔开始,形而上学意义上的语言哲学才开始出现并扎根成长。此后,现代语言学虽然在转换生成语言学之后经历了很多变化,其最关键的概念还是"结构",这个"结构"所对应的正是古希腊哲学中的"form"。"结构"这一概念将语言研究最终指向了语言的本体及本质。对索绪尔而言,"只有研究符号及其本质……才能准确地从关系上认识语言单位"②。"'语言是一种形式,而不是实体。'这句名言就是索绪尔对其基本见解的总结"③。卡西尔认为,现代语言学关键的、革命的一面,就体现在索绪尔坚持把关系和关系的系统放在首位,从而促成了"物体在本体论中占有首要地位的经验主义"让位于"把关系放在首位的理论"的转变。强调关系,就是强调结构,而结构就是"内部各种关系综合在一起而产生的现实"④。

王寅也认为,索绪尔的"形式"相当于"系统"或"结构",与西方哲学的形而上学有相同之处。⑤ 这种论断离真理似乎还有一定距离,因为索绪尔全力以赴追求的,不是与形而上学"有相同之处",而恰恰就是要建立语言学的形而上学。索绪尔和乔姆斯基的结构都类似柏拉图的"理式",非常重要,也更加抽象,但尚未得到足够理解和重视的一点是索绪尔语言观的"负性"价值取向。他认为,"在语言系统中,只有差别,没有正面规定的性质。""语言现象是关系""符号只能由符号之间的关

---

① 《哲学译丛》编辑部:《近现代西方主要哲学流派资料》,北京:商务印书馆,1986年,第266页。

② J.卡勒著,张景智译:《索绪尔》,北京:中国社会科学出版社,1992年,第91页。

③ 约翰·斯特罗克著,渠东等译:《结构主义以来》,沈阳:辽宁教育出版社,牛津大学出版社,1998年,第12页。

④ J.卡勒著,张景智译:《索绪尔》,北京:中国社会科学出版社,1992年,第158页。

⑤ 王寅:《语言哲学——21世纪中国后语言哲学沉思录》,北京:北京大学出版社,2014年,第6页。

系构成"①。作为语言现象的"言语",只是"露出水面的一小部分冰峰,语言则是支撑它的冰山,并由它暗示出来……但是(语言)本身从来不露面"②。传统形而上学及其与"多"相对的"一",包括形而上学的其他概念,大多本身都具有"负性(negative)"和"虚构性(fictitious)"。"What we see arises from what is not apparent.(吾人之所见起于并非显而易见者)"③。易言之,"形而上学没有自己独立的题材""逻辑—认识论分析很容易地就能显示,这些形而上学概念本身是基于语言设计的虚构(fictions)"④。所谓"形而上学没有自己独立的题材"与索绪尔的"在语言系统中,只有差别,没有正面规定的性质"何其相似!索绪尔的语言"没有正面规定性",概念"不能根据其内容从正面确定它们,只能根据它们与系统中其他成员的关系,从反面确定它们。它们最确切的特征是:它们不是别的东西"⑤。所有这些无不体现出形而上学的"负性"特征,并在方法论上指向彼岸,也与苏格拉底通过不断否定错误答案,进而逼近正面答案的方法高度一致。所以,索绪尔所建立的语言学理论,与传统形而上学具有一致的学理价值取向,它们都遵循这样的假定:正确的、更加根本的,就在明显的、表面的、似是而非者的后面或背面。

但对语言"负性"存在的认知殊非易事,尽管对语言(言语)背后"本身从不露面"的部分的关注,从前苏格拉底的赫拉克利特就开始了。赫拉克利特说:"不要听从我,而要听从语词-逻各斯,并且承认一切是一。"⑥这意味着语言是思想的骨架,logos是语言的骨架,抓住语言才能

---

① J.卡勒著,张景智译:《索绪尔》,北京:中国社会科学出版社,1992年,第152、67、77页。

② 特伦斯·霍克斯著,瞿铁鹏译:《结构主义和符号学》,上海,上海译文出版社,1997年,第12页。

③ Paul Virilio, Tr. Michael Degener, *Negative Horizon: An Essay in Dromoscopy*, Continuum, 2005,136.

④ Ivan Chvatík & Erika Abrams. Eds., *Jan Patoǒka and the Heritage of Phenomenology*, Springer, 2011, 72.

⑤ J.卡勒著,张景智译:《索绪尔》,北京:中国社会科学出版社,1992年,第29页。

⑥ 卡西尔著,甘阳译:《人论》,上海:上海译文出版社,1985年,第143页。

抓住思想,抓住 logos,才能抓住语言。赫拉克利特在此也遵循了负性的致思方式,通过否定"我/思想",而指向"语词";通过否定"语词",而指向"logos";通过超越二者,而达到二者聚在于其中的"一"。但他没有提出要把握语言本身或"语言的本质",即语言的"负性"之维,语言的"负性"存在这一更为基础、更为根本的问题。到 17—18 世纪,欧洲语言学家试图通过语言来理解思想本身,以及民族或种族性格。例如,17 世纪的保尔·罗瓦雅尔语法,就是把语言看作思想的图片或形象。①但这些都没有正面抓住或直接提出语言的本质,或本质主义(形而上学意义)的"语言"。

　　真正敏感觉察到语言的普遍性的是索绪尔,他写道:"我不是在空想费解的理论问题,而是在寻求这一学科的真正的基础。没有这个基础,任何研究都是没有依据的、武断的、不能确定的。"②

　　他断言:语言学"始终没有搞清楚它的研究对象的性质。可是,不做这起码的工作,任何科学都无法制定出合适的研究方法"③。这说明索绪尔完全清楚,他要做的也是必须做的,是与整个语言学史分道扬镳,从零开始,开天辟地。所以,他是唯一的能够称得上是现代语言学之父的人,也是当之无愧的"富于启示性的思想战略家"④。语言研究到索绪尔才有了属于自己的本质主义的研究对象,开始突破现象、现象分类以及关于具体语言知识的列举式的话语方式。这种追求和旨趣类似于苏格拉底。苏格拉底就曾斥责那个针对追问知识的本质问题列举诸知识的学生。他甚至都不允许将这看作通向这个问题答案的暂时的

---

① J.卡勒著,张景智译:《索绪尔》,北京:中国社会科学出版社,1992 年,第 71 页。
② J.卡勒著,张景智译:《索绪尔》,北京:中国社会科学出版社,1992 年,第 11 页。
③ J.卡勒著,张景智译:《索绪尔》,北京:中国社会科学出版社,1992 年,第 17 页。
④ J.卡勒著,张景智译:《索绪尔》,北京:中国社会科学出版社,1992 年,第 107 页。

步骤。① 苏格拉底的态度说明,形而上学或哲学首先是一种适当的话语方式,而索绪尔要建立的,正是这样一种全新的语言学话语方式。这种话语方式的实质,是把本质确定为致思的方向和目标。

索绪尔开创现代语言学这一学术或文化事件,可称之为语言学的形而上学转向,是语言学中姗姗来迟的形而上学。2000多年之后,经索绪尔之手,古希腊的形而上学之花才绽放在语言学的世界里,语言学由此最终得以升格为亚里士多德所说的第一哲学性质的语言研究,从而终于摆脱了分类学意义上的语言研究的局限。形而上学在哲学世界穷途末路之际,竟然在语言学中东山再起了。

三、20 世纪哲学语言转向的实质以及作为思想战略家的索绪尔

梅洛-庞蒂说:"哲学家首先是那种觉察到自己处于语言之中,自己在说话的人……"②这一论断预设了语言意识及语言的本质(语言的本体论)对于哲学的重要性,所以,20 世纪哲学的语言转向,就是作为思想战略家的索绪尔为整个思想和文化世界开辟的全新的视野,以及由此而引发的变化及其结果。

1. 现代哲学朝语言(语言学)转向的实质:索绪尔对现代哲学的影响

阿佩尔认为,20世纪哲学已经完成了从近代的"意识分析"向现代"语言分析"的"语言转向"③,但如果没有现代语言学的出现,以及现代哲学对语言学研究范式的模仿,就很难说会不会发生哲学的语言转向。这是因为,第一,不会有转向的目标;第二,不会有切实可行的新的元话

---

① 维特根斯坦著,韩林合译:《哲学语法》,北京:商务印书馆,2018年,第108页。

② 莫里斯·梅洛-庞蒂著,杨大春译:《哲学赞词》,北京:商务印书馆,2000年,第71页。

③ 卡尔-奥托·阿佩尔著,孙周兴,陆兴华译:《哲学的改造》,上海:上海译文出版社,1997年。

语体系(如结构、能指、所指等)及研究方法。最重要的是,现代语言学为思想分析提供了非常恰切的基本理念(如结构和结构主义、符号学理论等)、概念以及研究方法或"范式"等。所以,所谓哲学的语言转向,首先是哲学的语言学转向,然后才实质性地转向了语言。而且,哲学所转向的"语言"大多情况下也是索绪尔化了的语言,是语言学的形而上学转向和哲学的语言学转向,即二者的相向而行,为哲学的语言转向提供了现实的可能性。哲学的语言转向,实际上是现代语言学转向形而上学之后得到迅速发展,又反过来对哲学发生影响,以至于社会科学纷纷模仿语言学研究范式。① 20世纪,无论英美分析哲学家,还是德、法哲学家,都把研究语言置于解决哲学问题的中心地位。② 他们所默认的语言,很多时候都离不开索绪尔所做的相关的界定。正如梅洛—庞蒂所说,当胡塞尔要求人们从语言—客体(langue—object)回到言语时,没想到索绪尔是很难的。③ 索绪尔使"语言学变成了一个主要的知识领域,变成了其他人文学科的典范"④。因而,如果只看到现代哲学的语言转向,而没有看到作为其前提条件的语言研究的形而上学转向,可以说就没有看到哲学历史舞台上20世纪发生的这一伟大事件的全部,更没有看到其根源与实质。

哈贝马斯在《后形而上学思想》中指出:"从意识哲学向语言哲学的范式的转换,导致了一场(与后形而上学)同样深刻的变革⋯⋯甚至批判理论最终也未能摆脱语言学转向。"⑤这里所涉及的是这样的事实:后形而上学思想已不把语言仅仅视为工具了,而是把语言置于本体的

---

① Frederick J. Newmeyer. *Linguistic Theory in America*, Academic Press, Inc. 1986,3.
② 徐友渔、周国平,等:《语言与哲学》,北京:三联书店,1996年,第236页。
③ 莫里斯·梅洛—庞蒂著,杨大春译:《哲学赞词》,北京:商务印书馆,2000年,第72页。
④ J.卡勒著,张景智译:《索绪尔》,北京:中国社会科学出版社,1992年,第68页。
⑤ 哈贝马斯著,曹卫东、付德根译:《后形而上学思想》,南京:译林出版社,2001年第7页。

位置。后形而上学思想将语言视为存在的本体的倾向,是基于索绪尔的本体论意义的语言思想之上的。20世纪哲学的语言转向影响深远,索绪尔的思想体系犹如一颗石子落水,环状的波纹向四面散开,而且范围越来越广。①

当然,索绪尔作为思想战略家的地位和作用尚未得到足够的重视。国内外许多哲学史,甚至语言哲学专著,几乎都不给索绪尔应有的哲学家或思想家的位置。譬如,徐友渔等的《语言与哲学》虽然承认"现代西方语言哲学的兴起与索绪尔关系极大,他使哲学对语言的注意力转向语言结构自身""利科认为,结构主义就是直接受了索绪尔的影响"②,但是,书中却没有将索绪尔列为重要的语言哲学家。陈嘉映的《语言哲学》虽然把索绪尔设为专章,并表示"作为一门最重要的新兴人文学科的创始人",他对语言哲学以及一般哲学的影响都极为广泛和深刻。但同时,该章又首先表明:"他是语言学家,一般不把他列为哲学家。"③这表明陈嘉映先生是进了两步,却又退了一步。所有这些反过来说明,索绪尔作为哲学家的身份、地位,及其对现代哲学乃至整个现代文化的意义尚未真正得到确认。

2. 现代哲学对语言的回归

如前所述,古希腊时期,苏格拉底开创了以对话、辩难为主的追问法,即提出问题,然后层层否定错误的、不正确的答案,直到沿着语言挖出或接近恰当的"概念或词语",从而实现了形而上学的第一步。基于老师苏格拉底的实践和经验,柏拉图提出了形而上学的彼岸性的理念。所以,形而上学在古希腊诞生的这一过程,首先是一种话语方式得以创立的过程。其次,在此话语方式的基础上发展出了一种特殊的思维方式或世界观。正如内格尔所认为的:"哲学……最困难的任务之一,就是要用语言明确无误地表达那些尚未确定的但可以直觉感到的

---

① J.卡勒著,张景智译:《索绪尔》,北京:中国社会科学出版社,1992年。
② 徐友渔,周国平,等:《语言与哲学》,北京:三联书店,1996年,第199页。
③ 陈嘉映:《语言哲学》,北京:北京大学出版社,2003年,第71页。

问题。"①

　　这个过程的发生,至少可以追溯到赫拉克利特对语言的警觉及其发出的教谕,以及后来哲学对言说的控制、选择和改造。苏格拉底则循此路径,开创了思辨式、辩证法式(辩难)的言说方式,于是哲学作为一种话语类型诞生了。这是形而上学从语言出发进入存在的过程。古希腊形而上学虽然基于对语言的自觉而得以建立,但却没来得及对语言自身进行全面的、苏格拉底式的,即形而上学式的追问和思考。罗素就曾明确指出,苏格拉底不懂得分析哲学句法。② 无论如何,本体论意义的"语词,即语言"、logos(逻辑),以及语言与逻辑的关系这些问题,在赫拉克利特的哲学话语中一闪之后,就消失在后来的哲学视野中了。2000多年以后,西方哲学重新回到语言,对语言本身展开形而上学式的追问,以及以之为路径拓展形而上学自身。对这一转向的实质,理查德·罗蒂说:所谓"语言学转折"……就是拾起了关于语言的话题。③ 但是,如我们的分析所显示的,更准确的说法应当是:所谓哲学的语言学转向,不是"拾起",而是"重新拾起了""关于语言的话题"。

　　换言之,语言哲学的出现,意味着一种新的哲学话语体裁的形成。同时,所有的后形而上学,其实也是"前形而上学",因为,在某种意义上可以说,它们回到了形而上学之前,或回到了苏格拉底之前哲学家对语言的关注。而古希腊的形而上学之路,正是以苏格拉底对言说的追问开启的,在此意义上说,所谓哲学的"语言学转向",也是对语言的回归。

　　"前形而上学"时期,苏格拉底对言说的关注和追问引出了辩证的言说方式,即辩证法和形而上学。索绪尔实现了语言学的形而上学转向之后,西方哲学对形而上学意义的"语言"的追问(这有别于苏格拉底对"言说"的追问),则导致了语言哲学和所谓的"后形而上学"的产生。

---

　　① 理查德·罗蒂著,黄勇译:《后哲学文化》,上海:上海译文出版社,2004年,第41页。

　　② Bertrand Russell, *The History of Western Philosophy*, Simon & Schuster, 1972, 121.

　　③ 理查德·罗蒂著,张国清译:《后形而上学的希望》,上海:上海译文出版社,2003年,第3页。

似乎可以说,苏格拉底开启了形而上学的历史,而索绪尔对于西方哲学史则具有双重意义:他同时开启了语言研究的形而上学和哲学的后形而上学。语言学的哲学转向,使得语言学终于实现了自己的形而上学,也就是实现了对自身的超越,使语言对象化,以便在离开语言自身一定距离的位置上观照它,由此,语言获得了独立的本体论地位。而哲学的语言转向或回归,也是形而上学 2000 多年以后的一次自我省察,自我观照。哲学朝语言学的发展或转向,是一种元哲学层面的自新。

伽达默尔晚年回顾自己一生的哲学道路时说,海德格尔在批判形而上学传统时发现,自己走在"语言的路上"。这条"语言之路"使他做好了以新的方式提出存在问题的准备,并最后得出"语言是存在的家"的论断。[①] 更为重要的是,海德格尔不仅发现他自己走在"语言的路上",同时也揭示出这样的事实,即古希腊的形而上学也是走在语言的路上,或者至少是从走上语言之路开始的。而他改造形而上学的方法,就是回到原点,改造其话语方式,即"提出存在问题"的方式。他的主张是,不该问什么存在,而应谈论存在本身。海氏之"语言是存在的家"可以说是存在论的语言观。而说存在的场所就是语言,"能被理解的存在就是语言",这就是语言论的存在观。二者是形而上学与语言之间关系的最生动的展示——它们是互相定义,融合为一的关系,也是语言学转向形而上学,形而上学转向语言(学)的两条道路的殊途同归。在海德格尔和伽达默尔的体系中,形而上学实现了最为彻底的向语言的回归。也正因如此,才能对形而上学传统实现最为彻底的批评和改造,因为,形而上学最初的诞生,就是通过确立一种独特的言说方式而实现的。

3. 未被足够重视的索绪尔

索绪尔的《普通语言学教程》在语言学史上影响巨大。它流行之广、影响之深在语言学史上是罕见的。但索绪尔的影响并非仅限于"语言学史","没有一个重要的语言学家、人类学家、精神分析学家,不是这

---

① 张汝伦:《现代西方哲学十五讲》,北京:北京大学出版社,2008 年,第 295 页。

样那样地参考了《普通语言学教程》"的①。此类评述虽然没有否认索绪尔对语言学之外其他学科的贡献和影响,但主要还是局限于语言学领域。学界对于索绪尔在20世纪整个哲学领域产生的影响,基本鲜有正面的提及。哲学界非常普遍的做法甚至更加彻底——就是根本不提索绪尔。哲学史,甚至语言哲学也不专门谈索绪尔,有的语言哲学著作即便谈,也是欲言又止,大有不敢冒天下之大不韪的味道。

这种态度说明,哲学界还远没有认清索绪尔首先是一个哲学家,而且是站在思想战略高度,为哲学的语言转向,甚至为整个现代、后现代文化提供了理论工具和发展方向的大哲学家。令人叹息的是,甚至语言学界也没有充分认识索绪尔的重要性,譬如王寅(2013)、李葆嘉(2013)等。前者虽然肯定索绪尔"不但是一位语言学家,也是一位语言哲学家",但却将"索氏结构主义语言学"的"哲学基础定位于语言哲学"。② 这似乎颠倒了二者的关系——索绪尔1894年在给他的学生梅耶的信中,已经明确表示要与旧的语言学断绝,而开创新的语言学;1907年他就已经开始讲授他的《普通语言学教程》。而当弗雷格通过罗素广为人知的时候,已经是20世纪初了(罗素在《论指谓》中第一次阐述了他的摹状词理论,并批评了弗雷格,此文首发于1905年)。诚如洪汉鼎所说:"罗素和早期维特根斯坦应当说是分析哲学的直接创始人",由他们开启的分析哲学的创立时期"大致在二十世纪头一二十年内"③。由此可见,当索绪尔完成他的体系时,弗雷格,特别是罗素、维特根斯坦等人的理论建构才刚刚开始,而且,弗雷格、罗素作为分析哲学家的旨趣与索绪尔思想的内容、广度及形而上的高度与取向相去甚远。所以,无论从时间上,还是从学理旨趣和范围上,都不能说索绪尔的哲学基础在于语言哲学,而只能是相反,索绪尔为语言哲学提供了更为深刻、系统的哲学基础。不是索绪尔的"哲学基础定位于语言哲学",

---

① 李延福:《国外语言学通观》(上),济南:山东教育出版社,1999年,第353页。
② 王寅:《再论索绪尔与语言哲学》,《山东外语教学》,2013年第1期。
③ 洪汉鼎:《当代西方哲学两大思潮》,北京:商务印书馆,2010年,第36页。

而是索绪尔的哲学后来"定位了语言哲学"。李葆嘉甚至认为"符号任意性原则……植根于索绪尔的叛逆心理、恃才自傲、首创情结,以及沉湎于通灵者的自造语研究、拉丁诗的专名谜猜测",把索绪尔评价为"离群索居的探索者""以牺牲语言现象的完整性为代价,一步步缩小研究视野,将人和语义逐出语言学领域"的人。① 王、李二氏之论,尤其是李葆嘉的观点说明,要真正认识索绪尔 20 世纪以来在文化史上的贡献、影响与地位,仍然来路方长。

四、结语

索绪尔语言学思想本身就是伟大的元话语性质的语言哲学,是哲学。他的本体论意义的语言,他所促成的结构概念,以及他关于能指、所指等的符号学思想,实现了语言研究的形而上学转向,也使哲学有了"语言"转向的可能。正如巴赫金所说:"语言是从语言学得来的。"②古希腊形而上学出现 2000 多年之后,语言研究才开创了自己的形而上学,这既是语言学发展具有里程碑意义的一步,也是哲学的一次意义重大的拓展。从这两方面看,索绪尔语言学思想都是独到而深具启发意义的哲学的创造,索绪尔也因而成为为 20 世纪哲学、社会科学、人文科学等众多学科指明发展方向、提供基础理论工具、开拓新的广阔发展空间的"思想战略家"。从整体上看,20 世纪哲学的语言(语言学)转向,实质上也是索绪尔语言哲学发生广泛而深入的影响的结果,而且,哲学的语言转向只是索绪尔影响现代文化整个画面的一部分。索绪尔是真正意义上开创了整个 20 世纪及其以后的哲学和文化发展的重要先驱。

索绪尔所实现的语言学朝哲学的转向,与 20 世纪哲学朝语言(语言学)的转向,二者相向而行,形成一种融合。从现代语言学,到哲学的

---

① 李葆嘉:《试论静态语言学的神秘主义与吝啬定律》,《山东外语教学》,2013 年第 1 期。

② 巴赫金著,张杰编选:《20 世纪外国文化名人书库:巴赫金集》,上海:上海远东出版社,1998 年,第 76 页。

语言(语言学)转向,再到结构主义、后结构主义等,在这些逐渐绽开的、越来越繁复的文化波纹的中心,是索绪尔最先投下的思想的石子。在整个20世纪文化景观的纵深处,是索绪尔思想这一背景和底色,而索绪尔本身又是这景观中日渐模糊的一个背影。

原载于《河南大学学报(社会科学版)》2021年第1期;《新华文摘》2021年第12期论点转载

政治学研究

公民社会的"民情"与民主政治的质量

杨光斌　李楠龙[①]

"挑战流行的观念要冒道德上的风险。这样的工作肯定会使很多人从理论上和道德上感到不安,因为挑战了有很多他们以为是理所当然的,甚至是被当做坚定信仰的说法;这并不是说新的研究更具有道德上的优越性,只是期望能够使那些长期处于争议中的模糊问题(没有历史根据,甚至是道德层面的争议)变得清晰起来。"[②]

一、中国人对于公民社会与民主政治的美好愿景

我们亟待建设基于公民社会之上的社会自治,因为再英明和勤政的政府都不可能管理好老百姓的形形色色的生活,只能让老百姓自己管理自己。我们也亟待建设民主政治,因为我们的民主制度基本上属于规范性的,处于待激活的休眠状态。正是因为这两个问题都是重要的、急需的,所以,在中国与公民社会紧密联系的社团、第三部门这样的政治社会学研究无疑是最热门的显学,因为大家都把它视为实现民主政治的法宝,看成是民主政治的前提和基础,甚至是民主政治本身。因

[①] 杨光斌(1963—),男,河南省桐柏人,中国人民大学国际关系学院教授,博士生导师,教育部长江学者特聘教授;李楠龙(1988—),男,江苏连云港人,中国人民大学政治学系研究生(承担了本论文的印度部分)。

[②] 张夏准(Ha-Joon Chang)著,炼肖等译:《富国陷阱:发达国家为何踢开梯子》,北京:社会科学文献出版社,2007年,第12页。

此,在中国的社会学界和政治学界,涉及这个问题的文章数不胜数,有多少文章就有多少公民社会的鼓吹者,几乎没有人、没有文章怀疑过公民社会与民主的复杂关系甚至是负面关系,更没有想过公民社会与治理的复杂关系甚至是负面关系。这里的关键在于,社会自治是地方性的,而民主政治是全国性的,好的地方自治不一定必然会有好的民主政治和国家治理。道理其实很简单,地方与地方之间的关系既可能有利于全国性政治,也可能有损于全国性政治。本文将论证公民社会与民主政治的关系到底如何,即作为公民社会的"地方"之间的关系是否有利于民主政治和国家治理。取决于公民社会的"民情",不同"民情"的公民社会与民主政治的关系可能南辕北辙,既有美国式的好,也有南部意大利式的坏,还有印度式的无效治理。

但是,对于这样一个非哲学而是经验性的重大课题,国内学者基本上一厢情愿地按照规范的而非历史的路子去想象美国式的好的,而不愿意设想那些不好的和无效的。这是可以理解的,如和晚清和民国时期的状况一样,一百年来,处于困境中的知识分子总是在以最浪漫、最美丽的目标作为奋斗的彼岸,但对"目标"的认知却很哲学化,也很有限。崇尚规范的哲学学者,比如王海明教授在其《论民主的社会条件》中更是把公民社会与民主政治的正向关系绝对化。[①]

深受二元对立思维影响的哲学学者或许认识到这种官民对立的思维方式得出的结论太绝对,因为作者提及20世纪80年代末90年代初的俄罗斯和罗马尼亚,并没有什么公民社会,却仍然实现了非民主制向民主制的转型;有些国家,如新加坡,虽然公民社会发达,实行的却不是民主制。于是,在文章的结尾处作者便来了个自我保护性、意义绝对模糊的陈述:"公民社会和社会资本既不是民主的必要条件,也不是民主的充分条件,显然意味着:不论公民社会和社会资本如何,既不必然导致民主制,也不必然导致非民主制——公民社会及其社会资本不是实行民主制或非民主制的必然因素。公民社会和社会资本与民主制或非民主制并没有必然联系,它们对于民主制或非民主制的实行只具有有利还是不利的关系。发达的公民社会及其充裕的社会资本是实行和保

---

① 王海明:《论民主的社会条件》,《学习论坛》,2012年第6期。

持民主制的重要条件,不发达的公民社会及其匮乏的社会资本是实行和巩固专制等非民主制的重要条件。"①

作者的这个辩证法式的自我保护性陈述显然有违自己文章的初衷:"公民社会不仅是实现民主制的唯一的社会条件,显然也是保持和巩固民主制的唯一的社会条件。"②所谓的"重要条件"其实既可以理解为"必要条件"也可以理解为"充分条件"。

这篇文章既代表在这个问题上国内学术界的"定论",也暴露出国内学术界在这个问题研究上的遗憾:1.对国际社会科学界的研究状况不甚了了;2.公民社会与民主的关系是经验问题,而不是哲学问题,但是这里却完全没有经验基础,既不是建立在比较历史基础上,也对现实性的比较政治发展缺乏了解,而历史和现实经验却甚至和国内流行的"定论"完全相反;3.流行的二元对立的思维方式即官民对立既是西方政治社会历史的写照,也是冷战的产物,有违中国、印度(后面我们将会看到印度的官民如何一体化)等东方国家的历史;4."民主"概念混乱不堪(如这篇文章认为俄罗斯是民主的而新加坡则不是民主的),更没有从本体论上区别不同国家的"公民社会"的实质性不同,结果必然不能认识到不同国家的"民主"在本体论上的实质性差异。

国内思想界是怎么把这个"经"念歪的呢?因为中国的社会科学基本上是"拿来主义",欧风美雨自然把"公民社会"也带进中国。读美国书的人或美国到中国进行田野调查的机构或学者几乎无不对中产阶级与民主、社团与民主这样的课题宠爱有加,而美国人之所以如此是因为美国的民主是建立在发达的公民社会基础之上的。这样"美国人们"就把中国和世界的问题当成美国的问题,或者以美国之道来解决世界的问题。这就是我所说的"身份意识"决定了学者的"问题意识",搞不清楚自己的身份,丧失了主体行动的意向性,最终就很难发现"真问题",把"伪问题"当作"真问题"。

那么,在理论脉络上,公民社会和民主政治到底是什么关系?

---

① 王海明:《论民主的社会条件》,《学习论坛》,2012年第6期。
② 王海明:《论民主的社会条件》,《学习论坛》,2012年第6期。

二、公民社会的"民情":基于美国—意大利历史的托克维尔主义

在理论上,公民社会是民主政治的前提和基础这样的命题无疑来自伟大的托克维尔的《论美国的民主》。托克维尔把"人民主权"置于公民社会的语境之下进行讨论,而不是卢梭式的抽象的民主政体或"公意"。托克维尔认为"人民的多数在管理国家方面有权决定一切"这句格言是渎神的和令人讨厌的,但他又相信,一切权力的根源存在于多数的意志之中。① 因为无论是从卢梭式的民主理论上,还是从对美国民主实际的考察来看,在人民主权引导下的美国革命,人们走出乡镇而占领了州政府,人们在人民主权原则的名义下进行战斗并取得胜利,美国社会由人民自己管理,人民自己治理自己,这种多数人统治并有权管理社会的观念已风行于美国社会,深入到美国的政治生活。② 人民是一切事物的原因和结果,凡事皆出自人民。③ 真正的指导力量是人民,尽管政府的形式是代议制的,但人民的意见、偏好、利益,甚至激情对社会的经常影响,都不会遇到顽强的障碍。④

这样的公民社会能有效防止政治专制。在这样一个"人民自己治理自己"的公民社会里,公共精神得以养成。公民通过自己的社会活动积极参与社会与政府的管理,行使一定的权利。在此过程中,公民认识到,别人的权利应该受到尊重,这样自己的权利才不会孤立或者受挫。就像托克维尔所说,成年人把权利看得很高,因为他们都有政治权利;为使自己的政治权利不受侵犯,他们也不攻击别人的这项权利。这种

---

① 托克维尔著,董果良译,《论美国的民主》,北京:商务印书馆,1988年,第287页。
② 托克维尔著,董果良译,《论美国的民主》,北京:商务印书馆,1988年,第61—64页。
③ 托克维尔著,董果良译,《论美国的民主》,北京:商务印书馆,1988年,第64页。
④ 托克维尔著,董果良译,《论美国的民主》,北京:商务印书馆,1988年,第194页。

认识逐渐形成一种普遍原则,培育了一种公共成员的感觉。同时人们也认识到个人利益与国家利益是相统一的,从而形成爱国心和公共精神。"我要说,使人人都参加政府的管理工作,则是我们可以使人人都能关心自己祖国命运的最强有力手段,甚至可以说是唯一的手段。在我们这个时代,我觉得公民精神是与政治权利的行使不可分的。"①

公共精神培养了公民对法律的尊重。因为立法时每个公民都有参与,法律是经由大多数人同意之后才实行的,这样,作为法律制定者的公民就有义务去服从法律。虽然民主的法律并不总是值得尊重的,但却几乎总是受到尊重。"因为一般来说,打算违法的人,还不能不遵守他自己制定的并对他有利的法律,而且即使从违法中可能获利的公民,也要考虑自己的人格和地位而去服从立法者的任何一项决定。"②

这样,人们积极参与而又尊重法律,从而构成了一个充满活力的公民社会。人们积极组织社团,举办各种活动,力图做好种种与自己利害相关的事情。托克维尔写道:"在民主制度下,蔚为大观的壮举并不是由国家完成的,而是由私人自力完成的。民主并不给予人民以最精明能干的政府,但能提供最精明能干的政府往往不能创造出来的东西:使整个社会洋溢持久的积极性,具有充沛的活力,充满离开它就不能存在和不论环境如何不利都能创造出奇迹的精力。"③

通过简单梳理我们应该知道,在托克维尔那里,"公民社会"和民主是同义词,即公民社会就是民主社会,而民主社会通过充满活力的公民社会而表现出来。这就是后来的新托克维尔主义者的知识和思想源泉。但是,当新托克维尔主义者大力建构公民社会与民主的正向关系时,他们似乎刻意忘却了托克维尔所说的民主社会(公民社会)的社会基础即公民社会的性质问题。

这是一个本体论性质的问题,有必要给予讨论。众所周知,托克维

---

① 托克维尔著,董果良译,《论美国的民主》,北京:商务印书馆,1988年,第271页。

② 托克维尔著,董果良译,《论美国的民主》,北京:商务印书馆,1988年,第276页。

③ 托克维尔著,董果良译,《论美国的民主》,北京:商务印书馆,1988年,第280页。

尔那里的美国民主的社会基础就是自然环境、法制和民情,其中,托克维尔认为法制大于自然环境,而民情大于法制。他说:"民情是使美国得以维护民主制度的重大原因之一……法制比自然环境有助于美国维护美国的民主共和制度,而民情比法制的贡献更大。"①托克维尔所指的民情,不仅是指通常所说的心理习惯方面的东西,而且还包括人们拥有的各种见解和社会上流行的不同观点,以及人们的生活习惯所遵循的全部思想。因此,民情事实上就是国民性,是一个民族的整个道德和道德面貌。② 民情包括宗教信仰、教育、习惯和实践经验。美国实行宗教信仰自由,政教分离,宗教"只依靠自己的力量发生影响,但这个力量任何人也剥夺不了。它的活动领域虽然只有一个,但它在这个领域里可以通行无阻,并能毫不费力地控制这个领域"③。

在我看来,美国的"民情"就是一帮逃避宗教迫害而有追求自由和法治精神的人们在新大陆上结成的契约型社会,具体来说就是自由、自治、法治等要素的凝结,尽管托克维尔把"法制"和"民情"并列。也就是说,美国的"民情"来自其母国英国,这是毋庸置疑的历史的连续性。英国"民情"中有两个重要因素不得不提:地方自治和法治。首先是地方自治,治安推事制度直接反应了源于英格兰小镇的直接民主或地方自治传统。从很早开始,英国的地方事务(包括城市和乡村)就完全是自治状态,即使在"光荣革命"以后的100年依然如此。到了18世纪,正当欧洲大陆的大多数国家的权力日益加强时,国家的作用也主要表现在对外贸易上,地方事务完全由不领报酬的地方乡绅即治安推事管理。治安推事的权力相当大,事权包括年赋、军队、贸易、济贫、食品供应、物价、工资和其他事务。由于存在这样的古老的政治传统和政治安排,宪法只是一个模糊的概念,但是英国人一致认为宪法的主旨是个人自由和基本权利,这种主旨既被认为是英国民族所特有的,也是英国人用智

---

① 托克维尔著,董果良译,《论美国的民主》,北京:商务印书馆,1988年,第332—334页

② 托克维尔著,董果良译,《论美国的民主》,北京:商务印书馆,1988年,第332页

③ 托克维尔著,董果良译,《论美国的民主》,北京:商务印书馆,1988年,第346页

慧和牺牲换来的。

其次是法治。就在法国太阳王路易十三宣称"朕即国家"的时候，而在英格兰流行的却是"神法"观念，即从国王到封臣都自认为是上帝的子民，不能胡作非为，而1215年的《大宪章》确定了"王在法下"。它宣布国王不可擅自征税，除非得到"全国人民的一致同意"；国民有被协商权、人身自由权和监督国王与反抗政府暴政的权利。《大宪章》标志着法律至上、王在法下的宪政原则的正式确立，同时为数十年后议会的产生奠定了坚实的基础，也为数百年后新兴资产阶级争取议会主权的斗争提供了法理基础。

美国的"民情"：法治下的地方自治。美国是一个从地方自治成长起来的国家，不同于很多其他国家的自上而下的建国历程，美国是民众通过投票先建立基层政府、州政府，然后再建立联邦政府的过程。英国人刚一登上新大陆，就在马萨诸塞州以及其他的最初12各州签定了社会契约论式的镇一级的法律和州宪法，①并在州宪法的基础上形成了后来的美国宪法。事实上，作为美国国家出生证的《独立宣言》没有一处提到国家，所有提法都是关于各州的权利。《独立宣言》的正式文本的标题是《美利坚合众十三州共同宣言》，宣言的结尾部分宣告"自由独立的州"独立，并确认这些州"作为自由、独立的州，它们完全有权宣战、缔结和约、结盟、通商和采取独立国家有权采取的一切其他行动。"因此独立战争带来的不是1个国家，而是13个。独立战争以后，真正意义上的关于政体的宪法是1780年的马萨诸塞州宪法，该宪法是由该州全体人民在市镇会议中逐条表决通过的。马萨诸塞州宪法为1787年制宪会议提供了样板，但是制宪会议在一致通过的新政体的名称时，却保留了"合众国"而摈弃了"全国"，"全国"一词随即从文件其余部分中删去。实际上，宪法确定的政体的性质部分是全国的，部分是联邦的（即拉丁文中的"条约"）。②美国的制宪历程和宪法所确定的政体，充分地

---

① 转引自施米特，谢利，巴迪斯著，梅然译：《美国政府与政治》，北京：北京大学出版社，2005年，第24—25页。

② 布尔斯廷著，中国对外翻译出版公司译：《美国人：建国历程》，香港：美国驻华大使馆新闻文化处，1987年，第511页。

说明了美国建国的自治与自发传统。

另外,以法治为精神的自治还体现在美国开发过程中。在向西部开发的过程中,没有政府,没有法庭,如何维持秩序就成为首要问题,这时,法治则起着重要作用,移民们在多数决原则的基础上实行"自警制",自己管理自己,依靠多数决而维持秩序。自警制的出现"不是为了超越法庭,而是为了提供法庭;不是因为政府机构太复杂,而是因为根本就不存在政府机构;不是为了平衡已有的各种机构,而是为了填补一个空白"①。所以在这里要花篇幅讨论美国的"民情",因为托克维尔所说的"民情"具有本体论意义。作为新托克维尔主义者的普特南,在"民情"研究的基础上提出了"公民性强的社会"和"公民性弱的社会",即已经不再是笼统地谈论公民社会与民主的关系,而是区别因"民情"不同而导致的不同性质的公民社会与民主治理的关系。

秉承托克维尔的"民情"传统,普特南详细考察了自 900 年前意大利南北出现的两种截然不同的政治制度:在 11 世纪的意大利南部,中央政府的解体过程相对短暂,一个强大的诺曼王国在拜占庭和阿拉伯人的基础上逐渐形成了,在政治和社会制度上形成了专制国家;而在北部,复兴帝国权力的企图都失败了,地方独立自治原则几乎大获全胜,自由得到充分发展,形成了自治城镇,北部因而被称为"公共的意大利。北部的自治城市起源于由众多邻里街坊组成的自发组织,它们为了共同安全和经济合作而相互提供帮助,因而城市共和国的权威结构在本质上要比同时代欧洲其他地方的政权更为自由和平等。在中世纪意大利北部的城市共和国,各种有关公民社会参与的规范和网络,使得政府行为和经济生活出现重大改进成为可能,在这种独一无二的社会环境中,政治和经济的根本制度出现了革命性变革。这些政治和经济上的发展,以其横向的合作和公民的相互团结,反过来又促进了公民共同体的成长:合作、互助、信任、公民承担义务,这些都是北方的显著特点。即使到了 17 世纪以后,因西班牙和法国在 15—16 世纪对意大利的战争而破坏了中北部的城市共和国,从南到北出现了庇护—附庸的关系

---

① 布尔斯廷著,中国对外翻译出版公司译:《美国人:建国历程》,香港:美国驻华大使馆新闻文化处,1987 年,第 95 页。

网络,但是北方依然不那么专制,依然承担着公共责任,而南方则更加封建化和专制化,更具剥削性因而也更少"公共精神"。随着19世纪欧洲民主革命的到来,1860年意大利独立后,各种互助会在意大利迅速发展起来,从1860年到1890年这30年里,是意大利互助会发展的"黄金时代"。到了世纪之交,意大利出现了集中大众政治力量,其中社会主义运动规模最大,出现了社会主义政党和天主教政党,形成了意大利的红(社会主义政党)－白(天主教政党)政治格局,它们都继承了社会运动的传统,利用底层的组织结构,借助于互助会、合作社和工会的力量,把意大利基层政治中流行的庇护－附庸网络嵌入大众政党之中。意大利中北部的城市共和国的公共精神依然存续,而南部则是"非道德的家族主义"——黑手党当道。庇护－附庸制是黑手党的基础,国家行政和法律制度薄弱是其产生的诱因,反过来,有组织犯罪进一步削弱了行政和法律的权威。历史很有说服力:一千年的历史发展史说明,具有公共精神的地区,同样也是繁荣富裕和工业发达的地区;南北之间的公共精神差异比经济差异更为持久。20世纪末公民社会活动积极的地区,几乎都是那些在19世纪拥有众多合作社、文化团体和互助会的地区,在那里,邻里组织、宗教组织和同业工会共同促进了城市共和国的兴旺和发展。①

公民共同体的历史如此不同,由此而来的是不同公民共同体的社会资本也就大不一样。社会资本是指社会组织的特征,诸如信任、规范以及网络,它们能够通过促进合作行为来提高社会的效率。在普特南看来,其中信任最重要。信任破解了神话中的休谟的农夫互不信任的"农夫困境"、奥尔森的"集体行动的逻辑"以及博弈论中的"囚徒困境"。而在现代复杂的社会里,社会信任能够从两个相互联系的方面产生:互惠规范和公民参与网络。互惠是一种具有高度生产性的社会资本,有效的普遍互惠规范,又与密集的社会交往网络相联。意大利北部的公民传统保存了各种合作形式的全部历史功能,这种传统今天仍然可以用来解决新的集体行动问题;而南部的庇护制和由此带来的附庸关系

---

① 普特南著,王列、赖海榕译:《使民主运转起来:现代意大利的公民传统》,南昌:江西人民出版社,2001年,第140—189页。

和依附性,更有可能出现投机行为。结论是:托克维尔是对的,当存在一个强健的的公民社会时,民主政治就会得到加强,而不是削弱。①

历史所造就的不同的社会资本,最终形成了今天意大利的"一国两制",即北部"公民性强的社会"和南部"公民性弱的社会"。普特南衡量公民性强弱的四项指标是:公民参与、政治平等、团结-信任-规范、合作的社会结构即社团,它们共同构成了具有公民美德、公共精神的"公民共同体"。②"公民性强的地区的集体生活比较轻松,因为人们可以期望别人遵守规则,知道别人会这样做,你也就同样会去满足别人对自己的期望。在公民性弱的地区,几乎每一个人都认为别人会破坏规则。"③这就是普特南描绘的意大利"一国两制"的图景。

显然,作为托克维尔的信徒,普特南并没有简单地停留在托克维尔那里,而是把一个国家不同地区的"民情"进一步沿着历史脉络展开,结果一个国家出现了两种完全不同类型的"公民社会"。即使在一个国家内部的不同地区,"民情"不一样,不同"民情"下的"公民"的思维方式和行为方式也就不一样,这样,由"公民"为主体的"公民社会"就很可能南辕北辙。美国的"公民社会"有利于民主甚至就是民主社会本身(即亨廷顿所说的美国未经历革命就已经有了一个现代社会),而另一个国家甚至一个国家不同地区的"公民社会"则可能导致专制政权或者导致民主政治的无效治理。正是由于"民情"这个本体论意义上的因素,决定了同一个名称下的"公民社会"具有完全不同的存在性意义和行为方式,而本体论性质的"民情"既不可移植又不可复制。

普特南的社会资本概念使得一度衰落的政治文化(公民文化)研究再度复兴,全世界的政治学和社会学学者都开始关注社会资本与民主的关系,中国学者更难例外。但是,国内学术界应该知道的是,普特南并没有笼统地推崇公民社会与民主政治和民主治理的正向关系,而是

---

① 普特南著,王列,赖海榕译:《使民主运转起来:现代意大利的公民传统》,南昌:江西人民出版社,2001年,第189-217页。
② 普特南著,王列,赖海榕译:《使民主运转起来:现代意大利的公民传统》,南昌:江西人民出版社,2001年,第99-104页。
③ 普特南著,王列,赖海榕译:《使民主运转起来:现代意大利的公民传统》,南昌:江西人民出版社,2001年,第128页。

在历史制度主义的线条上指出了不同类型的公民社会与民主政治的不同关系,甚至是逆向关系。匪夷所思的是,国内学者几乎完全不顾托克维尔—普特南的"民情说",盲目宣扬公民社会与民主政治的正向关系。

拓展了托克维尔主义的普特南似乎又很无情,因为他把好的公民社会和坏的公民社会都归结于历史。"社会环境和历史深刻地影响着制度的有效性。一个地区的历史土壤肥沃,那里的人们从传统中汲取的营养就多;而如果历史的养分贫瘠,新制度就会受挫。用公民人道主义的话说,有效的、负责任的制度取决于共和的美德和实践。"①

这样,不但意大利南部继续受困于其贫瘠的历史,发展中国家和转型国家似乎更加无望。"在那些缺乏公民参与规范和网络的地方,集体合作的前景十分暗淡。对今天的第三世界和明日的欧亚前苏联共产主义国家——它们都在向着自治方向踉跄前进,意大利南方的命运是一种客观经验。'永远欺骗'式社会均衡,可能就是世界大部分缺乏或没有社会资本的地区之未来命运……没有公民参与规范和网络,在意大利南方,出现霍布斯式结局(非道德的家族主义、庇护制、无法无天、效率低下的政府以及经济停滞)之可能性,似乎比取得民主和经济发展的成功要更大得多。巴拉莫(意大利南部城市)代表着明日的莫斯科。"②

虽然普特南贡献巨大且其悲观预言发人深思,但普特南研究中的问题也很严重。我们认为,普特南不但存在我们将在本文后面要提及的"故意隐瞒历史"的嫌疑,而且在方法论上也不无瑕疵。作为比较方法的一种重要方法即"反事实法"告诉我们,在中国不存在西方式的民主和公民社会的情况下,中国东部一个城市和西部一个城市之间政府绩效差异、地区经济发展水平差异难道是因为历史留存下来的"社会资本"造成的?西部的"社会资本"难道比东部少?其实,更直接的原因就是固有的经济水平、受教育水平、人们的观念、政策开放程度等因素与"公民社会"和"社会资本"联系不起来。进而,如果其与"社会资本"没

---

① 普特南著,王列,赖海榕译:《使民主运转起来:现代意大利的公民传统》,南昌:江西人民出版社,2001年,第214页。
② 普特南著,王列,赖海榕译:《使民主运转起来:现代意大利的公民传统》,南昌:江西人民出版社,2001年,第215—216页。

有关系,那么是否能够抛开公民社会和社会资本而另搞一套?毕竟,没有社会参与传统和公共精神的社会即使出现了公民社会,也不过是霍布斯式的结局。这样,托克维尔主义者的心灵必然被重创,托克维尔—普特南的正确性乃至正当性必然会受到拷问。

在理论脉络上,不但政治科学奉托克维尔主义为圭臬,政治哲学也深信不疑,最典型的莫过于汉娜·阿伦特。根据阿伦特的想法,为了避免军官艾希曼那样的悲剧即没有判断力地盲从希特勒和法西斯主义而迫害犹太人,公民应该积极投身于公共活动,去"交往"和"行动",形成自己的"判断力"。但是怎么解释希特勒的法西斯主义也正是产生于公民社会更为发达的德国?德国社会主义运动史告诉我们:当俾斯麦在1872年出台了禁止社会民主党活动的法律后,社会民主党就利用当时已经非常活跃的社团活动,渗透到各种社团之中而保护并壮大自己,最终使社会民主党成为德国政坛的一大政党。怎么解释这种公民社会沃土所产生的"艾希曼"?①

在西方学术界,Heri Berman 的《公民社会与魏玛共和国的崩盘》,犹如当年亨廷顿的《变革社会的政治秩序》对当时深信不疑的"发展带来民主"思想当头棒喝一样,Heri Berman 的研究成果告诉人们,是德国活跃的社团组织和社团活动直接把希特勒送上台。这无疑给了迷信公民社会的人们一副清醒剂。②

Heri Berman 的结论是:德国的案例应当使我们对新托克维尔主义的许多方面保有怀疑,特别是,德国政治发展的故事反证了流行的丰富的社群生活与稳定的民主之间的直接且积极的关系。在德国的语境下,社团主义没能导致稳定的民主政治。新托克维尔主义学者强调的许多社团主义的理想,包括为个人提供政治和社会技巧、创造公民间联系、便利动员、降低集体行动阻碍等,都受到一定的的挑战。社团主义

---

① 阿伦特用艾希曼作为例子没有意义,因为他是军人,军人的责任就是服从。如果阿伦特分析同情法西斯主义的海德格尔,分析法西斯主义化的学者施密特,其反思才真正具有意义。

② Heri Berman,"Civil Society and the Collapse of the The Weima Republic", World Politics 49 (April 1997), 401—29

既能促进民主发展,也能转化为反民主的结果。因此,也许社团主义应当被看作是一个中立的政治变量,本质上既不好也不坏,其积极或消极作用要视政治环境而定。

Heri Berman 警告说,如果人们想知道市民社会活动何时会呈现相反甚至反民主的趋势,我们需要将分析根植于对政治现实的深刻理解之中。如果一个国家的政治制度和结构能够传递和纠正不平等,现存政权享有公众支持和合法性,那么社团主义很可能会通过有利于现状的资源安排和利益配置来支持政治稳定。这是托克维尔所描述的模式。相反,如果政治制度和结构脆弱,或者现存政权被认为无效率和不具有合法性,那么市民社会活动就可能成为国家权力的一个代替性选项,逐渐地榨取公民活力、满足其团体的自私需求。在这样的情况下,社团主义很可能会通过加深分裂、助长不满情绪和为反对运动提供丰富土壤等方式破坏政治稳定。这样,繁荣的市民社会活动就预示了政府和政党的失败,对政权的未来并非吉兆。

在我们看来,Heri Berman 的结论具有很大的局限性。政治环境对于公民社会与民主政治的关系固然很重要,但是,公民社会对于民主政治而言决不是简单的"因变量",而是因"民情"而具有"自变量"的重要因素。德国案例是重要的,因为魏玛共和国是人类历史上一次史无前例的政体转型实验,其失败和希特勒极权政权的产生这样具有人类历史分水岭性质的案例自然值得深入研究。但更为重要的是,这个案例并不是极端的个案,正像选举民主选出希特勒一样并不罕见,后来的民主历史已经告诉我们,选举民主能一次又一次地选出西方人眼中的"独裁者"。所以说德国案例并非个案,其原因就在于公民社会不但与政体类型(民主政治或极权政治)呈现复杂的关系——或正向关系或反向关系,而且,公民社会与国家治理的关系更为复杂,一个组织化但同时也碎片化的公民社会,会直接妨碍国家治理,甚至是无效治理和无效民主。其根本原因就在于,此"公民社会"非彼"公民社会",而美国"民情"下的公民社会又是不可移植的。

不仅德国发达的公民社会催生了法西斯政权,意大利的墨索里尼法西斯政权同样诞生于意大利北部"公民性强的社会"。因为普特南过于强调意大利北部民主善治的历史渊源,以至于刻意"隐瞒历史"。

1919—1921年产生的墨索里尼法西斯主义,正是诞生于具有公民精神传统的意大利北部。对于这个重大历史事实,普特南只是一笔轻轻带过:"在1860—1920年这60年里,社团和政治动员的所有现代表现形式,即,互助会、合作社和群众性政党,都是互相紧密相连的"。① 在这里,"群众性政党"淹没了法西斯主义。事实上,和德国一样,法西斯政权的诞生同样离不开意大利北部发达的公民社会。正如著名的欧洲政治研究者Sidney Tarrow所质问的:如果说北部的公民共同体有助于今天的民主治理,那么,在历史上具有同样的公民共同体的北部,能否说在墨索里尼统治下的北部比其他地区更民主? Tarrow还进一步指出,就在普特南歌颂意大利北部的1990年代,意大利政治中的几个重大事件,如分离主义者上层的腐败丑闻、黑手党大规模的危害,都发生在意大利北部,普特南笔下的公民社会活动都直接或间接地由意大利政党而组织。在Tarrow看来,公民社会可能不是普特南所声称的自变量,而是一个因变量。②

如果说发达的"公民性强的社会"曾导致民主政治的对立面即德国—意大利的法西斯政权,那么"公民性弱的社会"则直接导致民主的无效治理。在这一点上,印度似乎是意大利南部的升级版和放大版。

根据普特南以及很多学者的观察,在意大利南部"公民性程度低的地区,政治生活以权威和依附的垂直关系为主要特征,这体现在庇护—附庸网络上。"③而在这种庇护—依附的网络中,政治参与比如投票,往往会有支持特定派系的"特别支持票",这是用来检验个人化的、宗派化的、庇护—附庸政治的一个重要指标,因而也是检验公民共同体强弱的一个指标。从1953年到1979年的6次选举中,南部选民的特别支持票指数一直很高。因此,积极参与虽然是衡量"公民"的一个重要指标,

---

① 普特南著,王列,赖海榕译:《使民主运转起来:现代意大利的公民传统》,南昌:江西人民出版社,2001年,第172页。
② Sidney Tarrow, "Making Social Science Work across Space and Time: A Critical Reflection on Robert Putnam's Making Democracy Work," *American Political Science Review* 90 (June 1996).
③ 普特南著,王列,赖海榕译:《使民主运转起来:现代意大利的公民传统》,南昌:江西人民出版社,2001年,第116页。

但是，很多人的投票行为并非出自"公民"的心理。"在半岛的许多地方庇护－附庸的网络盛行，这些地方普通选举时的投票是直接以即时的个人庇护利益作为交换的，不能作为'公民'参与的尺度。"①但是，如果意大利南部的选民不是"公民"，他们又算什么呢？只能说他们是公共精神弱的公民。而根据"历史很重要"定律，"民情"的改变是很难的，即很难将公民性弱的社会改变成公民性强的社会，而公民性弱的"民情"是今天发展中国家的一般情形。和意大利南部一样，在被西方人称为代议制民主典范的印度，公民更是因为族群政党的庇护制而积极参加选举，大部分选票都可以算作"特别支持票"。这就是普特南的预言：今天意大利南部的公民性弱的社会就是明天很多发展中国家公民社会的景象。

三、公民社会与"印度式民主"的无效治理

我们曾这样界定"印度式民主"：有结社－表达自由而无决策－执行权威，其结果是无效的治理。②因此，"印度式民主"应该和"无效的民主"画等号。那么，印度的"无效的民主"是怎么形成的？有可能变成"有效的民主"吗？

印度的无效治理根源于其"印度特色的公民社会"。西方式的社会中间组织在印度并不发达，而印度特色的公民社会即建立在族群之上的政党组织非常发达，族群性政党组织是构成印度公民社会的基本单元。这就是印度的"民情"。这也就意味着，印度的公民社会必然呈现分裂的碎片化特征。

印度的"民情"本来就具有碎片性特征。根据温克（A. Wink）、鲁道夫夫妇（Rudolphs）和其他学者的研究，发现在印度形成了这样一种主权的概念和实践，它强调不同群体、不同社会部门有多样的权利，它不是一个一体化的存在（现实的或理想的），几乎是一个关于国家的本体

---

① 普特南著，王列，赖海榕译：《使民主运转起来：现代意大利的公民传统》，南昌：江西人民出版社，2001年，第107－109页

② 杨光斌：《民主观：二元对立或近似值》，《河南大学学报》，2012年第5期。

论概念。在艾森斯塔德看来,这种相对灵活和开放的社会体系和政治组织的"主权"特征,对于理解印度的各个领域的构造、政治参与和"历史"有很大帮助。在印度,主要社会部门和社会网络均有相对的自主性,种姓、村庄、行会和职业团体(如商人组织)等都有自己自主的复杂的网络,这些不同的"公民社会"的部门具有高度自主权,而且它们往往被嵌入特定社会秩序的光谱中而难以被改变。①

这种社会部门一直享有高度自主权的"民情",在现代政党政治中就自然形成了碎片化的族群政党。统计印度到底有多少政党是一个数学难题,至少有2000个以上。在2009年印度全国大选中,参加选举的政党数有1000多个,创历史最高记录,其中全国性政党有6个,邦一级的有42个,其他则均为地方性族群政党。在参加选举的1000多个政党中,绝大多数政党的执政纲领都具有族群利益,是典型的族群型政党。因为政党的族群性和小范围的地方性,影响力往往只限于范围有限的地区。但是,高度分化和高度自治的印度式公民社会则意味着地方政府权力较大,族群性政党的影响也就不小。为此,即使全国性政党也不得不建立地方分支机构以采用族群策略吸引选民。即便如此,在印度的很多地区,族群性政党的影响力在很多地区也要大于全国性政党,这一点在近来立法议会的席位分配上被明显地反映出来。②

族群政党与选民之间是典型的恩主庇护关系。庇护主义是一种将国家与社会联系起来的政治关系,其核心含义是统治集团或精英通过为特定社会阶层提供一定利益的办法来换取他们的支持。③ 在印度历史上,人按照种姓制度被嵌入社会秩序并从事自己特定的工作,不同种姓按照等级形成垂直的保护人与被保护人的互惠关系。这样,在印度大部分农村地区,恩主庇护关系非常普遍,存在着提供保护和恩惠的强势人物,以及以提供忠诚和个人服务为回报的追随者之间所建立的庇

---

① 艾森斯塔德著,刘圣中译:《大革命与现代文明》,上海:上海人民出版社,2012年,第63—64页。

② Narendra Subramanian, *Ethnicity and Populist Mobilization: Political Parties, Citizens and Democracy in South India*, Oxford University Press, 1999.

③ 戴维·瓦尔德纳著,刘娟凤,包刚升译:《国家构建与后发展》,长春:吉林出版集团,2011年。

护网络。①

因此,印度的公民社会事实上是由庇护关系之下的自主性族群政党所构成的,谁也不能否认这种社会关系的公民社会属性,只不过这是具有印度特色的公民社会而已,正如法国的公民社会不同于英国和美国的公民社会一样。那么,印度的公民社会具有什么样的民主效果呢?现我们将归纳出以下三个方面:

首先,选举民主中的高投票率。因为是庇护性关系,而且是地区范围有限的多族群政党,族群政党的政治动员就特别有力量,底层选民的投票率就特别高,高于印度中上层阶级的投票率。在印度,每当选举之日,即便天气恶劣,投票点依然排起长队,在有些地区,选民甚至在选举日当天停止工作,放弃收入,换上新衣前去投票。在印度广为流传的Amir Ali 提前结束探亲,乘坐火车、大巴、渡船,经过36个小时的旅程只为在投票站关门前送出自己选票的例子,在印度人看来既不夸张,也无特别之处。②

最早对这一现象进行详细阐述的是 Yadav,他在对印度1971年与1996年选举结果的对比研究中得出,底层选民的投票率并不低于上层阶级(参见表1)。③ 对1996年以后4届选举数据的详细研究进一步印证了这一发现。此外,表2、表3证明,农村地区,社会身份低下的选民的投票率与其他群体相比也好不逊色。这些数据说明,印度的底层民众有着相当高的投票参与积极性。这使得印度投票模式与其他采取普选民主制的国家相比有很大不同,其底层民众的投票率远远高于美国。

表1 社会阶层与投票率(%)

阶层	上层	中产	底层
投票率	57.6	56.5	58.6

资料来源:NES 2009 印度选举相关数据

---

① 转引自王红生:《印度的民主》,北京:社会科学文献出版社,2011年,第25页。
② Mukulika Banerjei, "Sacred Elections", *Economic and Political Weekly*, April 28, 2007
③ Yadav Yogendra, India's third Electoral System－1989－1999, *Economic and Political Weekly*, 1999.

表 2　居民投票率（百分比）

地区	1999	2004
农村	60.7	58.8
半城镇	61.5	59.1
城镇	53.0	53.7

资料来源：CSDS Data Unit.

表 3　各阶层投票率（%）

	1996	1998	1999	2004	平均
全体	58	62	60	58	60
贱民	62	67	63	60	63
原著居民	56	62	52	61	58
其他落后阶层	60	61	59	58	59
上层	54	62	62	56	58
穆斯林	56	65	67	46	59

资料来源：CSDS Data Unit.

那么，印度的高投票率是怎么来的或怎么维持下去的？显然，各种形式的"金钱政治"必不可少。这其实就是腐败。

其次，买卖选票的腐败。印度的腐败是有名的，印度政坛长期存在"小官贪小钱，大官贪大钱"的腐败之风。美国一份报告称，印度平均每年流失193亿美元的非法资金（黑钱）。反腐斗士拉姆德夫称，现存在海外的账户、原属印度"国家资产"的"黑钱"总额高达400万亿卢比，而这些黑钱往往与大人物有关，印度内阁成员中有1/4都曾经或正在遭受腐败指控。[①]

印度特色的现代公民社会助长了腐败。在印度，传统的庇护主义仅发生在部落族群和乡村社会中，庇护关系是存在于微观社区中的一种社会交换机制，如地主阶层与农民所形成的保护与被保护关系，这种庇护关系体现的是一种工具性的互惠关系，涉及的是庇护双方各自拥有资源的交换，几乎不涉及公共权力，因而传统庇护主义与腐败的联系并严重。然而，现代庇护性民主将庇护制与选举结合，官员利用间接控

---

① 《腐败成国难　全印度陷入"革命"激情中》，http://news.ifeng.com/world/news/detail，2011年8月20日。

制的他方(通常是公共部门)的资源或权威来施以恩惠,换取选票,不仅庇护网络的范围更广,同时这种借助公共资源来构建庇护关系,并利用公共权力为私人或特殊团体服务的做法,是典型的腐败行为。①

例如,德拉维达进步联盟党(DMK)是泰米尔纳德邦目前的执政党,据报道,在2011年4月举行的泰米尔纳德邦立法院选举前期的竞选活动中,该党领袖、86岁的前剧作家、泰米尔纳德邦现任首席部长卡鲁纳尼迪(M. Karunanidhi)承诺,向贫穷家庭提供搅拌机或研磨机,向工程专业的学生发放笔记本电脑,向渔民赠送保险,还承诺不定向地派发洗衣机和冰箱。而邦内主要反对党ADMK,即由前影星贾雅拉莉妲(J. Jayalalithaa)领导的全印安纳德拉维达进步联盟,为赢回权力而进一步升级了赠品规模,给所有女性每人一台搅拌机、一台研磨机和一台电风扇;向每个贫困家庭提供四头羊;向每个贫穷的新娘赠送四克黄金(用于打造婚礼上新娘戴的金项链);给6000个村庄发放60000头牛,并给所有村民开通免费的有线电视。除两大党外,还有一位独立参选人则承诺,如果当选,他将向每位选民发放一辆塔塔Nano(Tata Nano)汽车(单价约为2,200美元)。②

根据印度有关法律,一名候选人用在参加议会选举上的竞选费用不得超过250万卢比(约合5万美元),邦立法议会选举经费则限制在2万美元之内,然而,在一般情况下,候选人的实际开支都在法定限额的十倍到数百倍之间。据统计,在2009年,分五阶段举行的十五届大选投入费用达20多亿美元,这还不包括29个邦议会和其他基层组织选举的花费。而这仅仅是为维持选举流程的花费,若将各政党用以收买选票的花费计算在内,则总数高达上百亿美元。相较于美国2008年选

---

① Paul D. Kenny, *The Institutional Origins of Patronage and Corruption in Modern India*, Yale University Press, 2011. 通常认为,腐败与庇护始于英迪拉·甘地任总理时期,甘地夫人打破了国大党原有的政治制度,使得错误的执政理念遍布印度各政府分支机构。她在上世纪70年代,以经济利益和安排官位等手段拉拢了一批唯命是从、阿谀奉迎的政客,利用他们达到分裂反对党的目的。腐败风气致使一些较廉洁的官员遭同行排挤,并导致近年来腐败程度高于独立以来的任何时期。

② 《印度:投我一票赠冰箱、电脑或金项链》,《华尔街日报》,2011年4月25日,http://cn.wsj.com/gb,2011年4月25日.

举花费的 50 亿美元,"金钱政治"的称谓无疑更适用于印度。

因印度政党竞选费用庞大,常常会出现官商勾结的"黑金政治"。而印度的司法体系不透明、没有足够合格的法律从业人员等问题,使反腐败法律成为一纸空文。由于政党内部就充斥着腐败,政府为自身统治而不得不向那些有背景的腐败分子"投降",反腐议案迟迟不能通过。

另一种买卖选票的形式是发放低保卡以收买选票。印度贫困人口众多,需要一定的救济,其中一种形式就是发放低保卡。在规定贫困线以及低保卡的发放问题上,部分邦的执政党与中央政策存在出入。为何相对于其他邦而言,有些邦的执政党要发放更多的低保卡,进而将更多的选民纳入国家福利政策的保障范围内?在笔者看来,安德拉邦、卡纳塔克邦、喀拉拉邦、中央邦等邦的执政党如此动作,绝非考虑到民生问题,而是试图以低保卡的发放为诱饵,以换取下次选举中选民的选票。

持有低保卡意味着可以享受国家所提供的一系列福利待遇,这对选民而言意义甚大。因此,政党及政治家将贫民身份的赋予以及低保卡的发放视为达成自身政治目标的手段。现有研究显示,在拥有判定何种群体可享受国家福利权力的情况下,政党往往会利用这一权力来换取自身利益。① 在举行竞选的邦内,政党为增加政治支持,减少获选的不确定性,纷纷致力于建立庇护网络。在大选前的竞选过程中,更多的低保卡会被大量发放到选民手中。

Anoop Sadanandan 对喀拉拉邦 78 个村庄的考察发现,2005 年大选前,作为考察对象的所有村庄中,有 28% 的村民被增加到低保卡的发放群体中,在部分村庄,贫困人口比例从 15% 上升至 47%,而当年并无灾害或物价飞涨情况发生。Anoop Sadanandan 通过对当地选举前政党竞争情况的研究得出,激烈的政党竞争是低保卡发放率大幅上升的主要

---

① Besley, Pande, and Rao; Benjamin Crost and Uma S. Kambhampati, "Political Market Characteristicsand the Provision of Educational Infrastructure in North India,"*World Development*, 38(February 2010):195 - 204; René Véron, Stuart Corbridge, Glyn Williams, and Manoj Srivastava, "The Everyday State and Political Society in Eastern India: Structuring Access to the Employment Assurance Scheme," *Journal of Development Studies*, 39(June 2003).

原因。喀拉拉邦的竞选状况十分复杂,在该邦内,印度共产党的分支左翼民主阵线(Left Democratic Front)与国大党分支民主联盟阵线(United Democratic Front)势力相当,获得选举与组建邦政府的可能性不相上下。如图 1 所示,每次选举中总有一小部分选民在两党

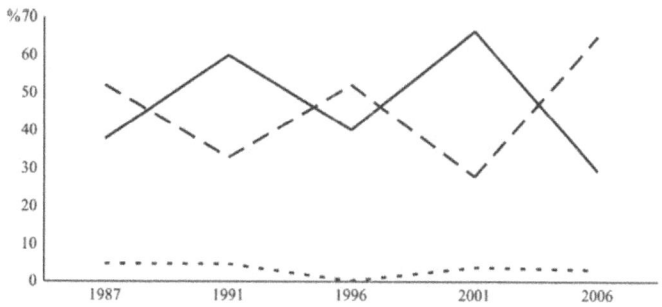

图 1　喀拉拉邦的政党竞争:1987—2006

注:——:两党获得票数差异;— — —:左翼民主阵线议席比例;____:民主联盟阵线议席比例。资料来源:转引自 Anoop Sadanandan,"Patronage and Decentralization: Politics of Poverty in India", Comparative Politics, Volume 44, Number 2, January ,(18)2012.

之间摇摆不定,并且,他们的态度决定着哪个阵营将获得选举的胜利。在 2005 年大选前,UDF 宣布将原本不在中央规定贫困人口行列的部分村民纳入贫困人口,发放低保卡并享受联邦政府提供的福利政策。① 该党给出的理由是这些家庭的收入仅略高于贫困线,很容易因突发事件降为贫困人口。该党利用低保卡而建立的庇护网络成功获得了中间选民的支持,并赢得次年选举的胜利。

将部分家庭纳入低保体系中并使他们得以享受国家的福利,是印度政党为赢得选举常用的策略。无论对于执政党或是反对党,利用低保卡或其他物质利益向选民施以恩惠,并用以交换下次选举中选民手中的选票,在印度极为常见。如图 2 所示,实物的派发或类似于低保卡发放的政策倾斜,所形成的政党及其候选人与选民以利益交换为基础的庇护制,是印度各级议会选举中选举动员的主要方式。结合表 1 中的数据,利用低保卡建立庇护网络,并用以选举动员的各邦,整体而言

---

① 数据来自作者在喀拉拉邦所做的调查,June – July 2006 and June 2007.

选民参选率要高于低保卡发放率低的邦。

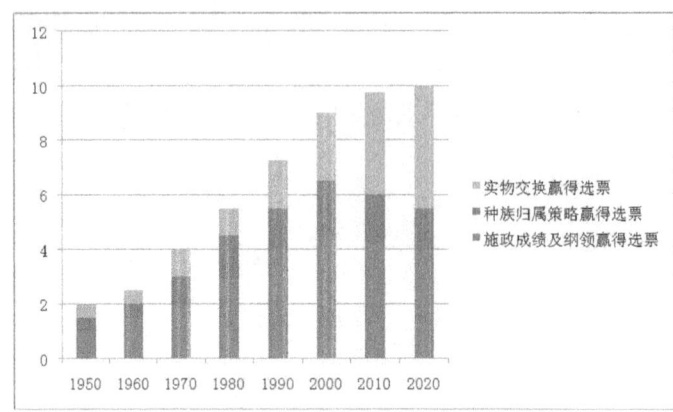

图2 竞选过程中政党争取选票所采取的策略①

通过为选民发放物质利益,政党得以换取选民的投票支持。根据Scott的界定,这种交换关系以及为各自提供的服务是基于双方各自的利益需求。在典型的庇护交换活动中,较低地位的行动者(选民)得到那些有助于自己减少和缓解来自于环境威胁的物质和服务,而较高地位的行动者(政党及候选人)获得的是相对无形的回报,例如投票这种具有政治性质的服务。作为政治动员的方式,利益派发吸引了更多的选民参与投票,同时也给予穷人暂时改善生活条件的机会。然而,物质交换难以带来长期的收益,正如许多选举观察员不无忧虑地指出的那样:美国式的"金钱政治"和"利益驱动"正在侵蚀着印度的"选举政治和民主程序"。

在庇护性民主的影响下,印度的全国性政党的广泛性组织支持常常以失败而告终,因为大多数选民的公共责任观念极其淡薄;得不到即期物质回报就不投票。这样,那些以公共政策为导向的政党很难拉到选票。和族群政党一样,它们也不得不通过行贿来收买短期的支持者和议会中的变节者,这样就形成了恶性循环。不仅如此,金钱甚至可以通过暴力或犯罪团伙敲诈赞助者,吓跑反对者并胁迫选民屈服,以此来

---

① Steven I. Wilkinson, *Explaining changing patterns of party-voter linkage in India*, Cambridge University Press, 2007, 111.

形成所谓的实力。这就是扎卡里亚(Zakaria)所称的强盗式民主。① 因此,印度的选举民主根本阻止不了腐败,族群政党的庇护性民主制度甚至助长了印度的腐败。

再次,无效治理。一般认为,分权有利于民主治理。笔者曾指出,分权本身就是一种民主形式,但分权应该有限度,否则就会出现无效治理。② 这是根据印度的分权而言的。在一个已经高度分化的甚至碎片化的公民社会里,进一步的分权不仅不利于治理,甚至使得治理无效。

在长达60多年的时间里,印度政府在减少贫困人口的人数、资源的再分配等方面成效并不明显,甚至相较于独立之初,贫富差距的问题反而更为突出。事实上,贫困治理问题是庇护性民主在印度的又一个恶果。

在庇护性民主下,印度各级选举中的参选政党往往将精力放在即时物品的提供方面,而非提出并贯彻具有长期意义的公共政策方面。在印度,各政党及候选人为拉拢选票,通常以实物发放的方式赢得选民支持,而选民的政治素质较低以及政党信用度的普遍低下,使得选民对于即时物品的获得更为认可。在这种情况下,政党为获取执政地位,多致力于同选民的物质交换,而忽视了长远的更为有益的公共政策的构建。而对于缓减贫困问题而言,实物的发放固然有其意义,但减少贫困的根本手段还在于长期的政策安排。庇护性民主使得印度的政党及选民变得短视,因而贫困人口的减缓成为印度一个久治不愈的难题。

事实上,印度中央政府从未停止关于缓解贫困的努力,但因庇护制的存在却收效甚微,甚至适得其反。自独立之初,印度的历届政府大都热衷于各项福利计划,其受益者往往是所谓的不可接触群体,包括表列种族(Scheduled Caste)、表列部落(Scheduled Tribes),以及其他落后群体(OBC:Other Backward Class),③然而,社会福利项目更多的则是激发了庇护制的出现。政府的福利项目多集中在农村地区,这就使得农

---

① 弗里德·扎卡里亚:《民主的局限性》,《新闻财刊》,2007年第1期。
② 杨光斌:《民主与中国的未来》,《战略与管理》,2012年第3—4期。
③ Paul D. Kenny, *The Institutional Origins of Patronage and Corruption in Modern India*, Yale University Press, 2011.

村地区的大部分公共资源为政府所掌控,同时由于政党竞争激烈,福利项目反而成为各政党建立庇护制的重要手段。① 相关数据显示,中央政府用以改善贫困人口生活的各项政策中,仅有不到 1/4 的资源顺利送至底层民众的手中。② 在这种情况下,在当地影响力较小的底层选民往往难以获得福利项目的支持,富农不断获得政府补贴,但更需要补贴的贫农们却很少获得。

上层组织活动尽管高效,但将政策和服务贯彻到基层的能力低下,由此,便像大脑控制不了脚趾一样,印度变成了"双截棍国家"。这其中的原因是庇护网络,而它的关键在于精英拥有资源,并且具有分配资源的自由裁量权。在庇护网络下,政党及政治家更加依赖庇护关系下的选择性施惠来保障获取政治支持,对于通过政纲动员来获取民众支持则不感兴趣。他们不是将公共开支施惠到个人身上,就是将其集中到特定利益团体上,公共资源经常被大量浪费在非生产性的转移支出上。

最近的一份研究报告指出,印度最贫困的 8 个邦中越来越多的贫困人口挣扎在最低生活线以下,人数多达 4.21 亿,超过非洲最贫穷的 26 个国家总人口数。③ 对此,印度政府采取的措施是补贴以缓解因贫困带来的饥荒。这一治理模式,不仅导致印度执政成本过高,同时亦无法从根本上缓解贫困的压力。笔者认为,造成印度贫困难题的根本原因在于治理模式的缺陷,而治理模式的背后则是庇护性民主的影响。

族群政党的庇护关系构成了印度特色的公民社会和政治动员模式,因庇护关系而产生的利益交换是选民参与投票的重要原因。然而,高投票率并不能反映印度的公民参政水平,更不意味着好的民主政治。

---

① 如上文所论述的有关各邦低保卡的发放问题,中央政府发放低保卡的目的在于改善底层民众的生活条件,但具体到各邦则成为政党在竞选过程中建立庇护网络的资本。

② Amit Ahuja, *Civic Duty, Empowerment and Patronage: Patterns of Political Participation in India*, Cambridge University Press, 2008.

③ 《印度贫困人口剧增超四亿人 食物短缺饥荒严重》, Http://news.163.com/10/0811/14/6DQJAP5C000125LI.html, 2013 年 6 月 26 日。

在印度,底层选民的投票率虽高,但其他形式的公民参与行为却相对较少。① 印度的问题并非在于缺乏民主,而在于缺乏良好治理。对于一个民主国家而言,重要的不仅仅是民主的广度,同样还有民主的深度。② 在庇护性民主下,高投票率带来的并非印度民主制度的繁荣。近年来,印度各级选举民众的参与程度不断提高,特别是贫民和弱势群体其参与程度更高,而富有者和城市中产阶级参与程度反而有所降低。③ 这种现象再次反映出印度特色的公民社会与无效治理的关系。

四、理论发现:作为连接公民社会与民主政治的中介机制的"民情"

我们急需社会自治,因而无论称为公民社会也好,社会组织也罢,作为社会自治的组织必须得到发展,对此不能有任何质疑。我们也需要民主政治,但是,有了以社会组织为基础的社会自治,就必然有好的民主政治吗?本文的研究已经给出了部分答案:公民社会与民主政治的关系如何,并不是简单的直线式的因果关系,在某种意义上,社会自治是地方性的事务,民主政治是全国性的事务;好的地方自治并不意味着好的全国政治,因为不以公共性为导向的地方性事务之间充满着问题与矛盾,甚至是血腥与暴力。除了本文所提供的案例外,新近"阿拉伯之春"也是一部鲜活的教材,基于著名的公民社会组织即穆斯林兄弟会的埃及穆尔西政权居然成为压制自由的力量。因此,公民社会与民主政治之间的关系到底如何,除了政治环境以外,最重要的还是公民社会的性质即"民情"。民情是偏公共性还是狭隘的恩主庇护性,直接决定着一个国家民主政治和国家治理的质量。这样,看上去都是具有现

---

① 赵刚印:《现代化研究中公民政治参与的比较研究——以中国和印度为例》,上海:上海人民出版社,2010年。

② Patrick Heller, Degrees of Democracy: Some Comparative lessons from India, World Politics, Vol. 52, No. 4, Jul, 2000, 487.

③ 帕萨·查特杰著,田立年译:《被治理者的政治:思索大部分世界的大众政治》,桂林:广西师范大学出版社,2007年,第89页。

代性的公民社会,但因为民情不一样,所以在现代性下还是会呈现出各自固有的政治生态。比如,都是代议制民主,事实上英国还是那个英国,印度还是那个印度,并没有因为印度建立了选举式民主就变得和英国一模一样了。不仅如此,相反,选举政治这一现代政治形式在印度的出现反而恶化了本来就存在的庇护关系,使得全国性的公共政策更加难以推行。

讲到公民社会与民主治理的关系,不得不提及中国。中国的"公民社会"将会是什么样式的或什么性质的呢?有一点是肯定的,那就是我们不要指望会出现英美式的公民社会,因为我们还没有成熟的公民社会的公民。我们只能从自己的历史中汲取某些营养和信息,因为文化和历史的传承所构成的"民情"无论如何都不能低估,至少以下历史故事和历史概念所构成的"民情"是不能忽视的。

第一,中国历朝历代的农民起义是怎么起来的?中国人常说"反贪官不反皇帝",其实,起义的农民哪里看得到什么官,看到的都是豪强,与其说是反遥远的庙堂上的贪官,不如说是反江湖中的豪强。那么,豪强是谁,难道不是今天意义的"社会分子"吗?我们认为,西方思想史的命题如"国家是必要的恶"是根本不能用来分析中国历史上的"国家"的,因为在绝大多数时间里,"国家"即统治者奉行的是"民本"思想。相比之下,倒是中国历史上的"社会"的属性值得讨论。西汉初年奉行最正宗的自由主义即"无为而治",结果便是百年之后的豪强政治。也就是说,且不说中国历史上到底是否存在西方意义上的国家——社会关系(因为中国的"家-国-天下"是一体化的概念),即使存在,至少也不能拿产生于西方近代政治社会的国家——社会关系理论来分析或对照中国。

第二,假设中国历史上存在"社会",那么这个"社会"到底是什么?在"家-国-天下"一体化社会秩序观的儒家思想那里,历史上的"社会部门"自主性是真实的吗?很多人自然会想到晚清的商会多么发达,那么其作用到底如何?对此,很多中国人大概需要看看外国人是怎么看这两个根本性问题的。就中国历史上的"社会部门"的地位而言,艾森斯塔德这样说,一般人认为中国广泛的社会部门具有自主性,但与欧洲和印度相比,中国所谓的自主性都是假像,统治阶级并没有将社会部门自主性合法化,大多数社会生活领域都受到儒家官僚制的政治控制和思想控制,即社会部门的政治价值观与国家完全一致,其自治活动的范围受到严格限制。与欧洲和印度的另一个重大不同在于,中国的任何社会部门、"地方性"公共机构都没有获得过进入国家或中央的自主权,国家完全垄断和控制了社会部门进入中央的权利,中央的政府部门只对宫廷官宦、官僚和一些儒士团体开放;家族集团、地方团体和类似的团体可以成为地方自治活动的基础,但是,除非在社会动荡和帝国灭亡时期,它们是没有任何进入中央领域的自主性机会的。也就是说,在儒家思想构建的一体化的总体性社会秩序蓝图中,不可能孕育出西方意义上的"社会"和"公民"概念,更没有出现公民参与政治的普遍原则,而这些原则则是可以用来批评政策和制度的。①

重新发现中国"社会"的学者似乎对晚清的商会和自治组织情有独钟,对此,法兰西学院院士魏丕信关于18世纪中国的荒政问题的研究值得一读。1743—1744年,直隶省和山东省部分地区发生了空前严重的饥荒,这场灾害持续时间长,范围广,受灾人口多,而且发生在京畿之地,政治危害很大。在国家官僚机器的有效运作和管理下,基本上平稳地度过了这场灾难。类似这样的荒灾还有很多,甚至比1743—1744年的灾情更严重灾害前清政府都能有效应对。但是,嘉庆朝以后,即1820年代以后,政府的官僚体系开始衰败,更不用说"太平天国"以后的晚清官僚体系了。为此,地方慈善机构和商会开始承接过去由国家负责的救灾和救济事务,结果众所周知,荒灾中的灾民变为流民,流民进而又变成"暴民"。② 一般认为,这本书根本性地改变了1990年代以前史学界的流行观点,即否定明清时期国家及其对社会经济的作用。不仅如此,在我们看来,与此相联系,这本书的第二个贡献就是质疑甚

---

① 艾森斯塔德著,刘圣中译:《大革命与现代文明》,上海:上海人民出版社,2012年,第74—75页。

② 魏丕信著,徐建青译:《十八世纪中国的管理制度与荒政》,南京:江苏人民出版社,2006年。

至颠覆了传统的否定国家作用因而鼓吹（夸大）清朝民间组织作用的观点。

第三，缺少公共性的几个历史概念。首先，历史上流行的"江湖社会"这个概念，是一个崇尚无法无天、替天行道的"社会""法治"在"江湖社会"是没有用的，没有法治，自然就与保护公民权利为宗旨的"公民社会"联系不起来。其次，"土围子社会"概念。"土围子"现象就是把自己的辖区变成封建豪强的独立王国，是"豪强"的另一种表达，它的最大特点是：对老百姓实行强权统治并无视国家法律法规。在这些"土围子"里，支配者按照自己的意愿想怎么办就怎么办。再次是"蜂窝状社会"概念，即社会群体之间彼此隔离且难以因大局意识联系起来。有了这几个概念，即使出现所谓的"公民社会"，和印度社会一样，也肯定是具有中国特色的，比如因"蜂窝状社会"和"土围子社会"而难以建立起具有真正公共关怀的公民组织。它们关心的只是自己的狭隘利益，而这样的组织越发达，其政治就越具有离心性，越会对"江湖社会"那一套规则的运用得心应手。

第四，与第三个特征相关，100年来鼓吹民主政治的中国人到底有没有或者到底有多少公共精神？陈水扁靠社会运动当上了"总统"，结果大行家族之私；被认为是好公民的马英九最终也在运用党主席的权力而违宪。由此观之，大力鼓吹民主和宪政的中国人，在自己的日常生活中是奉行封闭的排他性的"土围子"原则呢，还是开放的包容性的公共性原则？这种具体的民情，是好坏民主政治的关键。

总之，对于一个尚未出现的自治社会，人们翘首期待传说中的"公民社会"是可以理解的，因为它与民主政治的神话尽人皆知。但是，如果我们熟悉自己的历史，了解别人的历史，我们或许会对一个想象中的"公民社会"这样的美好愿景的期待更加审慎和谨慎，而不会像曾经梦想跑步进入共产主义社会那样，梦想很快拥有一个美好的"公民社会"。中国将来即使出现了"公民社会"，那么中国特色的"公民社会"究竟与民主是什么样的关系，它与国家治理又是什么样的关系，这些都需要我们抱有足够的历史忧患意识，而不是盲目的乌托邦幻想。中国的"公民社会"将是什么样式的，绝对不是几个善良的知识分子能够凭空想象的,更不是由我们一些知识分子所能建构的,决定未来的是历史,是由人民大众创造和写就的历史。

原载于《河南大学学报(社会科学版)》2014 年第 3 期;《中国人民大学复印报刊资料》政治学文摘 2014 年第 4 期论点转载;《中国人民大学复印报刊资料》政治学 2014 年第 8 期全文转载

民主观：二元对立或近似值

杨光斌①

不管你是否喜欢民主，不管你实行的是什么形式的民主，我们已经生活在全球民主化的时代，我们都绕不开"民主"这个话语。也正是因为它太流行、太有宰制地位，关于民主的争论也就最多。其中，我们习以为常的但从来不去认真思考的，就是什么样的民主观在流行？本文并不去讨论那些耳熟能详的说法，比如"人民当家做主"，无论什么样的民主理论大概都不否认民主的最原始涵义即人民的统治、多人数统治等意义上的"人民主权"原则，因为资本主义革命和社会主义革命的旗帜都是这一原则。但是，如何定义"人民的统治"历来就是一个充满争议的问题。为此，社会主义国家的官方话语把资本主义国家的民主称为"资产阶级民主"甚至"资产阶级专政"，而资本主义国家的官方话语则将社会主义国家政治称为"威权政体"甚至"独裁政治"。显然，在"人民主权"下面，存在民主观上的尖锐冲突，存在如何划分民主的问题。

在西方思想界，在民主形式上，既有历史悠久的宪政民主与多数决民主的区分，②也有共识民主与多数决民主的区分，以及审议民主与多数决民主的不同，更不用说被称为激进民主的参与式民主对多数决民

---

① 杨光斌（1963—），男，河南桐柏人，中国人民大学国际关系学院教授，博士生导师，教育部长江学者特聘教授。

② 在罗尔斯看来，宪政民主是确保某些基本的权利和自由不受日常政治（与宪法政治相对）之立法多数决即多数决民主的影响，他和大多数自由主义者一样，青睐的是宪政民主而不是多数决民主。（参见罗尔斯：《政治哲学史讲义》，北京：中国社会科学出版社，2011年，第4—5页）其实，所谓的宪政民主就是法治的另一种说法而已。

主的不满。为什么有那么多的不同于多数决民主的其他民主形式而流行的却是多数决民主？在我看来，多数决民主固然最简单，同时背后还有民主观的冲突即近似值民主观与二元对立民主观的冲突。有意思的是，中国学术界和思想界所接受的民主观似乎是以多数决民主形式为基础的二元对立民主观，而与之相区隔甚至相对立的宪政民主形式、共识民主形式、审议民主形式、参与民主形式等其背后的近似值民主观却不那么被重视。在理论上，多数决民主的问题已经被深刻讨论，所有其他形式的民主都是因为不满多数决民主而提出来的。在实践中，即使是在欧美20多个国家，多数决民主在实践中存在的问题也备受诟病，更不要说在转型国家中存在的问题了。更有讽刺意味的是，已经实行多数决民主的俄罗斯、伊朗、委内瑞拉等国却被西方国家称为"非民主"国家。看来，以竞争性选举为唯一指标的二元对立民主观面临着根本性的挑战。

为此，很有必要对大行其道的以二元对立为基础的多数决民主进行理论反思，同时找回历史悠久的近似值民主观。本文将讨论这两种对立民主观的来龙去脉以及各自的立场表述，并分析新的政治社会形态对于二元对立民主观的制度性挑战。我们非常明白，民主问题不是简单的理论命题，更多的已经是意识形态问题。在二元对立民主观已经意识形态化并因而内化为一般人的观念的条件下，理论的学术讨论与思想反思都会显得苍白无力，但这决不意味着我们没有必要、没有责任去正本清源，更不意味着我们可以不负责任地随波逐流。

一、政体类型：从近似值到二元对立

民主分为社会民主、经济民主和政治民主，政治民主主要是政体意义上的民主问题，因此民主一开始就与政体相联系。根据权力归属的人数多少，在对158个城邦国家比较研究的基础上，沿着柏拉图的传统，亚里士多德以统治者人数为标准，把政体划分为君主政体（1人统治）、贵族政体（少数人统治）和共和政体（多数人统治）。同时，在亚里士多德那里，政治是关乎城邦的最高的善，并以此为标准即是否追求善业，将上述三类政体又演绎为变态的僭主政体、寡头政体和平民政体。

但是在亚里士多德那里,158个城邦国家的政治制度研究是如此复杂,绝不是几个类型可以概括的,因此,在每一种大类下面又梳理出若干类"亚政体",而且指出同一种类型政体之间的差异甚至大于不同类型的政体。① 对此,萨拜因指出亚里士多德开创了对政治过程的研究,而且其精细程度是后来者所不能企及的。② 就连保守主义阵营的学者也认识到,亚里士多德的政体观是单一序列上的级数差异而非类的对立,而这种非实质性差异就为政体之间的转换和改革提供了可能性。③ 也就是说,政体系列上的"级数差异"其实是一个近似值问题,即名称上不同的政体在政治过程意义上可能是近似的,没有其名称所反映的差别那么大。

但是,世界进入意识形态时代,意识形态学说与亚里士多德式的政治科学绝然不同。我们知道,基督教的兴起就意味着世界的意识形态化,但是今天意义上的意识形态则是西方社会工业革命以后的事。在曼海姆看来,如果说作为意识形态的宗教是一种世界观或对一种生活方式的信奉,而生活中大量的"思想方式"(即所谓的"观念的科学")则是一种特殊的虚假观念,即为了其特殊利益而有意掩饰或扭曲社会情景真相的一套说辞。我们知道,马克思也是在这个意义上使用意识形态的。阶级虽然在古希腊就有,但工业革命把人群以财富为基础划分为结构性对立的有产者、无产者以及其他阶级。不但如此,过去只是有产者能受教育并因此而掌握着话语权和思想的特权,宗教改革提高了识字率,而科学革命和工业革命更是社会知识化的开始,"思想"慢慢地已经不再是有产者的特权,其他阶级或阶层也开始享有了思想的权利。这样,就形成了密尔所说的思想历史上的分水岭:以前都是有财产者论

---

① 亚里士多德著,吴寿彭译:《政治学》,北京:商务印书馆,2008年,第194—196页。

② 萨拜英著,邓正来译:《政治学说史》(上),上海:上海人民出版社,2008年,148页。

③ 施特劳斯,克罗波西著,李天然等译,《政治哲学史》(上),石家庄:河北人民出版社,1993年,152页。

说其权利,而现在无产者也开始系统地主张权利了。①

在密尔看来,没有财产的阶级在历史上第一次以"思想"的形式主张权利,这无疑是人类历史上的新鲜事,必须认真面对。不但如此,工业革命带来的人间悲剧,生活在有产阶级阵营内部的"反叛者"也要为公平和正义呐喊了。因此,工业革命以后的社会其实也就进入了意识形态化的时代,各个阶级都在主张有利于自己的政治体制。这样,利益的对立演变为观念的对立;为了使自己的利益和观念合理化甚至神圣化,观念的对立又演变为智慧的对立,居优势地位的一方通过文化再生产而矮化对方直至接受自己的屈从地位,而被支配者的思想代表也极力揭露问题的真相并主张自己的权利。因而,亚里士多德的政体学说就演变为"亚里士多德的战争",真正意义上的亚里士多德式的政治科学演变为意识形态战争。

亚里士多德的政体理论确立了政体理论的基本方向和基本方面,除开中世纪的神学政治,直到20世纪初,形形色色的政体理论都是围绕亚氏的政体理论而展开的。到文艺复兴及资产阶级革命以后的很长一个时期,代表性人物的政体观依然是权力归属性质的,因为资产阶级革命说到底就是为了解决谁统治的问题,而资产阶级革命以后引发的问题也并不意味着资产阶级革命真正解决了统治权问题。因此,一人统治的君主制在马基雅维利和霍布斯那里得到继承和鼓吹(我称之为"亚里士多德-A");少数人(精英)统治的贵族共和制被洛克、孟德斯鸠和美国开国之父所继承,并由西方主流思想界合理化、神圣化("亚里士多德-B");而多数人(大众)统治的民主共和制的大旗则被卢梭和马克思接过来,但在西方主流思想中却被妖魔化("亚里士多德-C")。令人深思的是,他们之间已经不再是亚里士多德式的宽容,而是把自己的主张绝对化并否定其他政体形式的合理性。有鉴于此,我称他们之间的争论为"亚里士多德的战争"。

"亚里士多德的战争"构成了传统政体论的主体。当革命导致混乱时,人们渴求利维坦式的君主,但一人统治的君主制是一种不合时宜的

---

① 参见密尔著,胡勇译:《密尔论民主与社会主义》,长春:吉林出版集团,2008年,296—298页。

政体,尽管它偶尔为一些人所向往。贵族政制与民主政制就成为争论的焦点。资产阶级革命以后确立的贵族共和制似乎真正解决了革命者的统治权问题,因而为其辩护的理论适时而出,但是,贵族共和制所引发的问题又带来对这一制度的否定性主张和实践,那就是民主共和制;而民主共和制无论是理论和实践都难以为当时甚至是后来的西方主流思想所接受,以自由主义、保守主义之名而实为捍卫贵族共和制而批判民主共和制的思想又甚嚣尘上。因此,贵族政制与民主政制一直是两种对立性的政体理论。

时代改变了理论走向和人们的思想观念。到了两极对立冷战时代,早发达国家的国内如何组织政权之争变成了晚发达国家的如何建国问题,民主建国已经成为一种普世性诉求。这是政体理论的分水岭,更是民主理论的分水岭。无论是二战后社会主义革命国家,还是新兴的民族解放运动,都把"民主共和国"当做建国目标。正如不喜欢社会主义,更不喜欢马克思主义的熊彼特所预言,二战后人类将"大步进入社会主义"。① 在这种国际大趋势下,过去一直视民主为洪水猛兽的西方主流思想不得不直面大众权利时代的民主政治问题,不得不展开与社会主义国家和新兴民族国家争夺民主话语权的斗争。最终,自由主义不得不接受民主,实现自由主义与民主的和解。萨托利说,我们投入大量精力所要研究的,就是如何把自由与民主融合在一起。② 不得不承认,西方理论家做得相当成功,将民主改造成为二元对立的民主观。而今天中国学术界和思想界流行的民主观,也基本上来自冷战时期的西方思想家建构的二元对立的民主观。

两极对立的现实世界激发并强化了二元对立的思想方式。那么,二元对立的民主观到底是什么样的?

---

① 熊彼特著,吴良健译:《资本主义、社会主义与民主》,北京:商务印书馆,2000年,第25—42页。

② 萨托利著,冯克利,阎克文译:《民主新论》,北京:东方出版社,1998年,第390页。

二、二元对立的民主观

人类将"大步进入社会主义"使西方国家面临空前的政治挑战,如何认识"人民主权"就成为问题的焦点。为此,产生了资本主义与社会主义的"民主"之争。同时,在西方阵营内部,也出现了关于"民主"的大争论,即精英民主主义与古典民主主义(精英主义者称之为"激进民主主义")之争。

民主之争也就是政体之争。到冷战高峰时期的20世纪60年代,亚里士多德和韦伯的政体理论不得不让位给意识形态理论家们,出现了形形色色的政体类型学,以至于在1967年举行的"国际政治学学会第七届世界大会"上,所有的分组会议都集中于讨论"政治体系的类型学"。关于这一时期的政体研究状况,达尔总结到:近年来,韦伯和亚里士多德的方法几乎被涌进政治分析的类型学家们撇在一边了。学者们提出,政治体系可以有效地分为专制的、共和的或极权的;分为动员的、神权的、官僚的或和解的;分为现代化的寡头政制、传统的和传统主义的寡头政制,加上监护的和政治的民主政制;分为英美式的、欧洲大陆式的、前工业化或半工业化式的,以及集权式的;分为原始的政治体系、世袭帝国、游牧或征服帝国、城邦、封建制、集权的历史上的官僚帝国和现代社会(民主的、专制的、极权的和"不发达的")。有两位学者运用因数分解这一统计方法对115个国家的68个特征进行分析,"归纳"出八类政治体系的一种类型学。[①]

虽然达尔认为不存在一种最佳的类型学,认为其中都贯彻着"二分法"(即两个类别的对立):一是传统与现代之分;二是现代政治中的民主与专制之分。"自由主义民主"就是二分法的产物。萨托利说得最直白,"民主是什么"这样的命题是指一个实体的类型,"由此而要求的逻辑处理时分类处理,即二分法处理或分离处理。我们要确定某个政体是不是民主政体。这也使得由这样的处理而产生的不同是类的不同,

---

[①] 罗伯特·A.达尔著,王沪宁译:《现代政治分析》,上海:上海译文出版社,1987年,第90—91页。

而不是程度的不同"。①

在冷战时期,西方阵营中的主流政治理论就是强调"类"的对立。与萨托利式的自由主义民主一样,施特劳斯的看法是,"在我们的时代,压倒一切的政治论战是以美国为中心的自由民主和以苏联为中心的马克思主义之间的论战……政治科学的一个主要职能,若加以正确理解的话,就在于消除这种幻想,而达到这一目的的途径就是传播对政体之间之一般冲突及马克思主义与自由政体之特殊冲突的意义的正确认识。"②

那么,二分法下的民主观到底是什么?如前所述,无论是社会主义民主还是资本主义民主,根本理论都来自人民主权,这样,似乎就分不清到底有什么区别。为此,解构"人民主权"就成为西方思想家的出发点和着力点。

要使"自由主义民主"成立,首先必须面对的是千百年来盛行的"人民主权"。熊彼特这样解构古典的民主理论即"人民主权":第一,人民是一个不确定的概念,一个不确定的存在,③而且人民的"乌合之众"心理也不利于民主政治。④第二,社会不存在共同的福利,不同的"人民"有不同的诉求,因此无法以"人民"的概念做出决定和安排。⑤ 第三,在西方国家,人民的意志都是被制造出来的,即受制于职业政治家和利益集团。⑥

---

① 萨托利著,冯克利,阎克文译:《民主新论》,北京:东方出版社,1998年,第185页。
② 施特劳斯,克罗波西著,李洪润等译:《政治哲学史》(下),北京:法律出版社,2009年,第1072页。
③ 熊彼特著,吴良健译:《资本主义、社会主义与民主》,北京:商务印书馆,2000年,第361、364页。
④ 萨托利著,冯克利,阎克文译:《民主新论》,北京:东方出版社,1998年,第28、30页。
⑤ 熊彼特著,吴良健译:《资本主义、社会主义与民主》,北京:商务印书馆,2000年,第370页。
⑥ 熊彼特著,吴良健译:《资本主义、社会主义与民主》,北京:商务印书馆,2000年,第373页。

总之,在精英主义者那里,人民是不存在的,人民的意志也是虚无的,群众心理更是靠不住的,而且社会中并不存在共同福利,那么"人民主权"还有什么意义呢? 在熊彼特看来,如果说古典民主理论有什么价值的话,那它的经验基础充其量只不过是城邦规模的共同体,它所以流行是因为与宗教信仰有关的思想的有力支持,并且是反抗统治者的旗帜。① 也就是说,资产阶级革命完成以后,"人民主权"也就失去了理论价值,不仅如此,甚至还成为批判资本主义政治的有力工具。为此,必须对其进行革命性改造。其结果就是"熊彼特式民主"或"选举式民主"代替了人民民主,即把人民当家做主当做是第二位的,第一位重要的是人民选举产生做决定的政治家。因而,民主政体事实上只变成了选举政治。② 这样,民主不再是一种价值,只不过是一种程序。选举之后,人民的使命就算完成,至于被选举出来的政治家如何决策,政府和议会如何互动,都不是民主政治的范畴。③

萨托利跟进道:"选举不是制定政策,选举只决定由谁来制定政策。选举不能解决争端,它只能决定由谁来决定解决争端。"④为此,他还干脆直言"民主政治就是政治家的统治。"⑤萨托利也援引其他人的研究成果说,民主制度一开始就是被统治的,"由于我们的民主制度都是代议制民主制度这一驳不倒的根据,也必须把它们称为被统治的民主。"⑥

在精英主义那里,民主最多是用来选举政治家,而政治过程则不适

---

① 熊彼特著,吴良健译:《资本主义、社会主义与民主》,北京:商务印书馆,2000年,第390—394页。

② 熊彼特著,吴良健译:《资本主义、社会主义与民主》,北京:商务印书馆,2000年,第398页。

③ 熊彼特著,吴良健译:《资本主义、社会主义与民主》,北京:商务印书馆,2000年,第424页。

④ 萨托利著,冯克利,阎克文译:《民主新论》,北京:东方出版社,1998年,第115页。

⑤ 熊彼特著,吴良健译:《资本主义、社会主义与民主》,北京:商务印书馆,2000年,第415页。

⑥ 萨托利著,冯克利,阎克文译:《民主新论》,北京:东方出版社,1998年,第130页。

用民主。"选举式民主"由此得名,有无竞争性选举,也成为政体分类的根本标准。

可见,在二元对立的哲学那里,民主政治就是选举式民主,竞争式选举是衡量民主政治的最重要,甚至是唯一的指标。我们不禁要问,这样的民主形式和贵族制时代的代议制有什么区别?竞争性选举在中世纪的教会代表大会中就已经采用,而中世纪俗世政治即贵族政制中代表的产生也多有选举产生。为什么那时的选举代表制称为贵族制,而熊彼特将选举定义为民主的时候美国黑人还没有选举权却称美国为民主制?这就是"语言"的力量!语言不仅是用来表达事实的、交流的工具,更是一种建构的力量,因而语言是一种权力关系。不得不说,全世界的人们都已经生活在这种权力关系之中,不得不用这种建构起来的话语和逻辑去思考。这就是为什么自以为自己是"历史的终点"的西方国家,却在政治制度上面临诸多难题从而失去创新能力,更是为什么非西方国家将"选举式民主"当做"历史的终点"而趋之若鹜,到头来却碰的头破血流的根本原因。

这恰恰说明二分法的民主观通过语言建构而达成意识控制的无所不在的影响力。今天,研究中国政治的美国学者依然被"威权主义"、极权主义等概念所套牢,不是说中国是"柔性威权主义",就是说"分权化威权主义"等等。① 比如,台湾地区政治学者吴玉山认为,当今中国一方面出现"后极权主义"的特征,如制度化、技术官僚、消费主义,与苏联东欧等共产党国家并无明显差异;另一方面,中国又出现了东亚式的"资本主义发展国家",与台湾地区、韩国的发展特性相近。一群受到政治领袖信任的优秀经济官僚来主导国家的产业政策,操控市场,决定商业竞争的赢家。由于是"后极权主义"与"发展型国家"两种看似南辕北

---

① 翻开美国的中国政治研究,基本上都称中国为"威权主义",以"威权主义"字样作为书名的著作比比皆是。比如,著名的中国问题专家黎安友称中国为"soft authoritarianism", Pierre Landry, *Decentralized Authoritarianism in China: The Communist Party's Control of Local Elites in the Post - Mao Era*, Cambridge University Press; illustrated edition edition (August 4, 2008)。

辙的体制,使得中国的整体经验与众不同。①他尽管指出了中国整体经验的差异性,但是其基本话语还是源自西方用于分析共产主义国家和东亚国家的流行概念,没有什么实际意义,更何况用"极权主义"来分析中国在西方一开始就存在争议,大多数研究中国政治的西方学者一般也不用"极权主义"来指称毛泽东时期的中国。

为什么理论与现实的距离如此之大？原因就在于二分法民主观本身存在的问题,对此我们需要理论的自觉。通过研究改革开放以来中国政策变化过程中所体现的民主政治性质。王绍光批评道:"中国政治的逻辑已经发生了根本性的变化,而西方舶来的'威权主义'分析框架则完全无力把握中国政治中这些深刻的变化。在过去几十年里,这个标签像狗皮膏药一样往往被随处乱贴。中国政治在此期间发生了翻天覆地的变化,贴在中国政治上的标签却一成不变。如此荒唐的概念与其说是学术分析工具,不如说是意识形态的诅咒。现在已经到了彻底摆脱这类梦呓的时候了。"②由于王文的任务不是概念清理,也不是方法论意义上的民主理论探讨,因此,其并不能从根本上回答流行的民主政体理论为什么不能适用于中国,从而也就不能破解意识形态诅咒。

三、二元对立民主观的制度性挑战及其替代性思考

以竞争性选举为标准的二元对立民主在理论上和政治上都陷入困境,普京、内贾德和查韦斯等都是竞争性选举产生的政治领导人,西方却说他们是"独裁者",这本身就是对二元对立民主观的否定。另外,传统的政体理论以代议制为核心,二分法民主观论证的主要是政体中的代议制民主。萨托利等意识形态家没有意识到,代议制只是政体的一

---

① 吴玉山:《观察中国:后极权资本主义发展国家——苏东与东亚模式的揉合》,见徐斯俭、吴玉山:《党国蜕变:中共政权的精英与政策》,台北:五南图书公司,2007年,第309—335页。
② 王绍光:《中国公共政策议程设置的模式》,《中国社会科学》,2006年第5期。

个组成部分,从古希腊到当代,政体的含义已经发生了重大变化,它不仅包括谁统治这样的传统命题,而且还包括中央－地方关系、国家－社会关系、政治－市场关系。这样,只论证政体一个方面的二分法民主观显然不能解决已经发生了革命性变化的社会结构问题。

1. 行政国家。早期西方国家的国家职能很简单,官僚制规模也很小。在英国,直到18世纪中叶,内阁大臣也只有区区5人,既没有负责地方事务的机关,也没有负责经济事务的机关,而今天呢?在美国,早期联邦政府仅限于制定进出口关税,林肯所说的"民治"有些真实。但是"新政"时期是美国政府职能和规模的转折点,联邦政府雇员从1920年的50万扩张到1999年的300万,增长到原来的6倍。与此相对应,美国《联邦公告》从1960年的14479页上升到1999年的71161页,多达4倍,[1]更不要说其他国家了。在中国,党政群意义上的公务员多达1291.9万人,占总人口的0.97%,[2]行政主导下的"发展型国家"其特征更明显。其他发达国家的公务员规模都在总人口的1%－2%之间。[3] 这样规模的官僚制又被称为行政国家。

选举民主怎么来面对规模如此庞大的行政国家?关于民主与官僚之间的关系,在韦伯看来,在庞大的官僚机器面前,选举制民主的意义微不足道。[4] 如果韦伯看到今天规模空前的行政国家,不知道他又该做何感想。

在熊彼特、萨托利那里,民主的范围只限于选举,而不能拓展至立法以及政治过程的决策。如果这样,选举式民主在所谓的"民主国家"中的地位微乎其微,因为主导政治的官僚制不在民主之列。其实,官僚

---

[1] U. S. Bureau of Census, *Statistical Abstract of The United States*: 2000, 120th ed (Washington, DC: Government Printing Office, 2000),转引自小威廉·T.格姆雷,斯蒂芬·J.巴拉著,俞沂暄译:《官僚机构与民主:责任与绩效》,上海:复旦大学出版社,2007年,第61页。

[2] 《中国统计年鉴》(2009),北京:中国统计出版社,2009年,第116页。

[3] 参见李利平:《中国公务员规模问题研究》,南开大学博士学位论文,2010年。

[4] 马克斯·韦伯著,林荣远译:《经济与社会》(下),北京:商务印书馆,1998年,第756、786页。

制在根本上不属于代议制政体的机构,比如发达的官僚制最早出现在古代的专制主义中国,而以官僚制起家的德意志帝国当然也不是代议制民主。因此,民主的议程不应该限于选举,而应该表现在如何影响和制约行政国家的绝对主导地位和作用,行政民主(与后面将提到的对话民主有共同之处)是更重要的一种民主形式。如果民主政体理论不能解释行政国家的话,就没有解释力;不研究"行政国家"的民主理论,要么是自娱自乐,要么就是自欺欺人。

2. 大公司主导。与行政国家相伴而生的是大公司的兴起与对政治过程的影响。美国的崛起在一定程度上得益于19世纪末兴起的托拉斯化大企业。① 绝对不能忽视大企业的政治功能。私有化大企业虽然盈利是其主要诉求,但其提供的就业机会、税收以及对产业政策的影响又具有公共性。因为这种公共性职能,实业家们不是简单的利益集团,而是以履行职责的官员身份行事。为此,政府总是与实业家保持合作的态度,最大限度地满足他们的要求并给予他们特权地位。② 在德国,一直以来存在着著名的政府、雇员和企业主三方"共决制",而议会甚至被排除在这一主要的社会政策议程之外。日本实业界与政府部门的密切关系更是众所周知,部门为企业导航,企业影响部门的决策。

在详细比较西方国家的政治经济关系后,林德布洛姆这样说:"在任何私有企业制度下,一系列主要的决策转移到实业家手里,不论是小的决定还是大的政策。他们取代了政府的议事日程。因此,对他们加以广泛的观察的话,实业家们已成为一种公共官员,并履行着公共职能。对于多头政治,这一情形的主要的逻辑结果在于,公共政策的一大片领域已经从多头政治的控制下挣脱。在现实世界所有多头政治中,某种实质性的决策范畴已不再受多头政治的控制。"③所谓多头政治就是选举政治和利益集团政治。

---

① 参见钱德勒著,董武译:《看得见的手:美国企业的管理革命》,北京:商务印书馆,2004年。
② 林德布洛姆著,王逸舟译:《政治与市场:世界的政治—经济制度》,上海:上海人民出版社,1991年,第253页。
③ 林德布洛姆著,王逸舟译:《政治与市场:世界的政治—经济制度》,上海:上海人民出版社,1991年,第281页。

林德布洛姆认为,没有必要否认也没有根据批评马克思主义关于公司和经济精英对公共政策有重要影响的判断。与一般利益集团相比,实业家享有三重优势:雄厚的资金来源,完备的组织结构和接触政府的特殊通道,其影响与其拥有的选民数量极不对称。① 具体而言,大公司能确定"宏大议题",通过控制的媒体而影响、制造选民的个人偏好和价值判断。②

结果,在所有工业社会,"政府官员受到两种形式的控制:多头政治的控制形式和实业家靠特权地位行使的控制形式。"③ 而在另一位新多元主义者加尔布雷斯(J. K. Galbraith)看来,大公司更是与行政国家融合在了一起,"当公司遭遇政府时,就再也没有组织形式的冲突和程序的不相容,取而代之的是彼此的理解以及行政制度上的高度一致"。正如当年流行的"通用的利益就是美国的利益"一样,今天"Google 的利益就是美国的利益",虽然决策者不再这么明目张胆地宣称。④ 同样,又有哪一个国家的关乎其国计民生的大企业不就是这个国家的国家利益?

毫不夸张地说,实业家和大企业俨然拥有"主权者"的地位,其对公共政策的影响有时并不比代议机关逊色。此前,自由民主理论并没有给予大公司应有的地位,但只要是市场取向的制度,大企业的特权地位就是这一制度的固有部分,无论好坏,都是必须面对而不能回避的问题。

3. 与议会制政体平行的有机治理。行政国家挤压了议会作用的范围,降低了代议制民主的意义。非政府组织(NGO)在西方世界的兴起,再次极大地挑战了代议制民主的地位,并形成了与议会制政体平行的

---

① 林德布洛姆著,王逸舟译:《政治与市场:世界的政治—经济制度》,上海:上海人民出版社,1991年,第249页。
② 林德布洛姆著,王逸舟译:《政治与市场:世界的政治—经济制度》,上海:上海人民出版社,1991年,第292—310页。
③ 林德布洛姆著,王逸舟译:《政治与市场:世界的政治—经济制度》,上海:上海人民出版社,1991年,第274页。
④ 参见帕特里克·邓利维,布伦登·奥利里著,欧阳景根等译:《国家理论:自由民主的政治学》,杭州:浙江人民出版社,2007年,第202—203页。

治理形式,即与议会制的形式化治理相平行的"有机治理"。议会制研究权威伯恩斯(T. R. Burns)这样说:"新式政治力量——即非政府组织(NGOs)——的爆发性成长和急剧专业化,议会在当代社会的地位变得越来越边缘化。出现了一种新的治理和规制形态,即有机治理,在这种方式中,议会的角色或地位变得模糊,或者越来越边缘化。这种治理形态与议会制政体平行发展,并与后者交互作用——又是相互合作,又是相互竞争。"①

确实,在环境、性别、卫生保健、动物保护、科技伦理、少数族群以及移民等问题上,非政府组织的作用越来越大,有绕过甚至凌驾于以公民个体为基础的选举政治及其议会代表制之上的趋势。对"有机治理"与形式化治理的关系,在这里不得不长篇引用伯恩斯的权威总结:

"解决问题和制定规则方面的直接参与,从来没有像今天这样广泛,这样具有深远影响。这种'治理'体系主要是一种组织的治理,通过组织、为了组织而治理——而不是为了自主的个体公民而治理。这种复合的治理过程的发展,意味着政治秩序的关键成分的转变:主权、代表、责任和义务,法律和规章角色的扮演。大部分规则和政策制定活动都从议会制政体转移到其他框架中:全球性、区域性和地方性的层面,以及那些专门致力于公共事务的框架,和现代社会中的各个政策部门。这种新兴的政治秩序是多极的。根据这一特征,我们可以对如下二者进行区分:一方面是议会民主为基础的统治;另一方面是以各种复杂的调节过程、代表过程和权威过程为基础的治理。在当代的背景之下,地域性的议会制度和中央集权、形式化的立法,在组织、技术和资源的英明和广播程度上都比不上有机的治理形态。"②

就这样,"社会行动者重新夺回政治权威",议会再也不能独自代表各种社会利益和社会力量,社会群体通过自组织的方式,自己代表自

---

① 伯恩斯:《议会的演变:从比较历史的视角看集会和政策决策》,见德兰迪、伊辛主编,李霞、李恭忠译:《历史社会学手册》,北京:中国人民大学出版社,2009年,第484页。

② 伯恩斯:《议会的演变:从比较历史的视角看集会和政策决策》,见德兰迪、伊辛主编,李霞、李恭忠译:《历史社会学手册》,北京:中国人民大学出版社,2009年,第485页。

己。相比较而言,"有机治理"更加灵活,它可以集思广益,更好地汲取各类专家的智慧,实行更加专业的治理。"有机治理"因其运作过程的透明性而获得了合法性。这一新式治理形态的日趋成熟,提醒我们需要重新思考传统的代表制概念和主权模式。也可以说,"有机治理"意味着新式代表制和主权模式的兴起,它迫使我们反思以议会代表制为基础的政体理论存在的合理性问题。

4. 网络世界塑造的新政治形态。近代民主政治与公共领域即公共舆论形成的场所有着密切的关系,而公共领域的形成又与科技革命有着密切的关系。按照哈贝马斯的说法,最早的公共领域是咖啡馆、沙龙,后来是纸质传媒即报纸和出版物,再到后来则是电视等电子传媒。今天,科技革命的结果之一便是互联网和手机短信构成的新公共领域即网络世界。

公共领域的基本特点是:公开及自由,所有参与者都有公平的机会参与讨论;参与者的自主性和批判性,讨论者不受外界的限制而自由地表达自己的意见,且具理性批判精神;以一定的场所为媒介。无须过多解释,网络世界就是一个公共领域。

网络世界的公共性是任何传统的公共领域都无法比拟的。首先,网络世界参与者的互为主体性。传统的媒体,无论是纸质的报纸、其他出版物,还是广播、电视等电子媒体,其沟通方式都是单向的,编辑居设定话语权和沟通方式的优势地位,而网络世界的参与者则都是自主性的参与主体,通过邮件、论坛、聊天室、博客和即时通信等平台,既接受信息又发布信息,既消费信息又生产信息。其次,空间的无限性和跨地域性,使网络传媒突破了传统媒体的地域性局限。再次,作为一个自主性参与者,网络世界的参与者不再被动地接受传统媒体单相度式的信息,而是有选择性地接受信息。

网络世界的这些公共性特征能够产生很多影响现实世界的公共舆论。在代议制政治和官僚政治中,公民只能间接地通过其代表而表达其利益诉求,网络则让公民能够不受限制地直接表达;在代议制不发达的地方,过去公民的权利要么被压制,要么以社会运动的方式而表达,现在网络本身则为公民提供了表达其各种利益诉求的平台。这样,网络空前地促进了政府与公民的互动关系,使政府能够更好地、更积极地回应百姓的各种诉求。

网络世界以改变政策议程设置的方式而改变世界。① 传统的自主性媒体具有议程设置的功能,但传统媒体控制在精英和财富拥有者手中,因此主要是精英在设置议程。网络世界的自主性参与则意味着网络舆论不仅来自精英阶层,而且还有社会大众阶层。这样,社会大众可以通过网络世界而直接影响甚至左右政策的决策过程。比如,在选举政治中,奥巴马对互联网的运用成功地动员了年轻选民并获得了雄厚的选举经费;在公共政策中,"网络民族主义"是决策者在制定对外政策中不可忽视的力量;在舆论监督上,网络更是发挥着传统舆论监督难以比拟的作用。所有这些,都意味着网络正在改变传统的政治生态。

一句话,网络世界让直接民主又得以回归,这是精英主义者和代议制鼓吹者当初无论如何都始料不及的。和其他公共领域一样,网络世界也有自己的先天不足,但这并不能否认其作为公共领域的事实。正是因为这一事实,各国的政治性制度安排也及时做出了调整,设置专门的"舆情"部门,以跟踪、过滤、筛选铺天盖地的网络公共舆论。

行政国家以及其他政治主体的出现,根本性地改变了以代议制为核心的传统政体。以西方国家而言,100年来,行政国家和官僚制式大企业的兴起意味着代议制政治的衰落;冷战结束以后,社会中间组织和互联网的兴起,又极大地改变了各国的政治形态,因此,只解释代议制民主的二分法民主观显然不能回答已经变化了的西方政治。同理,更不能以二分法民主观解释其他政治制度。在大多数国家,行政主导是普遍存在的,市场经济也深刻地影响着政治过程。而且,和西方的社会统合主义的社会中间组织的基础不同,东方国家的NGO在国家统合主义框架下有序地运转。更重要的是,无论是在所谓的"自由民主"国家,还是在"威权主义"国家,以互联网为平台的技术革命已经根本性地改变了各国的政治生态。

我们认为,凡是行政主导的国家,都意味着其具有代议制民主的局限性;凡是大公司影响政治过程的国家,既显示了其代议制民主的有限

---

① 参见尹冬华:《公民网络参与与中国民主政治建设》,中国人民大学博士学位论文,2009年。

性,又彰显了其政治的多元性;凡是存在与代议制平行的有机治理,尤其是网络参与的国家,都具有代议制民主理论所不能解释的民主政治制度和民主政治生活,因此,我们需要寻求新的替代性民主观。

四、找回近似值民主观

如果说以论证代议制民主为核心的二元对立的民主观是冷战时期的产物,那么近似值民主观则源远流长,它可以在亚里士多德那里找到理论的元点。作为政体单一序列上的"级数差异",近似值政体观虽然更接近故事的真相,但却因它不符合政治斗争的性质,不符合将政治对手妖魔化和标签化的理论特质,意识形态家和政治家并不喜欢近似值民主观,因而也就难以流行。但是,在世界因意识形态而对立之前,近似值民主观在美国大有市场,如杜威的实用民主观;即使在两极对立的冷战时期,近似值民主观也没有被人遗忘,如美国著名公共政策理论家林德布罗姆的近似值民主理论。

即使是冷战时期的意识形态家也不得不承认,杜威的实用民主理论是20世纪美国最有影响的民主理论。杜威在20世纪20年代曾和当时的美国舆论领袖李普曼有过激烈的论战,李普曼代表的是精英主义,认为大众连选举好的领导人的能力都没有,更遑论"民治"的能力了。我们看到,熊彼特、萨托利的"选举式民主"和李普曼一脉相承。不仅如此,萨托利甚至说如果"民治、民有、民享"是出自斯大林而非林肯之口,也会被解释成民主的含义,但不会被人们所接受。[1] 可见,精英主义者连林肯的民主定义也不接受。而对于杜威而言,民主的最好的定义就是"民治、民有、民享"。在中国的一次演讲中,杜威说:"民主(德谟克拉西)的定义,在美国的林肯曾经定义过。他说:民主(德谟克拉西)是一种政治,是一种'为民的'、'由民的'、'被民的'政治。这个定

---

[1] 萨托利著,冯克利、阎克文译:《民主新论》,北京:东方出版社,1998年,第38—39页。

义,到现在也是最完全的,也不琐碎,也无须更改增删了。"①在杜威看来,"为民的"就是民主的,目的是为多数人谋幸福,而不是为少数人服务,这是民主政府与独裁政府的根本区别。为此,民主政府必须具备"同情"和"推想"的能力,想大众之所想。"由民的"就是重视民意,是否重视民意是民主政府和专制政府的最大区别。"被民的",即由人民选举出的代表而组成的公共权力组织根据公共意志而统治,其中最重要的是法治,"民主(德谟克拉西)是被治于法律的",至于法律的种类,即能够为多数人谋利的法律至关重要。②

杜威对公共意志、大多数人利益的强调,使得他不仅将民主视为一种政府形式即政体,而且还将其视为一种生活方式,是一个伦理问题。因此,民主不仅是政治的,而且还是经济、宗教、家庭等生活中的人格问题和生活方式。这且不说,就是在政体意义上,杜威也不认为其所生活的美国政治就符合林肯的民主定义。杜威是在批评自由主义中分析了自由主义与民主的关系的。他认为,自由主义的精华是个性、探讨以及表达的自由,而其糟粕则是自由主义与资本主义的结合,因而自由主义民主其实就是"中产阶级"的民主。在他看来,无论如何声称政府是民有、民治、民享的,但不可否认,民主的建立伴随着权力从农业贵族向工业资产阶级的转移,权力最终落到了金融资本家手里。虽然大众也因为意识形态垄断而接受了自由主义思想,但权力属于少数人却是一个不争的事实。基于金钱和竞争的现存制度对人性的扭曲和愚化,使得"自由主义的社会"成为谎言,为维护少数人权力的自由主义也成为一种保守的意识形态。

另外,杜威清楚地看到美国政治经济中的不平等以及强势团体的宰制地位,而弱势团体地位的提升不能依靠其自身,因为在残酷的竞争中他们没有能力去改变现状,只能诉诸"好的国家"。针对将国家视为工具的多元主义民主观,以及商业集团和政治集团的破坏性以及科学、

---

① 袁刚等:《民治主义与现代社会——杜威在华讲演集》,北京:北京大学出版社,2004年,第103页

② 袁刚等:《民治主义与现代社会——杜威在华讲演集》,北京:北京大学出版社,2004年,第103—107页。

艺术、教育、社会服务等团体对人的"发展"的重要性,20世纪美国最著名的民主哲学家杜威指出,好的国家"能使正当合宜的团体更牢固、更一致;它(国家)间接地澄清它们的目的、纯化它们的活动。它抑制有害团体,使他们朝不保夕、难以为续。与此相反,它赋予有价值的团体的个体成员以更大的自由和完全。它减轻他们的沉重负担,而这些负担若由他们自己来应付,他们的精力就会耗费在同恶势力的消极斗争中"。他还说,没有"好的国家",民主的充分发展及其意义就不可能实现。①

最近,诺贝尔经济学奖获得者、原世界银行资深副总裁兼首席经济师约瑟夫·斯蒂格利茨提出1％美国人才享有"民有、民治、民享"的命题。美国上层1％的人现在每年拿走将近25％的国民收入;以财富而不是收入来看,这塔尖的1％控制了40％的财富。25年前,这两个数字分别是12％和33％。斯蒂格利茨尖锐地指出,美国的官商关系是"钱能生权,权又能生更多的钱。最高法院在最近市民联盟诉联邦选举委员会一案中取消了竞选经费上限,赋予企业买通政府的权利。现在代理人与政治完美地结合在一起了。事实上,所有美国参议员和大多数众议员赴任时都属于塔尖1％者的跟班,靠塔尖1％者的钱留任,他们明白如果把这1％者服侍好,则能在卸任时得到犒赏。大体而言,美国历任贸易和经济政策的重要决策者也来自这一人群。当制药公司获得万亿美元的大礼时——通过立法禁止作为最大药品采购方的政府讨价还价——也就没有什么大惊小怪的了"②。

塔尖上的1％的美国人才真正享有林肯定义的民主,这和杜威的认识是一致的。这样的民主显然不是好的民主,但却是代议制民主的必然结果——任何形式的代议制最后必然都演变为少数"代表"的权力。为此,杜威认为,不但自由主义有进一步的空间去激发出来,民主政治本身也只是规范意义上的,民主的程度还很不充分。加拿大著名民主

---

① 转引自施特劳斯、克罗波西著,李洪润等译:《政治哲学史》(下),北京:法律出版社,2009年,第991—992页。
② 约瑟夫·斯蒂格利茨:《1％的民有、民治、民享》,《环球时报》,2011年10月18日。

理论家坎安宁将杜威的近似值民主①归纳为以下几点：

第一，民主无处不在。民主不但应该存在于官民互动之中，而且还应该体现在社会生活的其他方面，家庭、教会、学校、工厂等都应该是民主的生活方式。

第二，民主是一个程度问题。既然民主无处不在，任何国家都既有民主也有反民主的，"公众"在某些情况下都可能从事危害社会的活动。为此，民主是一种理想而不是一种社会的具体品质，而且关键在于"公众"到底有多民主或多不民主，如何使他们变得民主。公众对公共事务的努力是杜威民主理论的核心。

第三，民主深受情境影响。任何社会都存在民主，而其民主程度又深受情境的影响。杜威致力于最好的国家形式的讨论，但又认为政治组织的主要特征是暂时性和地域的多样性的，公众对公共事务的努力是经验性的，并且因时、因地而异。

第四，民主的难题永远存在。由第三个命题而推断出，民主总是理想中的事，实现民主的难题永远存在。实用主义的基本信条是，最好将人类事务看作是一个永无止境的解决问题的过程，因为每一次解决都会创造出新的问题。

另外，我个人认为，谈到杜威的实用民主观，就不能忘记其国家观。如果没有"好的国家"，民主的充分发展就不可能实现。以国家手段来实现充分的民主，这是自由主义民主理论的重大突破，因为自由主义强调的是社会权利和个人权利对国家权力的限制，而蔑视或掩蔽国家权力对于社会权利的保护。

如果说杜威是基于对美国政治的深刻观察而提出了抽象的哲学和伦理学上的近似值民主观，那么著名的公共政策分析家林德布罗姆在比较政治经济过程研究中则明确提出了近似值民主观。在他看来，民主理论中应该有大公司一席之地，但是，任何自由民主理论都没有给予原理上的阐述。按照经典的马克思主义式民主理论，大企业控制似乎不利于民主政治，因为企业的影响，美国民主制度本身从未完全是民主

---

① 坎安宁著，谈火生等译：《民主理论导论》，长春：吉林出版集团，2010年，第190—192页。

的,多头政治也只是民主的近似值,仅仅是民主制度的一个部分而已。① "多头政治不过是对任何理想的自由民主模式或任何其他民主形式的一个大体的近似"。②

反过来说,虽然企业对政治的影响不利于真正的民主,但是却意味着政治多元化。林德布洛姆的结论是:"哪怕是在缺少多头政治的条件下,市场和私有企业也采用了最大限度的相互调整和政治多元化。"③ 若以市场经济为中介而进行政策过程分析,不同国家的政治过程的近似性会更多。

五、结语:走向"有效的民主"

本文并不反对多数决民主形式对于民主的重要性,也不是回避多数决民主形式在中国依然是一个需要完善的制度安排,而是反对把选举式民主作为划分民主与非民主的唯一的"类"的标准。相反,只有在近似值民主观下,我们才可以理解为什么会有那么多的不同于多数决民主形式的其他民主形式,比如前述的宪政民主、共识民主、审议民主和参与民主,以及今天中国人谈得比较多的行政民主。可以说,凡是有法治、公共参与、决策民主和权力分享与共治基础上的分权的地方,就有民主政治制度和民主政治生活。

我们不得不承认,在冷战中,西方国家打了一场漂亮的"没有硝烟的战争",即意识形态战争,而且西方继续在操纵这场战争,今天中国思想界主流的民主观就是二分法下的民主。只要中国不实行二分法下的民主,很多人就不承认中国的民主政治性质。如前所述,这已经不简单是学术、思想的理性之辩,而是宗教化的意识形态问题。因此,虽然学

---

① 林德布洛姆著,王逸舟译:《政治与市场:世界的政治-经济制度》,上海:上海人民出版社,1991年,第279页。

② 林德布洛姆著,王逸舟译:《政治与市场:世界的政治-经济制度》,上海:上海人民出版社,1991年,第314页。

③ 林德布洛姆著,王逸舟译:《政治与市场:世界的政治-经济制度》,上海:上海人民出版社,1991年,第259页。

术和思想上的民主形式与民主观之辩在意识形态战争面前显得疲软无力,但依然有必要对二分法民主进行理性认识。

跳出既有的民主观念并不容易,国内根深蒂固的民主观念是"选举式民主",尽管人们也开始谈论"协商民主"。利普哈特的反思历程具有参考价值和意义:"过去我对'传统说法'也深信不疑,直到多年之后才从中挣脱出来。20世纪50、60年代攻读本科和硕士学位时,我曾认为威斯敏斯特式的多数模式无论从哪个方面来讲都是最好的民主形式,足以令比例代表制、联合内阁等相形见绌。当然,对威斯敏斯特式模式的推崇代表了美国政治学界长期以来的一项牢固的传统……20世纪60—80年代,我的认识进入了第二阶段。我开始强烈地意识到多数民主给宗教和种族高度分化的社会带来的危险,不过,此时我仍然相信多数民主对同质性比较强的国家来说是更好的选择。直到20世纪80年代以后,我才逐渐确信共识民主模式比多数民主模式更胜一筹,不仅对所有的民主国家来说均是如此,而且就民主的各个方面而言都是这样。"①

利普哈特的反思精神与建构能力非常值得国人学习。在中国人狂热追求多数决民主的时候,在已经拥有了多数决民主形式的国家,其理论家批评和反思最多的却是多数决民主形式的问题,因而才有一个又一个区别于多数决民主形式的其他民主理论。除了前述的多数决民主面临的制度性难题不能得到有效解释外,多数决民主在实践中更有难以回避的难题。

第一,发达国家的"政治衰退"与再民主化诉求。当一个国家的政治制度不能与时俱进地调整而应对新的挑战时,就会导致弗朗西斯·福山所称之为的"政治衰退"。在西方观察家看来,西方的民主变成了"自由市场民主",从而导致了2008年以来的全球治理危机,诸如金融危机、政府债务危机、社会骚乱、政治动荡等,并进一步昭示着西方民主制度本身的缺陷。"一贯推销民主制度的西方国家,对于变味的民主制度逐渐变得冷漠,不满其繁琐的程序。选举机制导致可供选择的人员

---

① 利普哈特著,陈崎译:《民主的模式:36个国家的政府形式和政府绩效》,北京:北京大学出版社,2006年,"中文版序言"。

越来越少,媒体肆意编造的故事令候选人再难有出头之日。在市场利益的驱动下,民主制与社会公平正义渐行渐远,人们的政治参与热情逐日湮灭……人们对民主制度化程序越来越缺乏兴趣,出现了代表性危机。"西方民主制的深层危机在于市场对民主的宰制以及由此而导致的"政治制度的自由散漫"。① 源自民主制本身缺陷的全球治理危机,其实就是二分法下的代议制民主的危机。我们知道,代议制民主解决的是代表产生程序问题,坚决反对的是决策过程中的民主。代议制民主的危机是必然的。为此,吉登斯指出,民主化不但是未民主化国家的事,也是民主国家制度的再民主化问题。一直以来,有志之士都警告人们,代议制民主必然是那些组织得很好的利益集团的民主,选举民主并不能从根本上解决公民的代表权问题,比如重大决策中的民意。为此,吉登斯提出了对话民主,即重大决策必须通过与公民的审慎的对话与协商而做出。"按照这样的理解,民主不是定义为是否所有的人都参与它,而是定义为对政策问题的公共商议。在代议制民主制度中,商议民主条件不可能通过保证选出的代表所做的事情的透明度来满足。如果公众反对达成特定共识的途径或反对在它们的基础上制定政策,那么,正常的选举程序会适当地保持取消的可能。这个观点对于民主国家的民主化具有十分重要的意义。"②显然,吉登斯的对话民主已经不是选举民主的简单补充,而是一种替代性民主形式。这是因为,最为简单的民主形式的选举民主,其合法性来自地方风俗和习惯,来自于传统的符号。但是,时代已经发生了根本变化,日常生活和全球化体系都发生了根本变化,在已经形成的发达的交往自主权中,资源"透明"成为根本要求,通过对话而形成政策是其必然结果。③

第二,如果说多数决的代议制民主制度的市场宰制民主的制度缺陷导致发达国家的治理危机,而在发展中国家或转型国家的表现则是"无效的民主"导致的治理失效。就连美国著名的民主理论家英格尔哈特也不得不承

---

① "民主制度本身存在缺陷",参见英国《观察家报》,2011年11月20日。
② 吉登斯著,李惠斌,杨雪冬译:《超越左与右:激进政治的未来》,北京:社会科学文献出版社,2009年,第87页。
③ 吉登斯著,李惠斌,杨雪冬译:《超越左与右:激进政治的未来》,北京:社会科学文献出版社,2009年,第87—88页。

认,多数决民主是一种最简单的民主形式,"我们可以在几乎任何地方建立选举民主,但是如果民主不能扎根于使精英回应人民的基础之中,选举民主基本上没有意义。"①这是对第三波民主化国家的"无效的民主"的评价,这个评价同样适用于已经长期实施了选举民主的印度。

不能拿小国与中国相比较,就发展中国家而言,与中国最具可比性的无疑是印度和俄罗斯。西方称之为发展中国家西方民主的样板,印度人也自诩民主政治是他们的最大福利,国内的民主主义者也鼓吹印度的民主。但是,如果中国实行的是"印度式民主"②下的无效治理,不知道又有多少国人能接受?每年有上百人死于假酒、几乎每年都有火车相撞或脱轨事故、恐怖主义泛滥、分别有上百万人居住在孟买和新德里、广大农村依然处于最原始的"牛车经济"阶段,多数决民主何日能解决几乎近于失败的国家治理?更别提转型时期的俄罗斯了。西方人憎恶"普京式民主"而对叶利钦时代情有独钟,但"普京式民主"实现了大国的复兴,叶利钦时代恰恰是失败的 10 年。③

我认为,无论是印度的问题还是俄罗斯的问题,作为必然诉求的多数决民主不能阻碍大国治理的根本之道,即权威的决策和权威的政策执行,否则一个大国之内就会存在国中之国,变成名副其实的"邦联"。印度的根本问题就在于只有民主的表达利益渠道而无权威的利益聚合机制,结果再好的民意也会付之东流。"普京式民主"则是强调政策制定与执行的权威性,一改叶利钦时代的邦联化格局。对于中国而言,要做到既有民主的利益表达又有权威的政策过程,从而超越印度式民主和"普京式民主",是当下和未来极具智慧的大课题。

第三,多数决民主与国家/社会分裂和国家失败。"无效的民主"不仅可能导致无效的治理,更严重的是导致国家失败。民主是值得向往

---

① 英格尔哈特:《现代化与民主》,见伊诺泽姆采夫主编,徐向梅等译:《民主与现代化:有关 21 世纪挑战的争论》,北京:中央编译出版社,2011 年,第 151 页。

② 相对于"印度式增长"即长期的经济缓慢增长而导致的事实性停滞,我认为印度在政治上应该有一个"印度式民主"的雅称,意指有民主的利益表达系统而无权威的政策决策-执行机制,从而导致无效治理。

③ 杨光斌,郑伟铭:《国家形态与国家治理——苏联-俄罗斯转型的经验研究》,《中国社会科学》,2007 年第 4 期。

的,但是如果在追求民主过程中把国家搞没了,大概又不是有良知的民主主义者所愿意看到的。然而,"民主"最有可能分裂国家,为此,西方民主转型理论的一个前提性概念就是"国家性"(stateness)。这个概念当然是有所指的,即苏联民主化中的民族主义分裂了苏联,南斯拉夫也是如此;不仅如此,同属一个民族的一个小小的台湾岛也被深深地画上"蓝营"和"绿营"。这就不得不说到民主与"民族国家"的关系。"民族国家"是西方人的发明,它是西方从古典时代过渡到现代的重要载体。顾名思义,"民族国家"就是以民族为单元的国家。在反对拿破仑的民族解放战争中,民族主义得以觉醒。19世纪,民族国家思想开始流行,即"任何民族都有权建立国家。正如在人群中会区分出民族一样,世界也应划分出不同国家。任何民族都是一个政治国家,而任何国家都具有民族性"①。直到20世纪的50—70年代的民族解放运动,奉行的都是民族自决权思想。冷战后,被压抑的民族主义再度复兴,成为冲垮一个又一个国家的政治力量。在这个意义上,民主是民族国家的亲密战友,因为民族借助于民主运动而独立建国。

另一方面,民主与民族国家又是敌人。欧洲以外的越来越多的现代国家都是多民族国家,一个主权国家内多民族通过民主运动而谋求独立,又是包括中国在内的民族国家所坚决禁止的。但是,冷战后以民族为单元的国家还是一个接一个地出现了。

我们只能说,"民族国家"虽然是走向现代性的重要载体,但同时也为世界的冲突甚至战乱埋下了祸根。因此,需要从根子上反思"民族国家"之类的所谓的"真理"。与中华民族的具有包容性和和谐性的"天下观"相比,"民族国家"实在是一个冲突性概念和思想,而当这样的冲突性概念与民主潮流结合在一起时,就足以变成一个分裂国家的怪兽。

这些就是中国必须面对和需要思考的历史遗产和现实困境。以近似值民主观而言,民主形式是丰富多样的,比如各种形式的大众参与、民主协商,尤其是西方国家所没有的自上而下的"群众路线"。在西方国家,参与式民主必然变成强者的游戏,历来都是那些组织起来的强势

---

① 转引自齐佩利乌斯著,赵宏译:《德国国家学》,北京:法律出版社,2011年,第106页。

团体利用参与式民主而更好地实现自己的利益,而弱势群体享有的参与式民主更多的是象征性的。好的"群众路线"则可以很好的弥补参与式民主的不足,做到强势群体与弱势群体利益表达的平衡,进而有利于公平政策的形成。但是,由于我们的社会科学生产的思想观念基本上是西式的,大多数人对于自己的"群众路线"这样的政治优势视而不见,甚至视之为"左"。其实,任何民主形式都有其自身难以克服的问题,或者由于霍布斯所说的人的这样的习性,即用放大镜观察自己的问题而把自己的问题无限放大,用望远镜观察别人而别人似乎无比美好。

这并不是说,中国的民主不需要完善了,比如,中国在选举环节就有问题。我们必须看到一个普遍性现象,即越来越多的国家在搞竞争性选举,毕竟,选举民主是"实现"多数意志的最简单的形式。但因为其形式最简单,而政治过程又最复杂,因而选举民主可能形成"无效的民主"而非回应民众需求的"有效的民主"①。在这里,并非武断地说,竞争性选举将给中国带来三种可能的后果或其混合形态:

第一种可能即轻者,必然是强势利益集团对选举的支配。市场对民主的宰制,从而使二元化结构下的中国社会变得更不公正甚至更加对立,结果那些对目前不满的人将会更加失落。

第二种可能即中者,形成"印度式民主"的有表达自由而无权威决策,从而使治理失效,这样,那些对目前不满的人将怀念今日之中国。

第三种可能即重者,民族主义与选举式民主的结合将分裂国家致使国家失败,到那时那些对目前不满的有"国家"情结的人将呼唤普京式政治家的出现,以拯救国家。

历史已经提供了剧本,时间将是最好的证人。

原载于《河南大学学报(社会科学版版)》2012年第5期;《中国人民大学复印报刊资料》社会学2012年第12期全文转载

---

① 英格尔哈特:《现代化与民主》,见伊诺泽姆采夫主编,徐向梅等译:《民主与现代化:有关21世纪挑战的争论》,北京:中央编译出版社,2011年,第151-153页。

论毛泽东对改革开放的贡献与中国未来蓝图的勾略

王良学①

30多年来,凡谈论中国改革开放,几乎都把1978年中国共产党十一届三中全会决定实行党的工作重心转移作为中国改革开放的起点,而邓小平是中国改革开放的总设计师。胡德平先生则认为:中国的"改革开放绝不是偶然",说"'文革'的结束决定了改革的开始""这话有一定道理但不是全部。改革的萌芽可以追溯到'文革'前的17年。"②建设强大的人民共和国,为全中国人民谋幸福,实现中华民族的伟大复兴,一直是中国革命和建设的主题,更是开国领袖毛泽东、中国共产党中央和中华人民共和国政府领导者唯此为大的宏愿。2007年11月3日,新华网发表《毛泽东第一代领导人对中国改革开放的卓越贡献》,③认为以毛泽东为核心的第一代中央领导集体在社会主义建设事业中不倦地探索适合我国国情的道路,"上承我们党从建党以来就具有的光荣传统,又下启改革开放新时期的创新实践"。《人民论坛》2008年第18期,发表李慎明的文章《毛泽东对中国特色社会主义道路与理论的探索和贡献》,认为新中国成立后,我们党创造性地开辟了一条适合中国特点的社会主义改造的道路,《论十大关系》和党的八大的指导思想,是要

---

① 王良学(1954—),男,山西稷山人,中国政法大学政治与公共管理学院兼职教授,中国政法大学政治与公共管理学院博士生,全国政协办公厅巡视员,研究员。
② 胡德平:《改革需要大思想大智慧》,《学习时报》,2011年3月7日第6版。
③ 《毛泽东第一代领导人对中国改革开放的卓越贡献》,http://www.sina.com.cn,2007年11月03日。

解决以经济建设为中心和如何以经济建设为中心的问题,把毛泽东同志领导的社会主义建设与邓小平同志领导的改革开放,把新中国成立后的前29年与后30年完全割裂甚至对立起来是不可取的。《论十大关系》和党的八大,以及八大后的先行探索,为改革开放30年来的飞速发展奠定了坚实基础。2009年9月9日,燕赵都市网发表王亚楠的文章,认为"毛主席是改革开放的先驱",邓小平是改革开放的总设计师。2011年,《科学社会主义》发表张乾元的文章《中国特色社会主义:毛泽东的探索与历史性贡献》,①认为毛泽东在探索中国特色社会主义的过程中,开中国社会主义建设思想解放之先河;毛泽东对中国社会主义建设的一系列新认识,奠定了中国特色社会主义的思想基础。还有武汉大学政治与公共管理学院承担的国家社会科学基金项目"中国特色社会主义理论体系与毛泽东思想的关系研究"(10BKS006－D61;A841.6)已经取得阶段性成果。本文的创新之处在于,通过对中国共产党自诞生之日起90年风雨兼程历史的全方位考察,以史实为依据对中国共产党特别是毛泽东对改革开放和中国未来蓝图作了全面的描绘和论述,认为改革开放的思想与实践几乎伴随了毛泽东一生,为中国共产党在1978年开启改革开放新的历程奠定了基础。

一、以革命战争为中心打天下的30年也是不断改革创新的30年

革命是改革的特殊形态,开放是实事求是思想路线的必然表现。1921—1949年近30年的岁月,是中国共产党领导中国人民以革命战争为中心打天下的30年,也是不断改革创新的30年。

土地革命战争时期,毛泽东提出"枪杆子里面出政权",走"武装夺取政权""农村包围城市"的道路,这本身既是对马列主义的发展,又是对马列主义的改造。这一时期,毛泽东和中国共产党的重大改革创新之举有二:一是"三湾改编",把支部建在连上,建立革命军人委员会;

---

① 张乾元:《中国特色社会主义:毛泽东的探索与历史性贡献》,《科学社会主义》,2011年第3期。

"古田会议",确立"政治建军""党指挥枪"等根本原则,并做出决议强调"党的领导机关要有正确的指导路线",要"对党员做正确路线的教育""使党员的思想和党内的生活都政治化、科学化"①。二是在根据地建立工农民主专政,实行土地改革等等。

抗日战争时期,毛泽东领导的重大改革创新涉及政治、经济、文化等方面。一是把过去土地革命时期的工农民主专政改为抗日民族统一战线的政权,并具体规定在政府人员的分配上实行"三三制",即共产党员占三分之一,非党的左派进步分子占三分之一,不左不右的中间派占三分之一,以争取广大的小资产阶级群众和中等资产阶级与开明绅士的支持。② 二是针对各抗日根据地困难日益严重的实际情况,毛泽东在陕甘边区采纳民主人士李鼎铭先生的建议,于1942年实行精兵简政的主张,压缩军队和政府人员的数量,提高质量,减轻了人民的负担,巩固了根据地。③ 三是进行边区的经济改革,开展减租减息和大生产运动。四是在指挥打仗、抓经济改革的同时,提出并领导了根据地的政治思想建设及文化改革,进行了"反对主观主义以整顿学风,反对宗派主义以整顿党风,反对党八股以整顿文风"的延安整风;《在延安文艺座谈会上的讲话》提出了文艺要为人民大众服务,反对为地主资产阶级和汉奸服务的文艺;提倡在普及的基础上提高,在提高的指导下普及;主张文艺工作者要正确解决个人和群众的关系问题。《在延安文艺座谈会上的讲话》有力地推动了文艺改革,涌现出一大批好的音乐、戏剧、小说和诗歌,使根据地的文艺欣欣向荣。

在解放战争和建国后三年恢复时期,毛泽东提出了中国共产党在新民主主义革命时期土地改革的总路线和总政策,即依靠贫农,团结中农,有步骤地、有分别地消灭封建土地制度,发展农业生产。④ 土地改革的胜利完成,3亿农民分得了土地,极大地调动了广大农民的积极性,由于他们的积极参军、参战和努力生产,有力地保证了解放战争的

---

① 余伯流:《"七大"纷争与古田会议》,《军事历史》,2010年第1期。
② 《毛泽东选集》第2卷,北京:人民出版社,1991年,第742页。
③ 《毛泽东选集》第3卷,北京:人民出版社,1991年,第880页。
④ 《毛泽东选集》第4卷,北京:人民出版社,1977年,第1317页。

胜利和建国初平叛、剿匪与政权建设等工作的顺利进行。

二、新中国建立了，面对百孔千疮、一穷二白的局面，没有改革创新的精神就迈不开步

新中国一诞生，摆在毛泽东和中国共产党面前的是百孔千疮、一穷二白的困顿局面，万事都得从头开始。在政治、经济、文化、教育等各条战线上，每前进一步都是以改革来开道的。面对贫穷落后、满目疮痍的烂摊子，毛泽东说："中国的改革和建设靠我们来领导""我们国家要有很多诚心为人民服务，诚心为社会主义事业服务，立志改革的人。我们共产党员都应该是这样的人"。"我们还需要有一批党外的志士仁人，他们能够按照社会主义、共产主义的方向，同我们一起来为改革和建设我们的社会而无所畏惧的奋斗"①。

1950年6月，毛泽东提出：要有步骤地谨慎地进行旧有学校教育事业和旧有社会文化事业的改革工作，争取一切爱国的知识分子为人民服务。②

毛泽东领导党和国家，从实际出发有步骤地对农业、手工业和资本主义工商业进行社会主义改造，在古今中外都称得上是社会改革方面的伟大创举和经典之作：在城市，通过和平赎买、五反运动、收购统销、公私合营等办法，使中国民族资产阶级敲锣打鼓、自愿地接受了社会主义改造；在农村，正如毛泽东所说："从个体经济转变到集体经济，是一个质变的过程，这个过程在我国是通过互助组、初级合作社、高级合作社、人民公社这样一些不同阶段的渐进式质变而完成的"③，最终实现了社会主义改造的伟大胜利，为中国社会进入社会主义做好了准备，启动了中国特色社会主义初级阶段的步伐。实质上，"三大改造"及"三大改造的完成"，就是中国特色社会主义初级阶段的起点。

---

① 《毛泽东选集》第5卷，北京：人民出版社，1977年，第411页。
② 《毛泽东选集》第5卷，北京：人民出版社，1977年，第23页。
③ 《读苏联〈政治经济学教科书〉谈话记录的论点汇编》，北京：国防大学出版社，1986年，第44页。

1959年,在西藏地区开始进行民主改革,依靠贫苦农奴和奴隶,团结一切可以团结的力量,打击参加叛乱的和最反动的奴隶主,用了近两年的时间彻底消灭了西藏的封建农奴制度。

在中国的社会主义政治制度和经济制度基本上建立起来之后,还要不要继续前进呢?毛泽东从理论和实践上回答了这个问题。《论十大关系》《关于正确处理人民内部矛盾的问题》等重要著作,都是在社会主义社会制度条件下,进行经济、政治、文化改革和建设的重大理论建树,它创新、丰富和发展了马克思列宁主义关于如何建设社会主义社会的基本理论。

毛泽东第一个在马克思主义哲学史上完整地提出并论述了社会主义社会基本矛盾的概念与问题。他说:"在社会主义社会中,基本的矛盾仍然是生产关系和生产力之间的矛盾,上层建筑和经济基础之间的矛盾"。"社会主义的生产关系已经建立起来,它是和生产力的发展相适应的;但是,它又还很不完善,这些不完善的方面和生产力的发展又是相矛盾的。除了生产关系和生产力发展的这种又相适应又相矛盾的情况以外,还有上层建筑和经济基础又相适应又相矛盾的情况。人民民主专政的国家制度和法律,以马克思列宁主义为指导的社会主义意识形态,这些上层建筑对于我国社会主义改造的胜利和社会主义劳动组织的建立起了积极的推动作用,它是和社会主义的经济基础及社会主义的生产关系相适应的;但是,资产阶级意识形态的存在,国家机器中某些官僚主义作风的存在,国家制度中某些环节上缺陷的存在,又是和社会主义的经济基础相矛盾的。我们今后必须按照具体的情况,继续解决上述的各种矛盾"①。

在毛泽东看来,革命是为了推翻旧制度、解放生产力,改革是为了保护和发展生产力。1957年,毛泽东在《关于正确处理人民内部矛盾的问题》中指出:"我们的根本任务已经由解放生产力变为在新的生产关系下面保护和发展生产力","生产力发展了,才能解决供求的矛盾"。"当不变更生产关系,生产力就不能发展的时候,生产关系的变更就起了主要的决定作用。当政治文化等等上层建筑阻碍着经济基础发展的

---

① 《毛泽东选集》第5卷,北京:人民出版社,1977年,第374页。

时候,对于政治上和文化上的革新就成为主要的决定的东西了"。这为社会主义时期,不断推行经济体制改革、政治体制改革,和文化体制改革在内的各项改革,提供了理论根据。

1958年,当"共产风"在许多地方猛刮的时候,毛泽东就指出:"现在,我们有些人大有要消灭商品生产之实。他们向往共产主义,一提商品生产就发愁,觉得这是资本主义的东西,没有分清社会主义商品生产与资本主义商品生产的区别,不懂得在社会主义条件下利用商品生产的作用的重要性。这是不承认客观法则的表现","要有计划地大大发展社会主义的商品生产","因为已经没有了资本主义的经济基础,商品生产可以乖乖地为社会主义服务"①。时过近30年,1987年党的十三大上又重新提出发展"社会主义商品生产",以及后来提出发展"有计划的商品经济"。

在企业管理制度方面,资本主义国家和前苏联都是实行一长制。毛泽东认为:"如果干部不放下架子,不同工人打成一片,工人就往往不把工厂看成自己的,而看成是干部的。干部的老爷态度使工人不愿意自觉遵守劳动纪律,而破坏劳动纪律的往往首先是那些老爷们"。因而他提出,要使中国的公有企业管理具有中国特点,"领导人员要以普通劳动者的姿态出现,以平等态度待人,一年、两年整一次风。进行大协作,对企业的管理,采取集中领导和群众运动相结合,干部参加劳动,工人参加管理,不断改革不合理的规章制度,工人群众、领导干部和技术人员三结合"②。1960年3月11日,毛泽东对鞍山市委关于鞍钢企业管理经验作了批示,把这个经验称之为"鞍钢宪法",以与苏联实行一长制的"马钢宪法"相区别。鞍钢宪法主张实现党委领导下的厂长负责制,政治挂帅,发动群众大搞合理化建议,进行技术革新和技术革命,实现"两参一改三结合",即干部参加劳动,工人参加管理,改革不合理的规章制度,领导、技术人员和工人相结合。

毛泽东十分重视社会主义思想文化建设,他认为:"在我国,虽然社

---

① 《毛泽东文集》第7卷,北京:人民出版社1999年,第437、440页。
② 《读〈苏联政治经济学教科书〉谈话记录的论点摘编》,北京:国防大学出版社,1986年,第80页。

会主义的改造,在所有制方面说来,已经基本完成,革命时期的大规模的疾风骤雨式的群众阶级斗争已经基本结束,但是,……无产阶级和资产阶级之间的阶级斗争,各派政治力量之间的阶级斗争,无产阶级和资产阶级在意识形态方面的阶级斗争,还是长期的,曲折的,有时甚至是很激烈的。无产阶级要按照自己的世界观改造世界,资产阶级也要按照自己的世界观改造世界。在这一方面,社会主义和资本主义之间谁胜谁负的斗争还没有真正解决"①。因此,要大力提倡宣传和学习马列主义,引导知识分子掌握正确的世界观,并重视运用实际例子开展对封建文化和资产阶级思想的批判:1951年开展了对电影《武训传》的批判,1954年支持两位青年对《红楼梦》研究中的唯心主义进行批判,1957年提出了"百花齐放,百家争鸣"的方针。

毛泽东认为:改革,就是适应事物发展规律的由"必然王国"向"自由王国"过渡的运动,它将普遍存在于阶级斗争、生产斗争、科学实验这三大革命运动的全过程,永远也不能停止,即使"将来全世界的帝国主义都打倒了,阶级消灭了……还是要革命的。社会制度还有改革。还会用'革命'这个词。当然,那时候革命的性质不同于阶级斗争时代的革命。那个时候还会有生产关系同生产力的矛盾,上层建筑同经济基础的矛盾。生产关系搞得不对头,就要把它推翻。上层建筑(其中包括思想、舆论)要是保护人民不喜欢的那种生产关系,人民就要改革它"②。

三、新中国从一诞生就重视开放门户

新中国诞生前夕,毛泽东在七届二中全会上指出:"我们是愿意按照平等原则同一切国家建立外交关系的,但是从来敌视中国人民的帝国主义,决不能很快地就以平等的态度对待我们,只要一天它们不改变敌视我们的态度,我们就一天不给帝国主义国家在中国以合法的地位。关于同外国人做生意,那是没有问题的,有生意就得做,并且现在已经

---

① 《毛泽东选集》第5卷,北京:人民出版社,1977年,第389页。
② 《毛泽东选集》第5卷,北京:人民出版社,1977年,第318—319页。

开始做,几个资本主义国家的商人正在互相竞争。我们必须尽可能地首先同社会主义国家和人民民主国家做生意,同时也要同资本主义国家做生意。"开放是国家与国家之间"两厢情愿"的事,一厢情愿是不行的。我们要开放,敌人要封锁,就开放不成。比如上海,"解放以后本来是开放的,现在却被人用美国的军舰上所装的大炮,实行了一条很不神圣的原则:门户封锁"①。

新中国一成立,毛泽东说:"另起炉灶","打扫干净屋子再请客"。这既是开放思想的通俗解说,又明确表达了"有步骤地彻底摧毁帝国主义在中国的控制权"的坚决态度。

在美国实行"对华贸易制裁",蒋介石的海军封锁大陆港口,禁止向中国输出各种战略物资(仅1949年到1955年就先后有16个国家的200多艘商船遭到蒋介石海军拦截)的情况下,中国的对外开放只能是面向苏联和其他社会主义国家。新中国宣告成立的第二天,苏联就决定与中国建交。1949年12月,毛泽东亲赴苏联与斯大林签订了《中苏友好同盟互助条约》,同时还签订了苏联贷款帮助中国建设的协议。后来,苏联又援建中国156个大项目,有力地推动了中国的工业化进程。毛泽东说:"为了使我国变为工业国,我们必须学习苏联的先进经验。苏联建设社会主义已经有四十年了,它的经验对于我们是十分宝贵的"②。"苏联经济文化及其他各项重要的建设经验,将成为新中国建设的榜样"③。

"三大改造"完成后,毛泽东总结建国后几年实践经验和苏东1956年前后发生变化的教训,在《论十大关系》中指出:"提出这十个问题,都是围绕着一个基本方针,就是要把国内外一切积极因素调动起来,为社会主义事业服务"④。并指出:"特别值得注意的是,最近苏联方面暴露了他们在建设社会主义过程中的一些缺点和错误,他们走过的弯路,你还想走?过去我们就是鉴于他们的经验教训,少走了一些弯路,现在当

---

① 《毛泽东选集》第4卷,北京:人民出版社,1991年,第1435、1507页。
② 《毛泽东选集》第5卷,北京:人民出版社,1977年,第401页。
③ 《建国以来毛泽东文稿》第1册,北京:中央文献出版社,1987年,第266页。
④ 《毛泽东选集》第5卷,北京:人民出版社,1977年,第267页。

然更要引以为戒。""总之,我们要调动一切直接和间接的力量,为把我国建设成为一个强大的社会主义国家而奋斗。"①毛泽东的这一思想,突出地强调了要走有中国自己特色的道路。这也是毛泽东思想一贯地把马克思主义基本原理与中国具体实际相结合优秀品质的又一体现。

毛泽东主张区别对待世界上不同类型的国家,他说:"巩固同苏联和一切社会主义国家的团结。同时也要巩固和发展同亚非国家和人民的团结。至于帝国主义国家,我们也要团结那里的人民,并且争取同那些国家和平共处,做些生意,制止可能发生的战争,但是决不可以对他们怀抱一些不切实际的想法";"一切民族、一切国家的长处都要学,政治、经济、科学、技术、文学、艺术的一切真正好的东西都要学。但是必须是有分析有批判地学,不能盲目地学,不能一切照抄,机械搬运。他们的短处、缺点,当然不要学","外国资产阶级的一切腐败制度和思想作风,我们要坚决抵制和批判"。② 要"打倒奴隶思想,埋葬教条主义,认真学习外国的好经验,也一定研究外国的坏经验——引以为戒,这就是我们的路线。"③

毛泽东以战略眼光,无私地支援亚洲、非洲、拉丁美洲的民族解放运动。仅1971—1973年,中国向越南的援助金额就达近90亿元人民币。对朝鲜、阿尔巴尼亚和巴基斯坦,都提供了大量的无偿援助。这些援助,促进了中国与第三世界国家的政治和贸易关系的发展,在国际事务中得到了第三世界国家的广泛支持。1971年10月,在主要是亚非拉友好国家的支持下,恢复了中华人民共和国在联合国的席位和权利。在建国初期,中国同苏联、各人民民主国家以及印度、缅甸、巴基斯坦等23个国家建交;1956年到1965年,又与亚非拉国家以及法国和南斯拉夫等24个国家建交;1966年至1976年,又与包括日本和美国在内的64个国家建交。从新中国建立到1976年,同中国建交的国家达111个,这无疑是打破封锁、扩大开放的丰硕成果。

毛泽东重视全面发展对外贸易关系,早在1958年他就提出了发展

---

① 《毛泽东选集》第5卷,北京:人民出版社,1977年,第293、294页。
② 《毛泽东选集》第5卷,北京:人民出版社,1977年,第402、285—287页。
③ 《建国以来毛泽东文稿》第7册,北京:中央文献出版社,1992年,第273页。

经济"对外贸易只能起辅助作用,主要靠国内市场"①的指导思想。2008年后,面对国际经济危机困局,中国一再强调要加快转变经济发展模式,改变以投资、出口为主的发展模式为扩大内需、内涵式发展的模式,从而验证了毛泽东先见的英明。

毛泽东说:"中国不是孤立也不能孤立","我们不是也不能是闭关主义者"②。"搞经济关门是不利的,需要交换"③。对外贸易的方针是"自力更生为主,争取外援为辅,平等互利,互通有无"④。在毛泽东对外贸易理论和方针指导下,中国的外贸工作逐步冲破西方敌对势力的封锁,到1973年底,中国同150个国家和地区建立了贸易关系,在25个国家举办了贸易展览会,与世界550个港口开展了贸易往来,并参加了国际博览会。在对外贸易中十分重视引进新技术新设备,填补国内空白,促进中国现代化建设,从1950年到1976年,中国对外贸易进口总额中生产资料的进口占80%多。1972年前后,经毛泽东批准,从美国、日本、联邦德国、法国、意大利等国引进26套成套设备,其中包括大轧机、大化肥、石油化工、大电站以及汽轮机、燃气轮机和电讯、综合采煤机组等项目设备,总计43亿美元。1970年到1975年,中国对外贸易进出口总额由45.9亿美元增加到1475亿美元,五年间增加32倍。

四、建国后以政治建设为中心计划经济的30年,为后来以经济建设为中心改革开放和市场经济条件下经济社会的发展奠定了基础

1949至1978年,既是中国共产党领导中国人民以政治建设为中心计划经济的30年,也是中国特色社会主义初级阶段的准备与起步期,它为后来中国特色社会主义初级阶段以经济建设为中心改革开放

---

① 《建国以来毛泽东文稿》第7册,北京:中央文献出版社,1992年,第641页。
② 《毛泽东军事文选》,北京:中国人民解放军总参谋部出版部,1961年,第190—191页。
③ 《毛泽东文集》第8卷,北京:人民出版社,1999年,第71页。
④ 《建国以来毛泽东文稿》第7册,北京:中央文献出版社,1992年,第641页。

的加速发展奠定了基础。

新中国成立时,1949年的钢铁产量为15.8万吨,煤炭0.32亿吨,粮食1.132亿吨,棉花44.4万担,石油12万吨,生产技术方面也很落后。正如毛泽东所说:"现在我们能造什么？能造桌子、椅子,能造茶碗、茶壶,能种粮食,还能磨成面粉,还能造纸,但是,一辆汽车、一架飞机、一辆坦克、一辆拖拉机都不能造"①。建国后,以政治建设为中心的30年,不是只讲政治、不要或不重视发展生产和经济建设,而是以政治建设促进生产发展和经济建设,并取得了伟大成就。"1949年至1978年,国内生产总值从466亿元增长到3624.1亿元,增长6.77倍",比1965年的1716亿元翻了一番还多,年均递增率达6.8%。② 从1952年到1976年的25年间,全国工业总产值增长了30多倍,其中重工业总产值增长了90倍;中国的工业产值以平均每年11.2%的高速度增长,当时发达资本主义国家的年均增长率是4.6%;在中国第一个五年计划期间,工业年均增长率达到18%;"文革"10年间,工业生产仍以平均每年10%的速度增长;工农业总产值年均增速是8.5%。③ 在这个高速工业化的过程中,1952年到1976年,钢铁产量从140万吨增长到3178万吨,煤炭从6600万吨增长到61800万吨,水泥从300万吨增长到6500万吨,木材从1100万吨增长到5100万吨,电力从70亿度增长到2500亿度,原油从12万吨增长到10400万吨,化肥从3.9万吨增长到869.3万吨;中国已经能成批地生产喷气式飞机、拖拉机、火车机车和远洋海船;1964年中国第一颗原子弹爆炸,1970年人造卫星上天,1976年氢弹试验成功;中国还成功地试射了洲际弹道导弹,成为继美苏之后独立自主掌握核技术和空间技术的国家。在农业发展方面,农业合作化运动快速发展并不断完善,农业"八字宪法"④等生产经验得以总结和推广,粮食产量从1949年的11318万吨增长到1978年的

---

① 《毛泽东选集》第5卷,北京:人民出版社,1977年,第125页。
② 张全景:《学习研究毛泽东思想是长期任务》,《红旗文稿》,2010年第3期;国家统计局:《中国统计年鉴(1994)》,北京:中国统计出版社,1994年。
③ 国家统计局:《中国统计年鉴(1994)》,北京:中国统计出版社,1994年。
④ 毛泽东总结提出的农业生产管理经验是:水、肥、土、种、密、保、工、管。

30477万吨,增长1.69倍;棉花产量从1952年的130.4万担增加到1978年的216.7万担,年均增长1.97%。马克·塞尔顿说:"1977年中国人均占有耕地比印度少14%,而人均粮食生产却比印度高30%到40%,而且是把粮食用公平得多的方式分配到了比印度多50%的人口手中"。①

1952年,工业占中国国民生产总值的30%,农业占64%;到1975年,工业占国民生产总值的72%,农业则只占28%,产业结构大为改善。正是在毛泽东时代,为中国现代经济的发展打下了坚实的基础,使中国从一个落后的农业国家变成了一个以工业为主的国家。

这些经济建设成果的取得,还有两个重要的背景和情况:其一,在20世纪50年代后期中苏关系破裂后,基本上是在没有任何外援和借贷的情况下完全靠自己的力量独立建设的,并且在1968年就全部还清了公债,成为世界上少有的既无外债又无内债的国家。其二,当时的经济发展尽管一度有"大跃进""浮夸风"的影响,但时间很短,并在国家的统计指标中是没有泡沫和虚假现象的,更没有后来几十年改革开放中与GDP增长百分之八、九相伴而生的百分之三、四十银行不良资产,以及大量的资源浪费、豆腐渣工程、腐败成本等。

在教育、医疗卫生等事业和对贫困人员的生活保障方面,美国人莫里斯·迈斯纳评价毛泽东时代:在所有这些领域都取得了伟大的进步,在多数关键性的社会和人口统计指标上,中国不仅比印度、巴基斯坦等其他低收入国家强,而且比人均国民生产总值五倍于中国的中等收入国家也要强;中国人由大部分人口是文盲的状况变成了大部分人识字,在农村差不多普及了小学教育,在城市几乎普及了中等教育,而且在城乡开创了成人教育和在职教育;基本的社会保障措施得到了贯彻,禁止童工,还在农村实施了最低限度的福利方案,最著名的是对最穷困者的食品、衣物、住房、医疗以及丧葬费用的"五保";国营企业的工人享有工作保障以及福利待遇。毛泽东时代结束之际,中华人民共和国完全能够声称,它拥有一个刚起步但相当全面的医疗保健体系,这使得它在所有发展中国家独一无二。医疗保健以及营养和卫生的改善,共同造成

---

① 余飘:《中外著名人士谈毛泽东》,北京:大众文艺出版社,2006年,第244页。

了中国人寿命的极大增长,从1949以前的平均35岁到70年代中期的平均65岁。①

从1949到1978年,中国共产党带领中国人民,不畏强权、奋发图强,和世界人民一道为消灭压迫和剥削而斗争,开创了有中国特点的社会主义道路,捍卫和发展了马克思列宁主义;中国共产党带领中国人民,坚持沿着社会主义道路,通过艰苦奋斗和改革开放,走向繁荣富强;中国共产党带领中国人民,向高科技进军,跨入世界航天与核大国行列,阶段性地实现了"要美就我,我不就美。最后一定要美国服从我们"②的壮志,在世界上确立了自己的尊严和地位。

台湾学者李敖认为,经过毛泽东时代的短短30年,中国实现了从农业国到伟大工业强国的历史性跨越。中国实行的是赶超战略,即瞄准西方先进的工业水平,别人有的我们要有,别人没有的我们也要有。到毛泽东去世前夕,几乎所有西方有的中国都有了。地上有汽车、火车和轮船,天上有喷气式飞机,卫星、导弹、原子弹样样俱全。在亚洲"四小龙"的经济发展很快陷入困境后,中国却仍在高速前进,因为中国有自己的制造业,几乎什么都能够制造。而中国的工业化基础正是由毛泽东时代奠定的。毛泽东及其战友,是建设有中国特色的科学社会主义和实行改革开放的开路先锋。

五、提出"一国两制"构想为最终实现祖国统一奠定了理论与策略基础

20世纪的最后几个年头,是中国共产党领导的共和国及其人民一雪百年耻辱、相继实现恢复对香港、澳门行使主权。"一国两制"是中国共产党和中国政府为解决台湾问题、恢复对香港、澳门行使主权,实现祖国和平统一所提出和制定的一项重大国策。这一设计,是中国共产党在坚持国家统一原则和理论基础上集中全党智慧,运用辩证唯物主

---

① 余飘:《中外著名人士谈毛泽东》,北京:大众文艺出版社,2006年,第244—245页。

② 《毛泽东建国以来文稿》第9册,北京:中央文献出版社,1996年,第4页。

义和历史唯物主义,坚持实事求是原则的科学结晶,它无可争辩地显示了中国化的马克思主义指导下的中国共产党的无比创造力。

早在20世纪50年代,毛泽东就针对台湾问题的稳定与解决,提出了一个国家、两种制度的设想。1956年1月25日,毛泽东在第六次最高国务会议上指出:"台湾那里还有一堆人,他们如果是站在爱国主义立场,如果愿意来,不管个别也好,部分也好,集体也好,我们都要欢迎他们。"同年10月,毛泽东在会见外国朋友时,进一步阐述了我党对台方针政策:"台湾回归祖国,一切可以照旧。台湾现在可以实行三民主义,可以同大陆通商,但是不要派特务破坏,我们也不派红色特务去破坏他们,说好了可以签个协议公布。"①

根据中央文献出版社出版的《毛泽东传》(1949—1976上)第881—990页的记载,针对炮击金门等有关问题,1958年的10月13日,毛泽东会见了定居香港的新加坡《南洋商报》撰稿人曹聚仁,作陪的有周恩来、李济深、张治中、程潜、章士钊等。毛泽东告诉他们:"只要蒋氏父子能抵制美国,我们可以同他合作。我们赞成蒋介石保住金、马的方针,如蒋撤退金、马,大势已去,人心动摇,很可能垮。只要不同美国搞在一起,台、澎、金、马都可由蒋管,可管多少年,但要让通航,不要来大陆搞特务活动。台、澎、金、马要整个回来。"如果美援断绝,"我们全部供应。他的军队可以保存,我不压迫他裁兵,不要他简政,让他搞三民主义,反共在他那里反,但不要派飞机、派特务来捣乱。他不来白色特务,我也不去红色特务";台湾人"照他们自己的生活方式"生活。

1963年,周恩来将毛泽东的有关思想概括为"一纲四目"。一纲:台湾必须回归祖国。四目:台湾回归祖国后,除外交必须统一于中央外,所有军政大权、人事安排等由蒋介石当局决定;台湾所有军政及建设费用不足之数,悉由中央政府拨付(当时台湾每年赤字约8亿美元);台湾的社会改革可以从缓,必俟条件成熟,并尊重蒋介石之意见,协商

---

① 郑兴和:《从"和平解放"到"一国两制"》,(江西)《省对台工作》,1999年第4期。

决定后进行;双方互约不派人破坏对方之团结。①

再向前追溯,将中国共产党在抗日战争初期提出建立全民族的抗日救国统一战线的思想,新中国建立之初宣布的"凡愿意遵守平等、互利及互相尊重主权等项原则的任何外国政府,本政府均愿与之建立外交关系"的新中国成立公告,1950年2月14日签订的中苏友好同盟条约关于"双方保证以友好合作的精神,并遵照平等、互利、互相尊重国家主权和领土完整及不干涉对方内政的原则,发展和巩固中苏之间的经济和文化关系"的协定,与1956年6月28日周恩来在"万隆会议"上提出的"和平共处"五项原则,以及20世纪末实施的"一国两制"基本政治制度等联系起来,就可以清晰地看出:不论是在新民主主义革命时期,还是在社会主义初级阶段,也不论是在革命战争年代,或是在政治建设、和平建国时期,以及在处理国际、国内事务上,中国共产党都坚持不懈地运用辩证唯物主义和历史唯物主义,来指导和解决中国革命、建设和发展道路上的重大问题,并不断地发展马克思主义政党和国家学说,把它用于处理政党和国际事务关系的重大社会实践,开拓了在一个统一的主权国家内实行两种不同性质的社会制度并长期并存的新路子。它既为我们顺利实现恢复对香港、澳门行使主权铺平了道路,又为解决国际争端和历史遗留问题提供了新的思路和范例,同时为世界的和平与稳定做出了重大贡献。

六、毛泽东在晚年对中国改革开放、经济社会发展蓝图的勾画

革命和现代化并不是对立的,革命的目标是实现中国人民的幸福和中华民族的伟大复兴,现代化是实现人民幸福、民族复兴的必由之路,而现代化需要革命来为它扫清障碍、创造必要的前提。毛泽东比任何一位领导者都更急切地希望能把中国的经济建设做大、做强。毛泽东提出抓革命、促生产,抓革命的目的还是在于生产、建设、发展上。

---

① 李东航:《"一国两制"构想的由来和实践》,《解放军报》,2008年10月22日。

1964年12月,周恩来在第三届全国人民代表大会《政府工作报告》中,提出了要努力实现"四个现代化"的宏伟目标。1975年1月,周恩来在第四次全国人民代表大会的《政府工作报告》中,再次发出:"在本世纪内,全面实现农业、工业、国防和科学技术的现代化"的号召。

1970年,毛泽东和周恩来都已是年过七十的老人。毛泽东在驾驭中国这艘巨大的航船继续前行中,更多地把眼光移向辽阔的远方。1970年7月,以安德烈·贝当古为团长的法国政府代表团来华访问。7月13日,毛泽东在会见安德烈·贝当古一行时说:"世界上的事就是要商量商量。国内的事要由国内人民解决,国际间的事要由大家商量解决,不能由两个大国来决定。"①这是毛泽东关于超级大国和三个世界划分思想理论的萌芽,也是毛泽东要只争朝夕,加快、加大和加强中国与国际对话,特别是与超级大国对话的思考。

当时,毛泽东围绕中国经济发展和实现现代化在做两件事,一是选择"榜样",二是选择时机。毛泽东选择的"榜样",就是美国、日本等西方发达国家。

1970年12月18日,毛泽东会见美国作家埃德加·斯诺时的谈话,就集中表达了他不仅要开启、加大与美国的对话,而且还要加紧布局,利用美苏矛盾,开辟中国对外交往和开放的新局面。在斯诺谈到美国有一个妇女解放运动,她们要求男女完全平等时,毛泽东借题发挥说:"你要完全平等,现在不可能。今天是不分中国人、美国人。我是寄希望于这两国的人民的,寄大的希望于美国人民。""单是美国这个国家就有两亿人口,如果苏联不行,我寄希望于美国人民"。"美国的产业高于世界各个国家,文化普及。现在我们的一个政策是不让美国人到中国来,这是不是正确? 外交部要研究一下。左、中、右都让来。为什么右派要让来? 就是说尼克松,他是代表垄断资本家的。当然要让他来了,因为解决问题,中派、左派是不行的,在现实要跟尼克松解决。他早就到处写信说要派代表来,我们没发表,守秘密啊! 他对于波兰华沙那个会谈(指中美大使级会谈)不感兴趣,要来当面谈。所以,我说如果尼克松愿意来,我愿意和他谈,谈得成也行,谈不成也行,吵架也行,不吵架

---

① 《建国以来毛泽东文稿》第13册,北京:中央文献出版社,1998年,第111页。

也行,当作旅行者来谈也行,当作总统来谈也行。总而言之,都行。我看我不会跟他吵架,批评是要批评他的。我们也要做自我批评","比如,我们的生产水平比美国低,别的我们不做自我批评。你说中国有很大的进步,我说不然,有所进步"。"我对中国的进步不满意,历来不满意。当然,不是说没有进步"。① 这一段谈话,毛泽东明确表达了两个意思:一是中国要开放大门,欢迎包括尼克松这样的垄断资本家的代表在内的美国右派来华;二是与美国比,中国的生产水平有差距,他期盼中国经济的大发展;但社会制度比美国强。两个意思,一个目标,就是中国的发展,尤其是要向美国学习先进的技术,发展经济。

  谈话中,毛泽东分析了尼克松为了使美军早日从越战中脱身,并要寻求自己的连任,必来中国的情势,进一步表达了对尼克松来华以及与美交往的欢迎态度和具体意见:"尼克松要派代表团来中国谈判,那是他自己提议的,有文件证明,说愿意在北京或者华盛顿当面谈","一九七二年美国要大选,我看,这年的上半年尼克松可能派人来"。当斯诺谈到柬埔寨西哈努克亲王认为"尼克松是毛泽东的一位好的代理人"时,毛泽东幽默地说:"我喜欢这种人,喜欢世界上最反动的人。我不喜欢什么社会民主党,什么修正主义。修正主义有他欺骗的一面"。"好!尼克松好!我能跟他谈得来,不会吵架。"斯诺问,如果他见到尼克松,是否可以把毛泽东的话告诉尼克松。毛泽东说:"你只说",尼克松"是好人啊!是世界上第一个好人!这个勃列日涅夫不好"。斯诺问到"中美两国会不会建交"时,毛泽东确切地回答:"中美两国总要建交的。中国和美国难道就一百年不建交啊?我们又没有占领你们那个长岛。"②

  毛泽东通过与斯诺的谈话,以积极的态度回应了尼克松的做法,在国内外产生了积极的作用和影响。几个月后(1971年3月19日),中国乒乓球代表团参加在日本名古屋举行的第31届世界乒乓球锦标赛,代表团一离开北京,毛泽东就要求身边工作人员:"每天要把各通讯社对

---

① 《建国以来毛泽东文稿》第13册,北京:中央文献出版社,1998年,第166—173页。
② 《建国以来毛泽东文稿》第13册,北京:中央文献出版社,1998年,第166—173页。

于我们派出去的代表团的反映逐条地对我讲";"这件事事关重大,非同一般呀!这是在火力侦察以后,我要争取主动,选择有利时机。"①

中国代表队庄则栋等,遵照周恩来再三提出要执行"友谊第一,比赛第二"方针的要求和《人民日报》报道的毛泽东对斯诺"寄大的希望于美国人民"的谈话精神,与美国乒乓球队队员科恩等友好交往,引起日本媒体的关注和报道。美国队的拉福德·哈里森,主动登门求见中国代表团,并提出了惊人的要求:"你们在世乒赛后邀请了我们北边的加拿大访问中国,也邀请了我们南面的哥伦比亚,能不能邀请美国乒乓球队访问中国啊?"

据原外交部礼宾司司长王海容、毛泽东护士长吴旭君的回忆:报告与消息传回国内,外交部和国家体委认为"目前邀请美国队的机会尚不成熟",联合提出"关于不邀请美国乒乓球队访华"的报告,上报周恩来。4月4日,周恩来在报告上批注"拟同意"后呈报毛泽东。4月6日,毛泽东圈阅了报告。但当天毛泽东得知庄则栋与科恩交往的消息后,夸奖说:"这个庄则栋,不但球打得好,还会办外交。此人有点政治头脑"。是日深夜,毛泽东作出决定:邀请美国队访华!并嘱"赶快办。来不及了!"因为世乒赛赛程已完,闭幕在即。老人家对于开放国门的急切心情,由此可见一斑。

1971年4月10日,美国乒乓球代表团和一小批美国新闻记者抵达北京,成为自1949年以来第一批获准进入中国境内的美国人。4月14日,周恩来在人民大会堂接见美国乒乓球队时说:"你们在中美两国人民的关系上打开了一个新篇章。我相信,我们友谊的这一新开端必将受到我们两国多数人民的支持"。同日,美国总统尼克松在华盛顿发表了有助于改善中美两国关系的5项具体措施。正如毛泽东在1970年12月和斯诺谈话时预料的那样,尼克松于1972年2月21日访华。小球弹开了中美彼此紧闭20多年的国门,震动了地球,中美关系终于走向了正常化的道路。已是暮年的毛泽东通过"乒乓外交",了结了一个心愿,为中国敞开了走向世界的大门,为中国经济社会的发展开拓了对外开放的新道路。

---

① 徐中远:《毛泽东生前每天必读〈参考资料〉》,《中直党建》,2011年第9期。

二战后的日本,经过20多年的发展,在19世纪70年代已成为世界上仅次于美苏的经济大国。在推动实现与美关系正常化的同时,毛泽东着力推动的是中日邦交正常化。中日邦交正常化,"有利于反对美苏两霸特别是反对苏修的斗争,有利于反对复活日本军国主义的斗争,有利于我国解放台湾的斗争,有利于缓和亚洲紧张局势"①。与美国比,日本和中国是近邻,对中国有欠账。新中国成立初期,毛泽东高瞻远瞩,一再指出:要把日本广大人民同极少数军国主义分子严格区别开来,要"把政府决策的人和一般的官员区别开来",广大日本人民也是侵略战争的受害者。在当时复杂困难的情况下,既同日本当局敌视中国的政策进行有理、有利、有节的斗争,又更积极地做争取日本民间友好人士和日本人民的工作。在这个基础上,由政界有识之士、友好人士带动,形成了民间友好的洪流,并最终实现了中日邦交正常化。

1972年9月25日,日本内阁总理大臣田中角荣访问中国,29日在北京签署《中华人民共和国政府、日本国政府联合声明》(以下简称《声明》)。《声明》宣告:"自本声明公布之日起,中华人民共和国和日本国之间迄今为止的不正常状态宣布结束。"双方决定:从1972年9月29日起建立外交关系并尽快互换大使;同意进行以缔结和平友好条约以及政府间的贸易、航海、航空、渔业等协定为目的的谈判;决定在和平共处五项原则的基础上,建立两国持久的和平友好关系。中日之间战争状态的结束,邦交正常化的实现,揭开了两国关系史上的新篇章。

选准"榜样",抓住时机,实现了中日邦交正常化,毛泽东又检视国内的情况,为实现全党工作重心的转移,对以政治建设为中心、以阶级斗争为纲时期的"库存"进行再次的盘点和清理。1975年2月27日,毛泽东提出关于释放战犯的建议,并具体指示:"锦州、大虎山、沈阳、长春","人家放下武器二十五年了","都放了算了。强迫人家改造不好";"土改的时候我们杀恶霸地主,不杀,老百姓怕"。现在"这些人老百姓都不知道,你杀他干什么,所以一个不杀"。对于释放方案中每人发放十五元补贴的做法,毛泽东认为:"气魄太小了。十五元太少","每人发一百元零用钱,每人都有公民权。不要强迫改造";"有些人有能力可以

---

① 《建国以来毛泽东文稿》第13册,北京:中央文献出版社,1998年,第316页。

做工作。年老有病的要给治病,跟我们的干部一样治"。并要求:"放战犯的时候要开欢送会,请他们吃顿饭,多吃点鱼、肉。"①周恩来根据毛泽东的建议,于 1975 年 3 月 17 日向第四届全国人大常委会第二次会议提请审定,3 月 18 日全国人大常委会做出特赦释放全部在押战犯的决定。对毛泽东这一举措,我们可以做出这样的解读:昔日革命战争年代的那些与我们明火执仗的对手,已经放下武器 25 年,都被改造成为共和国的公民了,在中国还有什么不能和没有成为公民的对手吗?一个以政治建设为中心的时代已经可以成为过去,一个早就盼望的以经济建设为中心的时代,应当可以开始了。

至此,毛泽东在建国后近 30 年里,排除了可能颠覆红色江山、改变人民当家做主的政权的隐患,巩固了新生的人民政权,确立了坚持马克思主义、坚持中国共产党的领导、坚持无产阶级专政、坚持社会主义道路的不可动摇的原则和方向,扫清了发展经济、发展文化道路上的障碍,奠定了加快建设中国特色社会主义的政治、思想、经济、文化和社会基础,清理了革命战争 30 年遗留的旧账,打开了中国走向世界、走向未来,和以经济建设为中心改革开放、加速发展的大门。

没有毛泽东和他的战友们领导的几代人在两个 30 年的革命、建设和改革中坚持不懈的卓绝奋斗,便没有中国的今天。正确认识和评价毛泽东和他的战友们领导几代人在两个 30 年的革命、建设和改革中的丰功伟绩,全面正确把握毛泽东思想的科学内涵,并很好地继承这一珍贵遗产,将会使我们在建设中国特色社会主义的道路上飞得更高、更远。

原载于《河南大学学报(社会科学版)》2012 年第 2 期;《中国人民大学复印报刊资料》毛泽东思想 2012 年第 4 期全文转载

---

① 《建国以来毛泽东文稿》第 13 册,北京:中央文献出版社,1998 年,第 421 页。

试论毛泽东的执政忧患意识

何云峰 ①

毛泽东是一个具有远见卓识的伟大的政治家。他不仅领导党和人民推翻了三座大山，建立了人民当家做主的新政权，而且在党成为执政党之后，具有强烈的执政忧患意识，时刻警惕来自各个方面的对政权的威胁。迄今为止，学界对于毛泽东执政忧患意识的研究成果并不多，只有少数几篇论文对此进行了专题论述，如安建设的《毛泽东的未了"情结"——兼论毛泽东的执政忧患意识》(《新中国 60 年研究文集》第 2 册，中央文献出版社 2009 年)、王青山的《毛泽东晚年忧患意识的演进分析》(《中共桂林市委党校学报》，2002 年第 2 期)、郑以灵的《毛泽东忧患意识探析》(《党史研究与教学》，1991 年第 6 期)、徐锋的《论建国初期毛泽东的执政忧患意识》(《中共云南省委党校学报》，2007 年第 6 期)、刘德军的《毛泽东执政党思想作风忧患意识》(《理论学刊》，2005 年第 2 期)等。其中安建设的论文最有分量，该文依次叙述了毛泽东的"李自成情结""海军情结""工业化情结""百姓情结"和"'文革'情结"，充分反映了毛泽东作为新中国缔造者所始终具有的执政忧患意识及其丰富内涵。当然这只能说是一家之言。对于毛泽东执政忧患意识的研究应当继续拓展和深化，研究视角完全可以多元化。笔者在认真研究毛泽东晚年的大量文献后发现，毛泽东的执政忧患意识突出表现在三个方面：一忧官僚主义泛滥；二忧教条主义盛行；三忧修正主义上台。本文即从这三个方面展开论述。

---

① 何云峰(1972—)，男，河南孟津人，河南大学哲学与公共管理学院副教授，法学博士。

一、忧官僚主义泛滥

毛泽东是官僚主义的坚定反对者。在当代社会主义各国的领导人中,恐怕没有谁曾像毛泽东那样,对官僚主义进行了那样尖锐、彻底和不妥协的斗争,没有谁像他那样发动了那样频繁、激烈和规模巨大的反对官僚主义的运动。

早在民主革命时期,毛泽东就多次提出过要在党内、根据地政府内反对官僚主义的问题,称官僚主义为"极坏的家伙"①。他也早已考虑过无产阶级政党成为执政党后,是否会重蹈旧政权覆辙,因新一轮的官僚化而变质的问题。在延安时期他就将郭沫若的《甲申三百年祭》列为整风文件,要求全党干部深刻汲取李自成政权败亡的教训。

新中国成立后,中共成为执政党,在全国范围内执掌政权,地位和环境的变化使党面临着严峻考验,能不能正确对待和使用手中的权力,经受住权力地位的腐蚀,抵御腐朽思想的侵蚀,将直接决定着中共能否担当起执政的重任,在"进京赶考"中交上一份合格的答卷。为了考个好成绩,毛泽东和他的战友们对克服和清除党内、政府内的官僚主义倾注了大量的心血,颁布和发出过大量的指示和号召,发动了一次又一次大规模的群众运动。

1951年12月,党中央作出决定,要求把反贪污、反浪费、反对官僚主义作为贯彻精兵简政、增产节约这一中心任务的重大措施,在全国范围内开展了大规模的"三反"运动。1951年12月8日,毛泽东指示:对于反对贪污浪费和官僚主义的问题,"必须看作如同镇压反革命斗争一样的重要";"轻者批评教育,重者撤职,惩办,判处徒刑(劳动改造),直至枪毙 大批最严重的贪污犯,全国可能须要枪毙一万至几万贪污犯才能解决问题"②。1952年1月1日,毛泽东在元旦团拜会上号召全国"大张旗鼓地,雷厉风行地,开展一个大规模的反对贪污、反对浪费、反

---

① 《毛泽东选集》第1卷,北京:人民出版社,1991年,第124页。
② 《建国以来毛泽东文稿》第2册,北京:中央文献出版社,1988年,第549页。

对官僚主义的斗争,将这些旧社会遗留下来的污毒洗干净!"①1953年1月,毛泽东在《关于反对官僚主义、命令主义和违法乱纪的指示》中指出:"官僚主义和命令主义在我们的党和政府,不但在目前是一个大问题,就是在一个很长的时期内还将是一个大问题。就其社会根源来说,这是反动统治阶级对待人民的反动作风(反人民的作风,国民党的作风)的残余在我们党和政府内的反映的问题。"②并且严令:"凡典型的官僚主义、命令主义和违法乱纪的事例,应在报纸上广为揭发。"③全国很快又展开了"新三反"运动。

1956年11月,毛泽东在党的八届二中全会上严厉批评了党内的官僚主义特权思想作风。他的尖锐言辞让老百姓听了特别解气:"有些人如果活得不耐烦了,搞官僚主义,见了群众一句好话没有,就是骂人,群众有问题不去解决,那就一定要被打倒。"④"现在,有这样一些人,好像得了天下,就高枕无忧,可以横行霸道了。这样的人,群众反对他,打石头,打锄头,我看是该当,我最欢迎。而且有些时候,只有打才能解决问题。"⑤他语重心长地告诫各级领导干部:"我们一定要警惕,不要滋长官僚主义作风,不要形成一个脱离人民的贵族阶层。谁犯了官僚主义,不去解决群众的问题,骂群众,压群众,总是不改,群众就有理由把他革掉。我说革掉很好,应当革掉。"⑥

1957年春季,毛泽东在全国各地一些重要讲话中,反复强调要发扬革命传统,保持革命精神,反对官僚主义,密切联系群众,而不要靠职位、靠老资格吃饭。同年4月,党中央发动了旨在反对官僚主义、宗派主义和主观主义的整风运动。虽然整风运动后来发生了逆转,但我们不能因此怀疑毛泽东反对官僚主义的真诚愿望。

进入20世纪60年代,毛泽东对于执政条件下官僚主义存在的长

---

① 《毛泽东文集》第6卷,北京:人民出版社,1999年,第221页。
② 《毛泽东文集》第6卷,北京:人民出版社,1999年,第254页。
③ 《毛泽东文集》第6卷,北京:人民出版社,1999年,第255页。
④ 《毛泽东选集》第5卷,北京:人民出版社,1977年,第324页。
⑤ 《毛泽东选集》第5卷,北京:人民出版社,1977年,第325页。
⑥ 《毛泽东选集》第5卷,北京:人民出版社,1977年,第326页。

期性有了更加充分的认识。他深刻指出:"官僚主义这种旧社会遗留下来的坏作风,一年不用扫帚扫一次,就会春风吹又生了。"①面对官僚主义日益泛滥的趋势,毛泽东表示了深深的担忧。1965年1月15日,毛泽东做出了这样的批示:"官僚主义者阶级与工人阶级和贫下中农是两个尖锐对立的阶级","如果管理人员不到车间、小组搞三同,拜老师学一门至几门手艺,那就一辈子会同工人阶级处于尖锐的阶级斗争状况中,最后必然要被工人阶级把他们当作资产阶级打倒"②。

毛泽东对于官僚主义的深切忧虑是他发动"文革"的重要原因。他曾经明确说过:"我的目的是想烧一烧官僚主义。"③然而,尽管在"文革"中党政机关被冲得七零八落,老干部几乎普遍挨整,毛泽东对于官僚主义的担忧并未消除,反而与日俱增。1976年3月,在中共中央下发的《毛主席重要指示》中,毛泽东甚至认为党内的官僚特权阶层已经蜕变为党内资产阶级,说他们"作了大官了,要保护大官们的利益。他们有了好房子,有汽车,薪水高,还有服务员,比资本家还厉害"④。

考察建国后毛泽东反对官僚主义的理论和实践,笔者认为其中有三个鲜明的特色值得关注:

1. 对于基层实践经验的极力强调。毛泽东始终认为,真正出知识的地方是基层,越到上层越没有东西。他多次指出,不论什么人,不管官多大,地位多高,怎样有名气,只要半年时间不向人民学习,不去接触人民,不去同与人民有联系的干部接触,就不知道什么事了,就贫乏了。正因为如此,他严令各级领导干部精简会议、文件和报表,大兴调查研究之风,要求他们一年一定要有四个月的时间轮流离开办公室,深入基层,亲自蹲点,实行"三同",即与群众同吃同住同劳动。

2. 对于群众路线的反复重申。毛泽东尊重人民,热爱人民,坚信人民群众是历史的创造者。他说:"群众是真正的英雄,而我们却是幼稚

---

① 《建国以来毛泽东文稿》第9册,北京:中央文献出版社,1996年,第114页。
② 逄先知,金冲及:《毛泽东传(1949～1976)》下卷,北京:中央文献出版社,2003年,第1389页。
③ 张耀祠:《张耀祠回忆毛泽东》,北京:中共中央党校出版社,1996年,第142页。
④ 《建国以来毛泽东文稿》第13册,北京:中央文献出版社,1998年,第487页。

可笑的,包括我。往往是下级水平高于上级,群众高于领导,领导不及普通劳动者,因为他们脱离群众,没有实践经验。"①因此,毛泽东反复强调领导干部要虚心拜人民群众为师,向人民群众求取真理。"作为人民革命的领袖,毛与群众有着他人无法企及的特殊关系"②。这种特殊关系使他对骑在人民头上作威作福的官僚主义者极为反感和痛恨,甚至直斥他们为"国民党""小蒋介石"。毛泽东认为,要有效地克服官僚主义,就必须紧紧依靠人民群众,给他们以参与管理的机会。他提出的诸如"两参一改三结合"一类的重要方针,就是这种思路的具体体现。

3.对于官民政治平等的执著追求。执政以后,毛泽东多次要求各级干部打掉官气,真正以平等的态度对待群众。他指出:"要以普通劳动者的姿态出现。不论你官多大,无非是当主席,当总理,当部长,当省长,那么大的官,但是你只能以一个劳动者的姿态出现。这样,你的官更好做,更多得到人民拥护。"③"官气是一种低级趣味,摆架子、摆资格、不平等待人、看不起人,这是最低级的趣味,这不是高尚的共产主义精神。以普通劳动者的姿态出现,则是一种高级趣味,是高尚的共产主义精神。"④他倡议干部下放当社员,军官下连队当兵,也曾提出过取消军衔、废除级别,以及部分实行供给制,其意均在于实现平等,反对官僚主义。"文化大革命"中,他在解释一些干部受冲击的原因时,曾多次提到,一些人官大了,薪水多了,自以为了不起,就摆架子,不平等待人,不民主,喜欢训人,群众有意见,平时没有机会讲,在运动中爆发了,所以要吸取教训,很好地解决上下级关系,搞好干群关系。

必须承认,毛泽东反官僚主义的斗争取得了相当大的成效。传统集权体制下的中国,之所以能够比较有效地遏制官僚主义的滋长,保持比较平等、密切的干群关系,与毛泽东反对官僚主义的不懈斗争是分不

---

① 《建国以来毛泽东文稿》第13册,北京:中央文献出版社,1998年,第489页。
② 莫里斯·迈斯纳著,杜蒲,李玉玲译:《毛泽东的中国和后毛泽东的中国》(上),成都:四川人民出版社,1989年,第237页。
③ 逄先知,金冲及:《毛泽东传(1949～1976)》上卷,北京:中央文献出版社,2003年,第787页。
④ 逄先知,金冲及:《毛泽东传(1949～1976)》上卷,北京:中央文献出版社,2003年,第818页。

开的。正如一位外国学者所指出的那样：中国的官僚权力和官僚特权之所以没有发展到苏联那种极端的程度，是因为"这里存在着两个限制因素。第一个因素是毛泽东个人的巨大权威和声望。毛泽东对官僚主义和官僚深恶痛绝，再加上他与他信任的人民群众之间的特殊关系，遏制了官僚权力的常规化和制度化。另一个更普遍的因素是中国革命的传统。"①

毋庸讳言，毛泽东反官僚主义的斗争也有局限性。毛泽东没有意识到官僚主义本质上是一个体制问题。他虽然也发现了体制中的一些问题，多次提出要精简机构、裁汰冗员、下放权力、发挥地方积极性等，但是，这样的认识并未触及体制问题的深层结构。他将官僚主义视为资产阶级和封建主义的遗毒，认为反对官僚主义的斗争从实质上讲就是阶级斗争。最初，他将这种斗争局限在思想作风领域，试图通过整风运动解决官僚主义的问题。自20世纪60年代初起，他对干部队伍中的消极面做出了比较严重的估计，甚至提出了"官僚主义者阶级"一类的概念。由此他认为应该在政治、经济和思想各个领域开展全面彻底的阶级斗争来解决官僚主义的问题。这种思路使他最终走上了阶级斗争扩大化的歧路，先是搞了社会主义教育运动，而后又搞了"文化大革命"，致使中国为反对官僚主义付出了巨大的代价。

二、忧教条主义盛行

毛泽东是教条主义的死敌。诚如有的研究者所言："毛泽东本人思想发展过程中最富有生气和活力、最具光彩之处，正是他对教条主义的斗争和对这一斗争所作的理论总结。毛泽东事业成功的秘诀就在于此。"②在民主革命时期，毛泽东就同党内盛行的把马克思主义教条化，把共产国际决议和苏联革命经验神圣化的错误倾向，进行了坚持不懈

---

① 莫里斯·迈斯纳著，杜蒲，李玉玲译：《毛泽东的中国和后毛泽东的中国》（下），成都：四川人民出版社，1989年，第331页。

② 刘普生：《论毛泽东同教条主义的斗争》，《湖南科技大学学报（社科版）》，2006年第1期。

的斗争,明确提出要使马克思主义在中国具体化,并最终形成了毛泽东思想这一极其宝贵的理论成果。在毛泽东思想指引下,党领导人民取得了中国革命的伟大胜利。中国共产党执政以后,面临着新的形势与任务,毛泽东从实践中认识到,把马克思主义基本原理与中国实际相结合的任务并没有一劳永逸地终结,同样需要警惕将马克思主义教条化的错误倾向,因此应当把马克思主义与中国实际进行"第二次结合"。

毛泽东在执政以后提出"第二次结合",实际上就提出了党在执政以后反对教条主义的任务。执政头七年,党在建设社会主义方面缺乏实践经验,不得不"以俄为师",在很大程度上照搬了苏联模式。这样,在实际工作中出现了不少教条主义的情况。对于这种情况,毛泽东很不满意,感到心情不舒畅,早在1955年底他就提出了"以苏为鉴"的问题。在苏共二十大揭露斯大林个人崇拜的严重后果和苏联建设社会主义的许多错误以后,以毛泽东为首的党中央进一步破除对苏联、苏共和斯大林个人的迷信,开始思考中国在建设社会主义方面如何超越苏联模式,独立自主地走自己的道路的问题。在中共八大一次会议前后,为反对把马克思主义教条化、把苏联建设经验神圣化的错误倾向,为探索适合中国国情的社会主义建设道路,毛泽东带领全党进行了不懈的努力,取得了很多重要的成果。

在发展道路方面,毛泽东强调以苏为鉴,走自己的路,不把书本当教条,不照搬外国模式,坚持把马克思主义基本原理与本国实际相结合。在《论十大关系》中,毛泽东强调:对于马列主义理论,"我们要学的是属于普遍真理的东西,并且学习一定要与中国实际相结合。如果每句话,包括马克思的话,都要照搬,那就不得了"。① 他明确提出不能全盘照搬苏联经验。"特别值得注意的是,最近苏联方面暴露了他们在建设社会主义过程中的一些缺点和错误,他们走过的弯路,你还想走?"② 匈牙利事件发生后,毛泽东更进一步坚定了从本国国情出发建设社会主义的信念。他说:"匈牙利事件主要是因为本国的工作没有做好,一概硬套苏联的办法,没有照顾到本国的具体情况。因此得出一条教训,

---

① 《毛泽东文集》第7卷,北京:人民出版社,1999年,第42页。
② 《毛泽东文集》第7卷,北京:人民出版社,1999年,第23页。

我们要根据马列主义普遍真理,结合本国的具体情况来办事。"①

在政治建设方面,毛泽东对苏联存在的专制主义问题进行了深刻的反思。毛泽东认为,苏联犯的重大错误之一就是实行"对人民的专制主义"。② 在他看来,资本主义发达国家在这方面比斯大林统治下的苏联做得好。他在八大期间会见南斯拉夫代表团时说,斯大林"那时的思想控制很严,胜过封建统治。一句批评的话都不能听,而过去有些开明君主是能听批评的。""资本主义社会就比封建时代进了一步,美国两党——共和党和民主党可以相互骂架。"③以苏为鉴,毛泽东充分认识到加强人民民主的的必要性和紧迫性。他告诉来访的外国朋友:"我们社会主义国家必须想些办法","要使人有讲话的机会"④。他深刻指出,过去在革命的时候,我们和人民一起,向封建势力要民主。现在我们胜利了,自己掌握政权,很容易强调专政,忽略民主的一面。⑤ 既然忽视民主是执政后最容易犯的错误,所以毛泽东提出,领导我们的国家应该采取"放"的方针,就是放手让大家讲意见,使人们敢于讲话,敢于批评,敢于争论。"我们希望造成这样一个中国,希望把我们国家变成这样一个活泼的国家,使人们敢于批评、敢于说话,有意见敢于说,不要使人不敢说。"⑥毛泽东把扩大民主当作中国社会主义政治建设中的关键问题,并且坦言"现在有点反封建主义的味道"⑦。此种胆识,就是在50年后的今天看来,也依然值得称颂。

在经济建设方面,毛泽东同样对苏联模式提出了诸多批评。以苏为鉴,毛泽东对中国的社会主义经济建设提出了一系列开创性的设想。关于工业化道路问题,他提出要在优先发展重工业的前提下实现工业

---

① 《毛泽东文集》第7卷,北京:人民出版社,1999年,第178页。
② 《周恩来选集》下卷,北京:人民出版社,1984年,第229页。
③ 《毛泽东文集》第7卷,北京:人民出版社,1999年,第127页。
④ 《毛泽东文集》第7卷,北京:人民出版社,1999年,第127页。
⑤ 逄先知、金冲及:《毛泽东传(1949~1976)》上卷,北京:中央文献出版社,2003年,第657—658页。
⑥ 逄先知、金冲及:《毛泽东传(1949~1976)》上卷,北京:中央文献出版社,2003年,第652页。
⑦ 《毛泽东文集》第7卷,北京:人民出版社,1999年,第127页。

和农业、重工业和轻工业同时并举,"又要重工业,又要人民"。在利益分配问题上,他提出兼顾国家、生产单位和个人三者的利益,做到"统筹兼顾、适当安排"。毛泽东特别提出,不能把农民挖得太苦,不能做"要母鸡多生蛋,又不给米吃;又要马儿跑得好,又要马儿不吃草"的事情。在中央和地方的关系上,毛泽东提出要发挥中央和地方两个积极性。毛泽东还提出要扩大企业自主权,认为企业要有一定的独立性,要有点"独立王国",公开的、合法的"半独立王国"。在所有制方面,毛泽东提出"可以消灭了资本主义,又搞资本主义"的"新经济政策"。

在思想文化建设方面,毛泽东提出了著名的双百方针。苏联曾发生过利用行政手段干涉学术争论从而严重阻碍科学发展的事,其中最典型的是李森科用行政手段压制遗传学中的摩尔根学派。1948年,当时的苏联农业科学院院长李森科把遗传学中的摩尔根学派当作"资产阶级的""唯心主义的""形而上学的""反动的伪科学"加以粗暴批判。在大学中,只准讲米丘林学派,不准讲摩尔根学派。斯大林逝世后,苏联报刊揭露和批评了李森科压制学术争论的学阀作风。毛泽东注意到苏联的这一教训,果断调整了党的方针政策,提出了"百花齐放,百家争鸣"的方针,即在艺术问题上百花齐放,在学术问题上百家争鸣,反对用行政的方法对于学术和艺术问题实行强制和专断。毛泽东对于思想文化领域存在的教条主义倾向提出了严厉的批评,明确指出:"教条主义不是马克思主义,而是反马克思主义。"①毛泽东认为,教条主义对老祖宗说过的话采取一概肯定的办法,是形而上学的思想方法的表现,非但不会促进马克思主义的发展,反而会阻碍马克思主义的发展。

在八大一次会议前后反对教条主义的斗争中,毛泽东破除了对苏联模式的依赖和迷信,真正从本国实际出发,独立思考问题,以开拓创新的非凡勇气,取得了丰硕的成果。

八大二次会议前后,是毛泽东号召反对教条主义的又一个高峰期。这一时期毛泽东对于反对教条主义也有很多精彩的论述。在成都会议上,毛泽东指出:学习应和独创相结合。硬搬苏联的规章制度,就是缺乏独创精神,忘记了历史上教条主义的教训。针对执政初期照搬苏联

---

① 《毛泽东文集》第7卷,北京:人民出版社,1999年,第251页。

的教条主义倾向,毛泽东批评说:"中国人当奴隶当惯了,似乎还要继续当下去。中国艺术家画我和斯大林在一起的像,我总比斯大林矮一些,这就是盲目屈服于苏联的压力。"①"不管人家的文章正确不正确,中国人都听,都奉行,总是苏联第一。"②毛泽东举例说,因为苏联有一篇文章说不能吃鸡蛋和喝鸡汤,害得他三年不能吃鸡蛋,不能喝鸡汤。由此得出结论:苏联的经验只能择其善者而从之,其不善者不从之。③

在八大二次会议上,毛泽东进一步提出:不要妄自菲薄,不要看不起自己。不要被大学问家、名人、权威所吓倒。年轻人打倒老年人,学问少的人打倒学问多的人,这种例子多得很。要敢想、敢说、敢做,不要被某些东西所束缚;要从这种束手束脚的状态中解放出来,要发挥人的创造性。要割掉奴隶尾巴,反掉贾桂作风。要敢于标新立异。不要怕教授,不要怕马克思,不要迷信科学家。

在1958年5月18日和6月17日,毛泽东还先后写了"卑贱者最聪明,高贵者最愚蠢"和"打倒奴隶思想,埋葬教条主义"等批语。

毛泽东的这些讲话和批语,当时曾在广大干部和群众中产生过广泛的影响。应当说,毛泽东的这些话基本上是正确甚至是精彩的,充分展现了他作为执政党领袖的宏大气魄。虽然在某些问题上他为了强调而极而言之,把话讲得有点过头,但其主导思想在于反对教条主义,激发全党同志和全国人民奋发图强的热情和勇于创新的精神,这应当是没有问题的。遗憾的是,这一时期反对教条主义的斗争与批判反冒进、发动大跃进结合在一起,离开了实事求是的轨道,在实践中走偏了方向。

重温毛泽东关于反对教条主义的理论,对于今天我们搞好执政党建设依然具有重要意义。对于一个无产阶级执政党来说,教条主义是最难克服的痼疾。纵观国际共产主义运动的教训,教条主义几乎是社会主义国家执政党的通病。教条主义盛行,最终断送了许多国家共产党的执政地位。邓小平总结历史的经验教训,沉痛指出:"一个党,一个

---

① 《毛泽东文集》第7卷,北京:人民出版社,1999年,第369页。
② 《毛泽东文集》第7卷,北京:人民出版社,1999年,第368页。
③ 《毛泽东文集》第7卷,北京:人民出版社,1999年,第366页。

国家,一个民族,如果一切从本本出发,思想僵化,迷信盛行,那它就不能前进,它的生机就停止了,就要亡党亡国。"①只有不断克服教条主义,我们党才能不断巩固执政地位,社会主义事业才会永葆生机与活力。从这个角度看,毛泽东高度重视反对教条主义的问题,显然是抓到了要害。

三、忧修正主义上台

毛泽东是反对修正主义的坚强斗士。20世纪60年代,随着中苏两党分歧的加剧,毛泽东发现,修正主义对于共产党政权的威胁日益逼近,由此他的注意力逐渐从反对教条主义转向反对修正主义。反对修正主义成为他思考的中心问题。他在一系列会议上一再提醒全党,并逐步展开了反对国内外修正主义的斗争。

1960年4月22日,中共中央以《红旗》杂志编辑部名义发表《列宁主义万岁》一文,点名批判南斯拉夫的铁托,实际上是不点名地批判苏联的赫鲁晓夫。在内部,则明确指出苏联已经变修,要吸取他们的教训,并认为国内也已经有了"修正主义者",就是彭德怀等人,要警惕出修正主义,防止"和平演变"。同年八九月间,毛泽东在北戴河会议和八届十中全会上重新强调阶级斗争,向全党提出了反修防变的重大课题。8月9日,他明确提出:要花几年工夫,对干部进行教育,把干部轮训搞好,不然,搞一辈子革命,却搞了资本主义,搞了修正主义。9月24日,他又提出要提高警惕,防止国家"走向反面"②。9月27日发表的八届十中全会公报,重申了毛泽东讲话的精神,强调"无论在现在和在将来,我们党都必须提高警惕,正确地进行在两条战线上的斗争,既要反对修正主义,也要反对教条主义"③。

从1962年底到1963年春,中共中央连续发表七篇文章,批判意大

---

① 《邓小平文选》第2卷,北京:人民出版社,1994年,第143页。
② 薄一波:《若干重大决策与事件的回顾》下卷,北京:人民出版社,1997年,第1181页。
③ 《建国以来重要文献选编》第15册,北京:中央文献出版社,1997年,第654页。

利的陶里亚蒂、法国的多列士和美国共产党等所谓"现代修正主义"。1963年6月14日,中共中央发表《关于国际共产主义运动总路线的建议》。同年7月14日,苏共中央发表《给苏联各级党组织和全体共产党员的公开信》,中苏论战进一步公开化。从1963年9月到1964年7月,中共中央以《人民日报》编辑部和《红旗》杂志编辑部的名义,相继发表了九篇评苏共中央公开信的文章,点名批判"赫鲁晓夫修正主义",中苏大论战进入高潮。

与此同时,国内也在加紧进行反对"修正主义",防止"和平演变"的斗争。1963年2月,毛泽东提出"阶级斗争,一抓就灵",督促各地注意抓阶级斗争和社会主义教育问题。同年5月9日,他在对一份材料的批注中,为人们描绘了一幅惊心动魄的"党变修""国变色"的情景:阶级斗争、生产斗争和科学实验,是建设社会主义强大国家的三项伟大革命运动,是使共产党人免除官僚主义,避免修正主义和教条主义,永远立于不败之地的确实保证,是使无产阶级能够和广大劳动群众联合起来,实行民主专政的可靠保证。不然的话,让地、富、反、坏、牛鬼蛇神一齐跑出来,而我们的干部则不闻不问,有许多人甚至敌我不分,互相勾结,被敌人腐蚀侵袭,分化瓦解,拉出去,打进来,许多工人、农民和知识分子也被敌人软硬兼施,照此办理,那就不要很多时间,少则几年、十几年,多则几十年,就不可避免地要出现全国性的反革命复辟,马列主义的党就一定会变成修正主义的党,变成法西斯党,整个中国就要改变颜色了。请同志们想一想,这是一种多么可怕的情景啊![①]

为了防止"党变修""国变色",从1963年到1966年上半年,中共中央有计划、有步骤地开展了城乡社会主义教育运动。城市的社会主义教育运动以"五反"(即反对贪污盗窃、反对投机倒把、反对铺张浪费、反对分散主义、反对官僚主义)为主要内容。农村的社会主义教育运动则以"四清"(清理账目、清理仓库、清理财物、清理工分,即所谓小四清)为主要内容。后来一律称为"四清"(清政治、清经济、清组织、清思想,即所谓大四清)运动。

城乡社会主义教育运动被视为反修防变,挖修正主义根子的一个

---

① 《建国以来毛泽东文稿》第10册,北京:中央文献出版社,1996年,第293页。

重大战略措施。在社会主义教育运动期间,1964年1月25日,中共中央下发了《关于向基层干部、党员和人民群众进行反对现代修正主义教育的通知》(附《反对现代修正主义的宣传提纲》),决定对全党全民进行一次反对现代修正主义的教育运动。从此,全党全民的反修教育迅速展开。

在开展城乡社会主义教育运动的同时,毛泽东越来越把意识形态领域看作资产阶级思想泛滥的场所。他的关于文艺工作的两个批示和他对文化工作的严厉指责,直接在意识形态领域引发了一场空前规模的大批判运动。

但是,所有这些措施并不能让毛泽东满意。从1964年下半年起,毛泽东越来越感到,党中央内部存在着根深蒂固、盘根错节的修正主义势力。显然,要想清除这些顽固的修正主义势力,仅靠自上而下地开展城乡社会主义教育运动和意识形态领域的大批判,是不可能解决问题的。怎么办呢?毛泽东认为,只有找到一种方式,公开地、全面地、由下而上地发动广大群众,才能彻底揭发党和国家生活中的阴暗面,"横扫一切牛鬼蛇神",把被修正主义势力篡夺了的权力夺回来。于是他在做了一系列准备之后,发动了震惊世界的"文化大革命"。

毛泽东将"文化大革命"看作"反修防修"的一次大演习。在他看来,"全世界一百多个党,大多数的党不信马列主义了,马克思、列宁也被人们打得粉碎了",为了防止中国也走上修正主义道路,无论付出多大代价也要开展这场演习。只有通过这样的大演习才能教会人民识别和抵制修正主义,防止修正主义势力上台。毛泽东认为,类似"文化大革命"这样的演习以后还要进行多次,最好每隔七八年来一次。①

回顾毛泽东反对修正主义的理论和实践,我们能够强烈地感受到他对于修正主义上台的警惕和防范意识。这种警惕和防范意识充分体现了毛泽东作为无产阶级执政党领袖的高度政治敏锐性。对于一个执政党来说,这种政治敏锐性是极其重要的。问题在于,对什么是修正主义,在当时的历史条件下,毛泽东和党中央认识并不明确,甚至把很多

---

① 《建国以来毛泽东文稿》第12册,北京:中央文献出版社,1998年,第72—73页。

本来是正确的东西也当作修正主义来加以反对。譬如,对外国许多党及其领导人,中共曾进行连续几年的大论战、大批判,后来的事实证明,这些论战和批判有许多并不是正确的。对国内,毛泽东曾几次指出:修正主义就是对外搞"三和一少",对内搞"三自一包"。在统一战线问题上,则是"向资产阶级投降"。事实上,凡是不符合"以阶级斗争为纲"观点的,不积极进行所谓"阶级斗争"的,都被批判为"修正主义",这当然是错误的。

由于历史和认识的局限,毛泽东对于修正主义是怎样产生的,哪些人容易出修正主义,也有很多不正确的看法。例如,他多次讲过:书越读越蠢,知识分子其实最无知识,越是知识分子越容易产生修正主义。在毛泽东看来,绝大多数知识分子是不堪大任的,因为他们没有经历过复杂的斗争,具有软弱性和妥协性,而且容易受资产阶级思想的影响。这种看法显然有失偏颇,是不能充分理解和信任知识分子的表现,在实践中造成了严重恶果,打击了广大知识分子的政治热情和建设社会主义的积极性。毛泽东还多次讲过:穷则变,富则修。说穷则思变是对的,但不能说富裕了就要变修,这中间并没有必然的逻辑联系。如果把这变成一个公式,似乎成了带规律性的社会现象,这在理论上是站不住的,在实践上则是有害的,这样就很容易走到把贫穷和社会主义连在一起的错误道路上去。

在反对修正主义的思路上,毛泽东也有明显的失误,那就是忽视经济建设。邓小平曾经尖锐地指出:"社会主义如果老是穷的,它就站不住。"① "讲社会主义,首先就要使生产力发展,这是主要的……空讲社会主义不行,人民不相信。"② "最终说服不相信社会主义的人要靠我们的发展"。③ 这些话都是至理名言。正反两方面的历史经验说明,社会主义能不能站得住,共产党会不会垮台,关键在于经济建设搞得好不好,综合国力是不是强大,人民生活是不是不断得到改善。如果这方面工作搞得好,得到人民的衷心拥护,谁也无法颠覆社会主义制度,谁也

---

① 《邓小平文选》第2卷,北京:人民出版社,1993年,第191页。
② 《邓小平文选》第2卷,北京:人民出版社,1993年,第314页。
③ 《邓小平文选》第3卷,北京:人民出版社,1993年,第204页。

无法推翻共产党的执政地位。20世纪60年代本来是中国发展经济的大好时机,毛泽东却将阶级斗争、反修防变问题看得高于一切,没有能够集中力量进行经济建设,甚至有"穷则革命富则修"的思想,因而带来了一系列不利的影响。实践已经证明,反对修正主义的正确途径和根本措施是把经济建设搞上去,大大提高国家的经济实力和综合国力,并在此基础上促进社会的全面进步。改革开放以来,不管国际风云如何变幻,党坚持把注意力集中在办好我们自己的事情上,牢牢坚持经济建设这个中心不动摇。历史已经证明了这样做的正确性。

综上所述,在毛泽东看来,官僚主义、教条主义和修正主义是执政党必须时刻警惕的三大祸患。尽管不同时期毛泽东有不同的关注重点,但他始终对这三大祸患抓住不放,并进行了坚持不懈的斗争,为确保党的执政地位不动摇,为人民服务的执政宗旨不改变,作出了不可磨灭的贡献。由于历史条件的变化,他的某些具体论断可能过时了,但从总体上讲,毛泽东反对官僚主义、教条主义和修正主义的理论和实践依然是合理的,值得我们深入研究。如果我们能够认真借鉴其中的合理内核,一定会对当下的执政党建设起到积极的促进作用。

原载于《河南大学学报(社会科学版)》2011年第1期;《中国人民大学复印报刊资料》社会学2011年第3期全文转载

民生视阈下的中国梦解析

贺方彬[①]

2012年习近平参观《复兴之路》陈列馆时,第一次明确提出"中国梦"的重大理论与实践命题,自此之后,中国梦逐渐成为学界探讨的重点议题,相关研究成果如雨后春笋般涌现出来。从已有成果来看,对中国梦的解析,大多数人趋向于从"国家梦""民族梦""现代化梦"等宏大叙事来分析其思想渊源、历史流变、本质内涵、实现路径、相关比较、价值意义等问题。[②] 这是合理的,但仅此又是不够的,因为中国梦是国家富强、民族振兴和人民幸福的完整统一,它既包含宏阔的"国家大梦",也包含普通百姓的"民生小梦";中国梦不是一个空洞抽象的政治符号,它与人民群众的日常生产生活息息相关,民生梦既是中国梦的重要构成内容,也是实现中国梦的福利基础。因此,只有从民生视阈来解析中国梦,才能展现其完整图景,凸显其蕴藏的深层价值意蕴。

[①] 贺方彬(1983—),男,重庆大足人,济南大学马克思主义学院校特聘A5岗教授,法学博士。
[②] 代表性文献包括:聂保平:《中国历史文化中的中国梦源流与支持》,《毛泽东邓小平理论研究》,2013年第7期;石仲泉:《"中国梦"思想:从毛泽东到习近平》,《毛泽东邓小平理论研究》,2013年第10期;辛向阳:《中国梦的历史演进及其启示》,《重庆社会科学》,2013年第5期;李君如:《中国梦的意义、内涵及辩证逻辑》,《毛泽东邓小平理论研究》,2013年第7期;韩震:《中国梦:中华民族国家认同的理想前景》,《道德与文明》,2013年第4期;孙来斌、刘进:《比较视野下的"中国梦"多维透视》,《学校党建与思想教育》,2013年第4期;许晓平:《"中国梦"的时代价值》,《理论探索》,2013年第4期。

一、中国梦的民生意蕴

现实社会中的人都有梦想,追求幸福和谐的生活,是人之基本诉求。人们对梦想的描绘与追求,基于历史条件、文化传统、社会制度、宗教信仰等差异,在不同民族国家中呈现出多样性特征,但也包含相互贯通的普世内容,民生幸福是所有人类梦想的共同基因。这是因为,人是梦想的主体,人只有首先能够生存,才能去描绘和追求梦想,而人之生产生活即民生,是人生存发展的基本前提,也是构成人类梦想不可或缺的基本要素。在人类梦想的各种具体形态中,内含着丰富多彩的民生图景,比如,中华民族"大同梦"的代表《礼记·礼运》中所勾画的:"故人不独亲其亲,不独子其子;使老有所终,壮有所用,幼有所长,矜寡孤独废疾者皆有所养,男有分,女有归。货恶其弃于地也,不必藏于已;力恶其不出于身也,不必为已;是故谋闭而不兴,盗窃乱贼而不作,故外户而不闭,是谓大同。"西方"乌托邦梦"的代表《理想国》中也描绘道:生活在城邦里的人们"满门团聚,其乐融融,一家数口儿女不多,免受贫困与战争"①。

梦想是现实的彼岸,人类对幸福生活的追求永无止境。中国梦是人们对理想社会追求在现时代的传承和升华,它与历史上所有的人类梦想一样,蕴含着深厚的民生底蕴,"教育梦""工作梦""健康梦""住房梦""养老梦""安全梦""环境梦"等民生梦,是中国梦的基本构成内容。对此习近平指出:中国梦归根到底是人民的幸福生活梦,"我们的人民热爱生活,期盼有更好的教育、更稳定的工作、更满意的收入、更可靠的社会保障、更高水平的医疗卫生服务、更舒适的居住条件、更优美的环境,期盼孩子们能够成长得更好、工作得更好、生活得更好"②。

改善民生就是中国梦本真精神的内在要求。习近平指出:"实现中

---

① 柏拉图著,郭斌和,张竹明译:《理想国》,北京:商务印书馆,1996 年,第 63 页。

② 中共中央文献研究室:《习近平关于实现中华民族伟大复兴的中国梦论述摘编》,北京:中央文献出版社,2013 年,第 13 页。

华民族伟大复兴,是近代以来中国人民最伟大的梦想,我们称之为'中国梦',基本内涵是实现国家富强、民族振兴、人民幸福。"①国家富强梦、民族振兴梦和人民幸福梦是中国梦的基本形态,它们共同构成中国梦的完整图景。其中,国家富强是根本前提,只有国家富强,民族才能振兴,人民幸福才有根本保障,如若国家积贫积弱,民族势必衰微,人民幸福也将失去根本依靠,"历史告诉我们,每个人的前途命运都与国家和民族的前途命运紧密相连。国家好、民族好,大家才会好"②。同时,人民幸福又是国家富强、民族振兴的根本目的和价值归宿,无论是国家富强,还是民族振兴,离开人民幸福都将失去其本身的价值和意义,因此,人民幸福才是中国梦的本真精神,国家富强、民族振兴统一于为实现人民幸福的价值追求之中。

然而,幸福究竟是什么,不同人却有不同的体验和感受。康德曾指出:"幸福的概念是如此模糊,以致虽然人人都在想得到它,但是,却谁也不能对自己所决意追求或选择的东西,说得清楚明白,条理一贯。"③作为一种主观体验,幸福虽然在不同主体那里具有差异性和多样性,但它也不是纯粹抽象的,而是具体的,依赖于特定的物质文化条件。可以想象,倘若人们贫困交加、食不果腹、衣不遮体、流离失所,甚至连生命权都得不到有效保障,这样还会感觉到幸福吗? 由此可知,民生状况是人民幸福与否的直接标尺,民生改善虽不能与幸福完全画等号,但却是幸福不可缺失的基本内容。中国梦的本真精神和价值诉求在于人民幸福,在现实社会中,就是要着力保障和改善民生,切实满足人民生存、享受和发展的需要,不断提升人民生活的幸福指数和尊严感,在此基础上,促进人的自由全面发展,以实现每个人的价值和意义,这也正是中国梦蕴含的深层价值意蕴。

着力保障和改善民生,不仅是中国梦价值追求的现实体现,而且也

---

① 中共中央文献研究室:《习近平关于实现中华民族伟大复兴的中国梦论述摘编》,北京:中央文献出版社,2013年,第5页。
② 中共中央文献研究室:《习近平关于实现中华民族伟大复兴的中国梦论述摘编》,北京:中央文献出版社,2013年,第3页。
③ 周辅成:《西方伦理学名著选辑》(下卷),北京:商务印书馆,1978年,第366页。

是其实质和内蕴的必然选择。需要明确的是,当代中华民族的伟大复兴,由于与现代化进程相伴随相契合,其实质和内蕴就不再是一般意义上的民族复兴,而是社会主义现代化的实现。

诚然,现代化本身是一个复杂而深刻的社会变迁过程,不同国家和地区"化"的方式具有各自鲜明的"特色"。但是,不同国家和地区现代化也具有"共性",体现着现代化的基本规律。从发达国家成长的经验来看,现代化有三个主要构成要件:民主法制、市场经济、民生福利,与此对应,现代化成长过程一般也会经历政治发展、经济发展、民生发展等若干具有内在联系的阶段。民生发展是一个国家迈向现代化的必经阶段,也是一个相对独立的发展阶段。发达国家大都经历了一个相对集中的民生发展阶段,比如英国,早在1788年爆发第一次经济危机时,就开始着力发展民生,"通过扩大公共投资,建立教育、就业、医疗、社会保险、儿童补贴等民生制度,以消解经济危机的负面效应,直到1948年,工党政府宣布英国已经构建普遍制度化的社会保障,已经成为福利国家"①。又如美国,由于受经济危机的影响,20世纪30年代陷入大衰退大萧条时期,为应对经济社会危机,罗斯福出台了以民生发展为重点的"新政",通过调节劳资关系,加大社会救济,制定社会保障等公共政策,使美国顺利度过危机,也为其实现现代化奠定了社会基础。

由此观之,民生发展是现代化成长的必经阶段,完善的民生福利体系是现代化的重要内容和主要标志。就目前中国而言,城市化水平已超过50%,且每年正以不低于一个百分点的速度快速提升,2014年GDP总量已超过10万亿美元,人均GDP也达到7000美元以上。根据国际经验,"发达国家开始建设福利国家制度时,经济水平并不算高,而且大都在城市化水平达到50%、人均收入接近或达到6000美元时加快建设福利制度的步伐"②。由此,现在我国已迈入相对集中的民生发展时代,改善民生已成为时代发展的新要求,这体现了现代化发展的内

---

① 陈小律:《世界现代化进程》(西欧卷),南京:江苏人民出版社,2010年,第64页。

② 张秀兰:《金融危机与中国福利国家的构建》,《第五届社会政策国际论坛暨系列讲座论文集》(上),济南:山东大学出版社,2009年,第26页。

在逻辑。

二、中国梦的民生陷阱

民生关涉人之生活、生计、生存与发展，它是人的自由全面发展的基本条件，也是一个社会良性运转的现实基础。改善民生是任何国家和政党都必须履行的基本职责，具有一般性的价值和意义。世界各国在推进民生改善过程中，既积累了许多成功经验，同时也遭遇了严重的"民生陷阱"。作为后发现代化国家，中国既要充分借鉴民生解决的国际经验，更须吸取有些国家深陷"民生陷阱"的惨痛教训，唯有如此，才能顺利跨越现代化进程中的"民生陷阱"，最终实现民族复兴的中国梦。

首先，拉美、中东、北非等发展中国家陷入"民生缺失陷阱"。这些国家在追寻现代化过程中，片面遵从新自由主义发展理念，机械模仿西方资本主义国家的发展道路及政治经济制度。但是，这种移植的道路与制度，往往与本国国情不相契合，当他们一味追求政治民主化、经济自由化时，却忽视了改善民生及保障民生的制度建构，由此陷入"民生缺失陷阱"，引发政权频繁更迭，社会秩序混乱，经济持续衰退，社会矛盾丛生，贫富两极分化，民生日益恶化等严重后果，滋生了难以治愈的"现代化病"。

"拉美陷阱"是我们所熟知的最典型案例。拉美国家获得民族独立与解放后，没有依据现实国情探索适合自身的发展道路，而是剪切复制新自由主义发展模式，当国家在经济快速发展之时，却忽视解决贫富差距拉大、失业率激增、社会保障制度等级化等民生问题，最终陷入"民生缺失陷阱"难以自拔，导致拉美国家普遍出现经济衰退、政治动荡、社会分裂等一系列危机，严重制约了其现代化发展进程。另一个典型事例，就是近期中东、北非、西亚等国爆发的"阿拉伯之春"政治动乱。这场以改善民生、争取民权、追求公正、结束权威政治为旗帜的运动，发端于突尼斯街头的一起普通社会骚乱，随后却掀起一场"政治海啸"。"继突尼斯民众推翻本·阿里政权之后，埃及总统穆巴拉克被迫下台，利比亚领导人卡扎菲被俘身亡，也门总统萨利赫和叙利亚总统巴沙尔也被逼至绝境，沙特、巴林、约旦、摩洛哥等王国也相继陷入政治动荡之中，整个中东呈现出地区性政权垮台的多米诺骨牌效应"①。这场政治动乱之所以能够迅速发酵,根源于这些国家长期陷入"民生缺失陷阱"。在实现现代化过程中,这些国家大多片面追求经济增长,忽视民生发展及民生制度建设,使得民生问题日益突出,由此引发严重的社会矛盾与政治动乱,民众生活更是困苦不堪,基本生存都难以保障。

拉美、中东、北非、西亚等国深陷"民生缺失陷阱"所引发的恶果,给予我们深刻的警示:在追求现代化过程中,决不能只关注经济增长,忽视民生发展和民生制度构建,否则,会引发严重的经济社会危机,现代化也会因缺乏民生基础而难以实现。

其次,欧洲福利国家陷入"高福利陷阱"。欧洲发达国家在实现现代化的过程中也曾面临诸多棘手的民生问题,为破解这些民生难题,他们创立了福利国家理论,并以此为指导构建了完善的民生福利体系。福利国家建立之初,在推进民生改善及社会进步方面发挥了积极作用,不仅使普通民众获得了基本的物质文化生活条件,而且还使尖锐的社会矛盾得以缓解,社会秩序相对和谐稳定,人民生活水平不断得到提升。但是,福利国家在后来发展中却陷入了困境。福利国家遵从福利责任的单一化,主要由政府来为福利买单,加之福利机制的刚性化,即民生福利与民主政治直接关联,特别是与选举直接挂钩,各政党为获取选民支持,不顾经济发展实际,打出层出不穷的"民生福利牌",导致政府福利开支不断飙升,且陷入只能上不能下的尴尬困境。对此,托克维尔曾指出:"一般来说,选民对福利制度有很强的依附,实施削减政策的政治家害怕在选举中遭到报复是有道理的。"②因为普通民众往往只对自己现实的民生福利有直接认识,任何政党意图调整民生福利模式,削减民生福利开支,都可能面临失去执政地位的风险,迫于这种压力,福利国家很难破解民生福利的困局。

这样做的结果呢? 一方面为支撑日益膨胀的民生福利开支,福利

---

① 北京师范大学管理学院:《2012 中国民生发展报告》,北京:北京师范大学出版社,2012 年,第 134 页。

② 托克维尔著,董果良译:《论美国的民主》(下卷),北京:商务印书馆,2004年,第 836 页。

国家只能不断提高税收，不断向外借贷，不断向金融领域融资，以此形成超前消费，维持高福利分配模式和高标准社会保障体系；另一方面，超高福利犹如一张温床，极易滋生民众的懒惰心理，很多有劳动能力的人宁愿躺着享受福利，也不愿出去劳动，这使得国家失业率激增，经济社会发展缺乏生机与活力，患上了严重的"动脉硬化症"。这种非理性的过度福利模式，引发了日趋严重的债务危机、金融危机和社会危机，当遇到全球经济危机等外部冲击时，整个国家就将陷入灾难。例如，受世界金融危机冲击，许多欧洲福利国家从2009年开始，就遭受主权债务危机，经济持续低迷，甚至走到崩溃边缘，失业率居高不下，民众对现实生活的不满只能通过游行、示威、罢工、暴动等街头政治来发泄，社会矛盾日益突出，政治秩序混乱，这对整个欧洲乃至全世界都造成极大损失。可见，像福利国家这样超越经济社会发展水平的超高福利模式，是非持续性的，并不是解决当代中国民生问题的有效良方。福利国家民生发展的困境，对正在构建民生保障制度的中国，给予了多方面的启示。

最后，美国等金融垄断资本主义国家陷入"贫富分化陷阱"。2007年，由美国次贷危机所引发的金融风暴席卷全球，给世界各地人民造成极其深重的灾难。作为这场金融地震的震中，美国更是遭受重创，股市骤然下跌，金融业几近崩溃，经济持续疲软，失业率激增，贫困人口不断攀升。为消解危机带来的负面效应，美国政府被迫举全国之力拯救华尔街上的金融业，这引发了中下阶层的强烈不满。从2011年9月开始，美国民众发起声势浩大的"占领华尔街"运动，他们认为，华尔街上的"金融大佬"是引发这场危机的始作俑者，白宫却要拿着人民的血汗钱为他们的贪婪买单，示威者打出"还我们的税收""我们是99%""我们要工作"等标语，极力谴责金融资本家的无耻与贪婪，控诉社会不公正和贫富两极分化。随后，这场运动的范围和影响持续扩大，不仅在美国重要城市都出现了类似的占领运动，而且迅速蔓延至南美洲、欧洲、亚洲、非洲、大洋洲等国家，逐渐形成了一场全球性的抗议运动，人们通过示威、游行、占领等方式表达对金融垄断资本主义的愤慨与不满。

对此人们不禁要问，美国作为世界上头号发达国家，为什么会爆发规模如此之大的抗议运动，其根源究竟是什么？其实，"占领华尔街运动"折射出美国等金融垄断资本主义国家深陷贫富分化的民生陷阱,其根源在于金融垄断资本主义体系内在的危机。

一般而言,现代国家权力主要由政治力量、资本力量、社会力量共同掌控,三股力量之间的动态平衡是国家正常运作的基础。但是,在金融垄断资本主义国家,资本力量却处于独特的优势地位,政治力量和社会力量都从属于资本力量,并受资本力量的支配。在美国,"资本力量一家独大的标志性事件就是2010年美国联邦最高法院的裁决:对公司和团体支持竞选的捐款不设上限。许多美国的有识之士都惊呼:这个裁决似乎证实了中国人对美国民主的批评,即美国民主是富人的游戏"①。当资本力量一家独大后,整个社会也就遵从金融垄断资本逻辑,即金融垄断资本运行的根本目的,不在于优化资本配置,提高实体经济效率,改善民众生活,而是为了获取高额垄断利润。为谋取源源不断的丰厚利润,金融资本势力通过绑架政府,权钱交易,操控媒体等方式,为其五花八门的金融创新提供合法性依据,以此挤压实体经济发展的空间,加速金融资本扩张和流动,掠夺劳动者创造的社会财富。金融资本的逐利本质,如果缺乏政治力量与社会力量的钳制,必然生成金融泡沫,引发金融危机,导致贫富两极分化等恶果。据统计,"如果以2000年1月的100为基数来计算,到2011年美国家庭实际收入的中位数只有89.4,换言之,美国中产阶级的收入10年间减少了一成以上。美国的贫富差距拉大了。富人上交的税金从1980年开始日益减少,从平均收入的47.9%降到2007年的19.8%。相比之下,从2000年到2011年,1%的少数人收入增加了18%,占有社会财富的40%"②。

由上可见,贫富两极分化、失业率增高等民生问题是诱发"占领华尔街"运动的直接动因,而金融垄断资本主义又是制造美国一系列民生问题的制度根源。"占领华尔街"所凸显的美国民生困境,给贫富差距较大的中国以深刻警示:在实现现代化过程中,需要处理好经济增长与社会公正之间的关系,避免深陷"贫富分化陷阱"。

---

① 张维为:《美国梦的困境与中国梦的前景》,《红旗文稿》,2014年第5期。
② 张维为:《美国梦的困境与中国梦的前景》,《红旗文稿》,2014年第5期。

三、中国梦的民生路径

作为后发现代化国家,中国为使自身获得更好的发展,无奈选择"赶超型"战略。这种战略所引发的"时空压缩",使我们在短短30几年的时间内,完成了发达国家几百年才能走完的路程,同时,发达国家在几百年现代化进程中分散出现的矛盾与问题,却短时期内在我国集中地凸显出来。这些矛盾与问题,在当前主要表现为住房、就业、教育、医疗、社保等民生问题,实现民族复兴的中国梦,亟需探求破解民生难题的可行路径。

路径之一:经济增长与民生改善协调推进。

如前所述,现代化发展是一个长期的历史过程,分为若干不同时期和阶段。在不同的时期和阶段,面临的主要问题与矛盾有所不同,所要实现的主要目标与完成的任务也存在差异。一般来讲,现代化的早期阶段,主要问题与矛盾是经济落后,主要目标与任务是促进经济快速增长;到了现代化的中后期,主要问题与矛盾是民生问题,主要目标与任务则是全面推进民生发展。其原因在于,民生改善既是现代化的重要基石,也是衡量现代化成熟度的核心指标。一个国家或地区,倘若只有经济增长,没有与之相契合的民生福利,这种现代化一定是不成熟的劣质现代化,必将引发社会危机和政治动乱。令人惋惜的是,大多数发展中国家在现代化转型过程中,一味追求经济增长,却忽视保障和改善民生,导致民生问题凸显,社会矛盾加剧,由此引发严重的经济政治危机,现代化进程自然也就难以顺利推进。

中国与其他发展中国家一样,改革开放后的很长一段时间片面追求经济高速增长,却相对忽视民生建设,致使民生发展与经济发展不相协调,存在"一条腿长,一条腿短"的问题。民生发展的滞后,既影响社会和谐稳定,动摇党的执政根基,也成为经济可持续发展的重要障碍。因此,在现阶段,我们着力保障和改善民生,既是我们党的性质和宗旨的内在要求,也是现代化深入推进的新要求。当前我国转变经济发展方式,调整经济结构,都依赖于民生发展。

众所周知,经济增长主要依靠投资、出口和消费三驾马车拉动。改革开放至今,我国经济保持高速增长,主要得益于投资和出口拉动,而消费对经济增长的贡献相对较小。但是,从2007年开始,由于受全球金融危机及国际产业分工调整的影响,我国在出口方面受到较大冲击,投资的结构、规模、效益等问题也开始显现出来,经济下行压力巨大,可持续发展能力受到普遍质疑,转变经济发展方式,调整经济结构,提高经济发展质量是经济新常态下的核心任务。完成这样的任务,需要提升内需拉动经济的能力,使三驾马车齐头并进。这就需要不断改善民生,释放普通民众的消费潜能,提升群众的消费能力,以此扩大内需,增强经济增长的内生动力。其实,德国社会政策学派早就论述了民生投入不仅是消费,也具有生产性特点,换言之,与直接的经济投资相比,保障和改善民生属于社会投资,这种投资虽不会直接产生经济效益,但是会产生大量社会效益,并由社会效益慢慢转换为间接的经济效益,由此产生的综合效益,既能保障社会的和谐稳定,也可保证经济的可持续发展。所以,经济增长与民生改善并不矛盾,而是相互促进的,我们在推进经济增长同时,也需不断改善民生,解决教育、住房、就业、医疗、社保、生态等百姓普遍关注的民生问题。

路径之二:走渐进式改善民生之路。

民生问题是关系人生存与发展的基本问题,具有超越民族国家界限的普遍性。从全球视野来看,各国执政党在治国理政过程中,也都把保障和改善民生作为其施政的主要内容。作为执政党,中国共产党在带领人民进行改革开放和现代化建设过程中,也十分关注民生问题,并把改善民生,增进人民福祉,作为党和国家一切工作的根本目标。但是,保障和改善民生,切不可盲目攀比,模仿别国高福利模式,陷入"高福利陷阱",而是要从本国实际国情出发,循序渐进地推进民生可持续改善。

作为最大的发展中国家,我国民生福利水平总体来看还比较低,且呈现出多层次性,这似乎与"高福利陷阱"风马牛不相及,其实不然。所谓高福利并非是一个水平概念,而是一个结构概念,换言之,高福利不是看当下民生福利水平如何,而是看民生福利支出占GDP的比例的高低,从这个意义上讲,"高福利陷阱"并非是等福利水平很高的时候才会显现,民生发展的各个阶段都可能陷入"高福利陷阱"。西方福利国家发展的经验教训表明,陷入"高福利陷阱"会引发严重的经济危机、政治危机和社会危机。

从一般福利国家来看,政府一般是民生福利的责任主体,福利开支主要依靠公共财政投入,因此,假如经济总量保持不变的情形下,民生福利水平越高,财政支出也就越多,民生投入在整个经济总量中的比重也就越高。超越国家实际发展水平的高福利,当经济快速发展的时候,财政收入比较丰厚,投入到民生领域的也比较充裕,高福利水平可以维持,民众生活水平普遍提升,贫富差距也相应会缩小,社会总体和谐稳定;但是,当经济发展缓慢,甚至衰退的时候,财政收入大大缩水,民生福利支出上升压力过大,由于民生福利的刚性特质,即上调容易,下调难,具有不可逆性,这时,政府只能依靠借债方式,来维持原有的高福利水平,长此以往,必然引发主权债务危机,甚至由此爆发经济危机。到那时,政府再也无力维持高福利水平,民生承诺的落空,引发民众普遍不满,许多执政党就此失去政权,政府也宣告垮台。

"高福利陷阱"不仅引发经济、政治危机,若长期如此,还可能引发深重的社会危机。超高的民生福利水平,极易使民众产生福利依赖,滋生怠惰心理,扭曲人们正常的人生观和价值观,在日常生活中,辛勤劳动、努力工作、创造美好生活的健康伦理价值,可能被少工作、少努力、少劳动、享受人生的悠闲价值观所代替,许多有劳动能力的人,宁愿躺在福利温床上吃政府补贴,也不愿出去劳动、创造财富。在这种情形下,社会总劳动时间不断减少,劳动成本却不断增加,这不仅会使国家经济效益下降,社会财富增长缓慢,而且还会导致国民的创新精神和创新能力严重萎缩,国家核心竞争力锐减。

西方国家高福利所引发的这些恶果,给我们敲响了警钟。福利水平并非越高越好,而是要与本国经济社会发展水平相适宜,走可持续发展之路。近些年,由于我国民生发展与经济发展严重失衡,民生问题日渐凸显,为此,政府部门大幅度增加教育、医疗、社保等民生支出,这些惠民政策,在民生欠账较多的情形下有历史的合理性,但是,我们也须时刻警惕有些地方政府和官员,以保障和改善民生之名,追求"政绩工程""面子工程"和"形象工程"之实,离开经济社会发展实际,片面追求高福利,最终可能陷入"高福利陷阱"。其实,从目前中国实际国情出发,理应构建一个公平共享的初级民生福利保障体系。虽然从经济总量来看,我国已成为世界第二大经济体,但民生福利不是总量问题,而是要落实到每一个个体身上,从这点来看,我们仍然是一个发展中国家,并不具备高福利的物质基础。此外,我国经济社会发展中的地区差异、城乡差别、行业差异巨大,短时期内很难消除,大一统的高福利模式缺乏现实条件。综合以上因素,笔者认为,我国现阶段还不适宜构建全国统一的高福利民生模式,而是要采取分阶段、有重点的改善民生之路,现阶段应着重解决比较突出的,与人民生活息息相关的住房、教育、医疗、养老、就业等民生问题,以构建兜底的民生福利保障体系,使人民群众能够真正免除生存危机。

路径之三:构建保障和改善民生的制度体系。

制度体系作为行为的规范体系,具有整体性、稳定性、长期性、根本性等特征,在保障和改善民生中具有不可替代的独特价值和作用。进入民生发展时代,保障和改善民生再也不能头疼医头、脚疼医脚,而是要着力构建完善的现代民生制度体系,推动民生全面发展。

民主作为民生制度体系的最重要组成部分,它既是现代民生的核心内容,也是保障和改善民生的重要手段。在中国社会转型的大环境下,民主与民生相互依存、相互促进,具有高度的关联性。当代中国民主的发展,离不开民生发展提供的社会基础,离开民生的民主,由于缺乏现实运作机制和内在动力,这种民主很可能成为劣质的民主,只有积极稳妥地推动民主发展,真正落实人民当家做主,用民主的方式来保障和改善民生,才能从根本上解决重大民生问题,形成推动民生发展的长效机制。

除民主制度以外,民生制度体系还包含各个层面的制度建设,各个层面的制度建设在保障和改善民生中具有不同地位和作用。从纵向层次来看,民生制度体系主要包含根本制度、基本制度和具体制度三个相互贯通的组成部分。人民代表大会制度是根本制度,对民生发展提供最根本的制度保障。中国共产党领导的多党合作与政治协商制度,民族区域自治制度,基层群众自治制度,及以公有制为主体多种所有制经济共同发展的制度等是基本制度,对保障和改善民生起着决定性作用。各种政治、经济、文化、社会、生态等制度,是具体制度,它们对保障和改善民生发挥着直接作用。以上这些根本制度、基本制度及具体制度,对于现阶段我们保障和改善民生发挥着重要作用。但是,由于我国正处于社会转型期,民生领域的新矛盾、新需求、新问题层出不穷,从民生制度体系的现实情形看,仍存在大量制度不和谐现象,制度滞后、制度缺失、制度错位等比较普遍,由此引发大量民生问题,因此,急需加强民生制度体系,特别是具体民生体制机制的改革与建构的力度,以建构具有中国特色的现代民生制度体系,为民众享有并行使各种民生权利提供制度保障。

法律是制度的文本体现和规范表达,有什么样的制度体系必然制定与之相对应的法律规范,二者具有内在统一性。法治保障是民生制度不可或缺的重要组成部分,构建保障和改善民生的制度体系,需要不断提升民生发展的法治水平:一是要倡导民生法治理念。要深入挖掘民生法治思想资源,加强民生领域里的法理研究。二是完善民生法律体系。要对现行法律体系进行民生检视,对民生发展有损害的法律条文进行修整或废止,对法律尚未覆盖的民生领域,尽快依据立法程序予以立法,同时,在立法过程中,要不断拓展民主渠道,坚持"开门立法",倾听民意,让民众充分表达自身利益诉求,提高立法的科学性和合理性。三是严格执行有关民生方面的法律法规。法律的生命力在于实施,法律的权威也在于实施。民生无小事,关系人民群众最切身利益,必须坚持严格规范公正文明执法,从严惩处各类违反民生法律的行为,加大对关系群众切身利益的重点领域的执法力度,确保各项民生制度与法律落实到位。四是维护司法公正。公正是法治的生命线,司法公正对社会公正具有重要引领作用,司法不公对社会公正具有致命的破坏作用。要不断完善民生领域里的司法管理体制和司法权力运行机制,规范民生司法行为,加强对民生司法活动的监督,绝不允许法外开恩,绝不允许办关系案、人情案、金钱案,努力让人民群众在每一个民生司法案件中感受到法律的公平与正义。

路径之四:坚持维护社会公平与正义。

公平与正义既是人类孜孜追求的价值目标,也是社会主义制度的首要价值原则。实现民族复兴的中国梦,需要公平正义提供价值支撑,中国梦就是公平正义之梦,"生活在我们伟大祖国和伟大时代的中国人民,共同享有人生出彩的机会,共同享有梦想成真的机会,共同享有同祖国和时代一起成长与进步的机会"①。维护社会公平与正义,必须走共同富裕的道路,避免贫富两极分化。作为结果的公正,共同富裕是整个社会公正的现实体现,并对权利公平、规则公平、机会公平等产生深刻影响,同时,它也是社会主义区别并优于资本主义的本质特征。邓小平曾指出:"社会主义不是少数人富起来、大多数人穷,不是那个样子。社会主义最大的优越性就是共同富裕,这是体现社会主义本质的一个东西。"②但问题在于,如何实现共同富裕?邓小平指出:"我的一贯主张是,让一部分人、一部分地区先富起来,大原则是共同富裕。一部分地区发展快一点,带动大部分地区,这是加速发展、达到共同富裕的捷径。"③允许一部分人通过诚实劳动与合法经营先富起来,在生产力水平较低,且分配领域存在严重平均主义的条件下,有其历史合理性,这极大地调动了人民群众的积极性和创造性。改革开放30多年以后,我国经济总量已跃居世界第二,一部分人和地区的确也已经先富起来了,但是,原先设计的先富带后富效应却没有适时显现,与此相反,我国贫富差距却逐步拉大,社会不公问题日渐凸显,严重影响了社会的和谐与稳定,削弱了社会发展活力。对此,邓小平曾告诫说:"如果我们的政策导致两极分化,我们就失败了;如果产生了什么新的资产阶级,那我们就真是走了邪路了。"④现阶段,我国正处于全面建成小康社会和全面深化改革的关键时期,如何才能解决社会不公正问题,避免陷入两极分化陷阱,答案是,只能走以民生为导向的社会主义共同富裕之路。在实现中国梦的过程中,坚持以人为本,逐步加大民生投入,着力调节收入分配等相关领域,提高劳动报酬在收入分配中的比例,缩小城乡、区域、行业差距,扩大中产阶级比重,形成"橄榄型"社会,构建初级社会保障体系,真正让全体人民共同享有改革发展的成果。正如习近平所指出

---

① 中共中央文献研究室:《习近平关于实现中华民族伟大复兴的中国梦论述摘编》,北京:中央文献出版社,2013年,第48页。
② 《邓小平文选》第3卷,北京:人民出版社,1993年,第364页。
③ 《邓小平文选》第3卷,北京:人民出版社,1993年,第166页。
④ 《邓小平文选》第3卷,北京:人民出版社,1993年,第111页。

的:"我们要随时随地倾听人民呼声、回应人民期待,保证人民平等参与、平等发展权利,维护社会公平正义,在学有所教、劳有所得、病有所医、老有所养、住有所居上持续取得新进展,不断实现好、维护好、发展好最广大人民根本利益,使发展成果更多更公平惠及全体人民,在经济社会不断发展的基础上,朝着共同富裕方向稳步前进。"①

维护社会公平正义,也依赖于以权利公平、机会公平和规则公平为主要内容的社会公平保障体系。权利公平既是起点公平,也是中国梦梦想成真的根本前提。生存权和发展权是人最基本的权利,权利公平首要的就是要保证每个社会成员所拥有的基本民生权利是平等的,并且不受任何侵犯,权利的实现受到法律和社会的有效保护。机会公平既是社会公正的基本准则,也是实现社会公正的现实基础,只有保证机会公平,才能使每个社会成员平等地拥有各种参与机会、竞争机会和发展机会,也才能打破利益固化、阶层固化和权力固化,从而形成合理的社会流动机制,为社会的良性运转提供保障。否则,利益固化、阶层固化和权力固化不仅制约社会发展,而且还将引发频繁的政治动乱,对此亨廷顿指出:"在大多数处于现代化之中的国家里,流动机会的缺乏和政治制度化程度的低下导致了社会颓丧(挫折)和政治动乱之间的正比关系。"②规则公平既是过程公平,也是社会公正的外在表现。程序公平是权利公平、机会公平在现实生活中的具体运作,以保证每个社会成员都按法律和规矩办事,且在法律面前人人平等,消除潜规则,摒弃特权。

总之,以权利公平、机会公平和规则公平为主要内容的社会公平保障体系,既是实现共同富裕的重要保障,也是维护整个社会公正的制度保障,它进一步彰显了中国梦对公平正义的价值诉求。

原载于《河南大学学报(社会科学版)》2015年第6期;《中国社科文摘》2016年第3期论点转载

---

① 中共中央文献研究室:《习近平关于实现中华民族伟大复兴的中国梦论述摘编》,北京:中央文献出版社,2013年,第15页。

② 塞缪尔·P.亨廷顿,王冠华译:《变化社会中的政治秩序》,北京:生活·读书·新知三联书店,1989年,第51页。

社会学研究

从"权力的文化网络"到"资源的文化网络"
——一个乡村振兴视角下的分析框架

苑 丰 金太军[①]

党的十九大报告指出:乡村振兴,治理有效是基础。要加强农村基层基础工作,健全和创新村党组织领导的充满活力的村民自治机制。改革开放以来,在市场经济条件下,我国逐步形成农村"乡政村治"的治理结构和农户"半耕半工"的生计结构,随之而来的制度供给不足导致乡村治理和发展的诸多困境,成为制约我国乡村振兴和新型城镇化发展的重要原因。实际上在我国社会转型期,随着城镇化、工业化发展对农村资源不断"抽离"与"输入"交互作用,乡村治理与发展问题已经处于由变迁中的权力格局、要素重组与价值创造、传统文化与现代理念等因素所构成的一个新的发展阶段之中,适应新阶段、新战略的需要,乡村治理与发展迫切需要从理论上开拓具有更具合理性的解释框架,以总结并指导具有生命力的制度创新与实践。基于此,本文根据乡村振兴的未来取向和多维复合性,在"权力的文化网络"基础上,尝试提出对策性、建构性的"资源的文化网络"分析框架,以重构乡村治理体系。

[①] 苑丰(1981—),男,河北成安人,南京审计大学公共管理学院讲师,法学博士;金太军(1963—),男,安徽全椒人,南京审计大学公共管理学院教授,博士生导师,教育部特聘长江学者,法学博士。

一、"权力的文化网络":乡村治理分析框架的学术回顾

"权力的文化网络"一词是由美籍学者杜赞奇提出的关于中国乡村社会权力结构形态的一个分析框架。杜赞奇在研究20世纪上半叶国家政权的扩张对华北乡村社会权力结构的影响,探讨中国国家政权与乡村社会之间的互动关系的过程中,基于福柯"知识—权力"关联理论以及有关解构分析和后现代主义的影响,①而提出日常生活中诸如"象征符号、思想意识和价值观念本质上都是政治性的,从这个意义上来说,它们或者是统治机器的组成部分,或者是反叛者们的工具,或者二者兼具。"②因此,乡村社会中各种势力之间,对这些文化符号的争夺和利用就成为能否实际获得权力,进而控制社会基层的关键。正是针对乡村权力这样的构成形态,杜赞奇提出了"权力的文化网络"这一分析框架。

1. "权力的文化网络"分析框架的涵义

所谓"权力"是指个人、群体和组织通过包括暴力、强制、说服以及对原有权威和法统的继承等各种手段获得的使他人服从的能力。在乡村社会中,文化符号本身是不能够"单独"存在的,而是依附于一定的组织及其活动。因此政治权威的形成与作用从表象上来看就处在了由不同组织体系和象征规范所构成的框架"网络"之中。③ 这里的"组织体系"包括农民在生产、生活过程中所参与、依赖并形成的有关市场、宗教、宗族和水利控制等方面交往所形成的组织以及各种非正式的人际关系网络,比如血缘姻亲、庇护人与被庇护人、传教者与信徒等所形成的各种关系体系。这里的"文化网络"是指各种"象征性规范"中的"文

---

① 王爱平:《权力的文化网络:研究中国乡村社会的一个重要概念——读杜赞奇《文化、权力与国家》》,《华侨大学学报》(哲学社会科学版),2004年第4期。

② 杜赞奇:《文化、权力与国家》,南京:江苏人民出版社,1994年,中文版序言。

③ 欧阳爱权:《"权力的文化网络"视域中农村社区治理逻辑研究》,《湖北行政学院学报》,2011年第10期。

化",是嵌入并内化在了乡村社会组织之中而被人们实际认同并遵守的象征性符合和规范,一般体现在宗教信仰、家族条规、乡村规约、亲戚纽带以及是非标准等内容中。"这种象征性价值赋于文化网络一种受人尊敬的权威,它反过来又激发人们的这种责任感、荣誉感——它与物质利益既相区别又相联系——从而促使人们在文化网络中追求领导地位"①。

因此,"权力的文化网络"分析框架有助于从两个方向,即"由内而外"和"由外而内"来认识和把握乡村的权力结构形态。"由内而外"即从乡村社会内部自身的权力结构来看,这一"权力的文化网络"在乡村秩序的生成中提供了包括宗教信仰、家族情感和乡村人们所承认并受其约束的伦理标准和规范,并由此形成村民对权威的自觉认同。反过来说,"权力的文化网络"的存在也就意味着村庄权力的构成及其作用的发挥,实际上是在借助于这些特定的文化网络才能够实现,离开了这些文化网络中的组织及关系,权力便不能实际构成并发挥作用。② 杜赞奇进一步认为,乡村中存在的组织关系很少是由同一性质的组织所形成的,而是通过各种性质和形式的组织错综交织而形成的一个个权力关系的"网结"。在现实表象上,这些权力关系的"网结"客观上汇聚了包括地方政权、家族、姻亲、宗教、民间组织等各式各样的利益主体,它们关于村庄权力层面上的斗争和竞争都是以这些"网结"为中心而展开的。

"由外而内"即从国家治理的角度来看,"权力的文化网络"也是国家正式权力试图深入到乡村社会内部来加强社会控制和资源汲取的需要。杜赞奇指出:"谈到文化,我们不能只讲孔教、绅士或由绅士操纵的体制。国家利用合作性的商人团体、庙会组织、神话以及大众文化中的象征性资源等渠道深入下层社会。权力的文化网络正是要揭示国家政

---

① 杜赞奇:《文化、权力与国家》,南京:江苏人民出版社,1994年,第23—28页。
② 欧阳爱权:《"权力的文化网络"视域中农村社区治理逻辑研究》,《湖北行政学院学报》,2011年第10期。

权深入乡村社会的多种途径和方式。"①传统乡村秩序中乡村权威产生于代表各宗派、集团以及国家政权的具体代理人的相互作用之中,于是便可以并需要产生村庄社会的"保护型经纪人"。而20世纪初追求"现代化"过程中的国家政权,撇开了文化网络中的各种资源,另外建立起新的政治体系以便于从乡村"汲取"资源和"动员"力量,于是就产生了"赢利型经纪人"②。这为我们理解20世纪前半期国民党政权关于建设现代化国家的努力在乡村底层遭到失败提供了很好的依据,也为今天乡村振兴有效推进中乡村秩序的有效构建提供了镜鉴。

2. "权力的文化网络"分析框架的学术价值

从实践来看,文化网络模式兴盛于19世纪末至20世纪中期,消亡于我国近代乡村政治现代化的过程中。从我国近代历史看,文化网络模式因国家政权对乡村社会的控制无力而生成,也因"规划性社会变迁"的现代化模式所导致的国家政权控制力增强而逐步走向消亡。③但是"权力的文化网络"概念的提出,无疑成为描述和解释中国乡村治理权力结构的重要分析框架,并在一定意义上影响着乡村研究的范式与方向。首先,作为分析乡村社会与国家政权关系的新视角,它弥补了以往只注重乡村社会经济生活的变迁及其影响而较少关注农民社会生活中诸多象征性文化因素影响的不足,凸显出了文化方面的作用,从而拓展了村庄分析的视角。④ 其次,"权力的文化网络"较之于费孝通关于"差序格局"和"伦理本位"的解释,从关注主体上在乡村和国家的基础上进一步发现了"市场""宗教"的作用,从而在多样化主体的互动交往层面上,进一步清楚地展现出了传统乡村社会内部权力结构的构成样态与运作逻辑。再次,"权力的文化网络"概念矫正了以往有关清末民初农村基层政治研究中关于"绅士统治""乡绅社会"范式中存在的过

---

① 杜赞奇:《文化、权力与国家》,南京:江苏人民出版社,1994年,第22页。
② 李壮:《乡村文化网络、权力消解与乡村治理——基于农村两工制度底层实践的调查》,《四川行政学院学报》,2016年第8期。
③ 吴春梅,石绍成:《文化网络、科层控制与乡政村治——以村庄治理权力模式的变迁为分析视角》,《江汉论坛》,2011年第3期。
④ 程郁华:《杜赞奇的"权力文化网络"概念述略》,《中小企业管理与科技》,2012年第6期。

于整齐划一、缺乏差异性和独特性解释的问题。①

当然,在开创了一个分析进路获得对乡村治理的新认识的同时,也难免存在一些不足和有待拓展和深化的空间。一方面,有学者探讨了杜赞奇"权力的文化网络"这一分析范式的不足之处,比如刘拥华认为这一文化网络对于利益的组织在静态的意义上是比较成功的,也就是在横向的利益传输方面是可能的,但对于纵向的国家与社会之间利益传输以及动态性的利益组织的变化发展,文化网络却缺乏说明的张力与解释的能力。② 兰林友认为杜赞奇忽视了农村社会宗族内部认同仍然存在着的差异性,即往往表现在大姓内部多内耗、分化现象严重、不能抱团发展等,从而有失于夸大宗族组织在村落政治生活中的重要性。③ 张静提出杜赞奇忽视了乡村社会化过程中外来力量的渗透力,以及乡村社会自身所具有的抗拒力。④ 另一方面,也有学者指出"权力的文化网络"可做进一步拓展和深化,比如魏崇辉指出"权力的文化网络"分析框架缺少未来取向,无法揭示出中国乡村"如何保证政治统治正当性与合法性的统一与协调,如何以制度化、法制化、法治化的方式来处理国家与社会之间的关系",以及"如何促成有效的'内源式发展'或'内在生成逻辑',是我们需要深入思考的问题。"⑤ 魏治勋则认为"权力文化网络"存在三个可待拓展的进路:一是价值指向的"非利益化";二是"合法性"概念的表象化,它的功能在于为国家和乡村社会各种势力的权力行为披上合法性的外衣;三是"权力文化网络"范式的"去中心

---

① 郑永君,张大维:《社会转型中的乡村治理:从权力的文化网络到权力的利益网络》,《学习与实践》,2015年第2期。

② 刘拥华:《向何处寻求权力运作的正当性——兼评杜赞奇〈文化、权力与国家〉》,《社会科学》,2009年第12期。

③ 兰林友:《宗族组织与村落政治:同姓不同宗的本土解说》,《广西民族大学学报》(哲学社会科学版),2011年第6期。

④ 张静:《基层政权:乡村制度诸问题》,杭州:浙江人民出版社,2000年,第253页。

⑤ 魏崇辉:《权力的文化网络与现代国家的成长——以杜赞奇的解说为切入点》,《长江论坛》,2009年第4期。

化"和"非交往化"①。

3. "权力的文化网络"分析框架的方法论意义

虽然存在着一些不足和有待拓展与深化的空间,但是作为一种较有解释力的描述和分析框架,"权力的文化网络"无疑仍然有着重要的方法论意义,至今仍然是研究我国乡村社会权力结构不可忽视的一个重要的分析框架。它将20世纪前半期中华帝国政权、乡绅文化与乡民社会纳入到一个共同的框架之中,并将"权力""统治"等抽象概念与中国社会特有的文化体系联结起来,②至少可以为乡村社会权力结构的研究提供如下几方面的借鉴:首先,"权力的文化网络"构成中不仅包括文化的象征意义,在这里经济因素、血缘因素等也起着很大的作用,这些因素共同影响地方势力的权威获得和构成形态,需要进行综合性的考察和把握。其次,把影响权力构成与作用的各种因素看作是"文化的网络",可以更清楚地看到各种因素之间的联系及复杂互动关系。它们之间的联系不是线性的、单向性的,从而避免了那种线性因果的发展观。③再次,它用过程性的分析指出在传统的中国乡村社会,地方权威的获得需要参与到地方公共事务的处理过程中,需要一系列制度和文化传统的支持,这对乡村社会形成的权力结构及其运作具有十分重要的作用。

二、治道变革:市场经济背景下乡村振兴的多维需求与现实张力

党的十九大报告提出:按照产业兴旺、生态宜居、乡风文明、治理有

---

① 魏治勋:《论乡村社会权力结构合法性分析范式——对杜赞奇"权力文化网络"的批判性重构》,《求是学刊》,2004年第11期。

② 刘中一:《乡村性事件:一个有关文化与权力的讨论》,《西北民族大学学报》(哲学社会科学版),2011年第9期。

③ 王爱平:《权力的文化网络:研究中国乡村社会的一个重要概念——读杜赞奇〈文化、权力与国家〉》,《华侨大学学报》(哲学社会科学版),2004年第4期。

效、生活富裕的要求推进实施乡村振兴战略。① 由此可见，乡村振兴不仅是未来取向的、"发展"导向的，而且还是多维复合的，需要建基于现实的一个愿景和希望。特别是在取消农业税后，国家改变原先由行政权力自上而下直接介入乡村事务的治理方式，开始更多地借助乡村社会内生性的因素、以实现乡村自治为核心、法治为保障、德治为引领的新的治理格局。但是，乡村自治的"权力的文化网络"已经发生了重大的变迁，在国家力量撤出、市场力量进入以后的村庄治理表现出种种的不适应现象。

1. 现代农业经营体系不健全

改革开放以来，农村集体经济组织实行家庭承包经营为基础、统分结合的双层经营体制，这是关于农村集体经济新的产权体系安排。"双层经营"包含了两个经营层次：一是家庭基于自身利益的分散个体经营；二是为降低交易费用而需要的集体层面的统一经营。实践中农户已进入到一个开放的社会体系中，即越来越深地进入或者卷入到一个开放的、流动的、分工的社会化体系中来，进入到"社会化小农"阶段，② 从而开始遭遇到"小农户"对接"大市场"带来的各种挑战。在这样的状况下，我国当前发展现代农业经营体系的支撑制度还不健全，最主要体现在两个方面：一是农民的市场化组织的缺失。村民委员会不是市场主体，而农民专业合作社难以确保社员权益，其根本问题在于农民在专业经济合作中的"非全程"和"非全要素"参与使得经济合作组织对维护农民经济利益的作用有限，甚至反而成为与农民争利、伤害农民的掩体，加之与村级组织的关系失衡、参与乡村治理的行为失范等因素，导致我国农民专业合作组织在既缺乏欧美国家的规模效应又缺乏日韩农民信用合作组织综合性服务的前提下，在乡村治理中的功能模糊、作用空间不足。二是土地金融制度不匹配。随着生产要素市场化配置的进程加快，农地经营也急需建立起一种"把资产转换为资本"的有效机制。

---

① 中共中央，国务院：《乡村振兴战略规划（2018—2022年）》，《农村工作通讯》，2018年第9期。
② 苑丰：《农民组织化：驱动农村社会管理创新的基础》，《行政管理改革》，2013年第9期。

在这方面,试图将土地经营权的抵押作为该机制的有效实现方式,将"僵化"的农地资产转化为高效的资本,为经营主体提供资金支持的尝试,已成为当前我国农地制度改革的重点。① 但是,从推进的试点地区的工作来看,其配套措施不到位、金融服务不深入等问题仍不同程度地存在,特别是基础性、支撑性的体制机制的创新仍有待深化。② 而土地不能充分抵押贷款,不是因为土地没有私有化,而是因为组织制度、金融制度和土地制度不匹配。在上述变化的背景下,农村发展面临着组织供给低效和金融供给低效的困境。③ 而土地产权不可避免地与统治权紧密相连,无论何时何地,产权制度都决定了政体的构成形式。④ 因此,现代农业经营体系不健全严重地影响着经济层面的乡村振兴及社会治理。

2. 农村代际分化形成人才外流

乡村社会的"代际分化"是指乡村社会内部父辈(含祖父辈)与子辈在受教育程度、职业、社会交往范围和层次、社会抱负与追求等方面的分化。代际分化自古有之,但是在传统农业社会中,由于外出就业机会的稀缺,子承父业的程度较高,从而在乡村建设发展中对于业态组合的影响可以忽略不计。但是,自我国成建制、大规模启动现代化建设以来,尤其是市场经济日益深刻地影响乡村社会以来,乡村代际分化现象越来越突出,从而成为今天我们讨论和从事乡村建设问题所不能绕开而必须正视的重要现实问题。随着乡村家庭联产承包责任制的实行和我国工业化、城镇化的发展,更多的人开始选择离开村庄外出就业,形成年轻人外出打工,老年人在家务农的"半工半耕"的家计模式,与此同

---

① 刘兆军,李松泽,汲春雨:《土地经营权抵押贷款试点运行的困境分析——以黑龙江克山、绥滨、兰西3县实地调查为基础》,《中国农业资源区划》,2018年第5期。

② 刘兆军,李松泽,汲春雨:《土地经营权抵押贷款试点运行的困境分析——以黑龙江克山、绥滨、兰西3县实地调查为基础》,《中国农业资源区划》,2018年第5期。

③ 李昌平:《内置金融激活村庄活力》,《中国合作经济》,2017年第10期。

④ 理查德·派普斯著,蒋琳奇译:《财产论》,北京:经济科学出版社,2003年,第41页。

时家庭生活也随着代际分化形成了"半城半乡"的生活状态。这种代际分工不仅是一种经济结构,而且也是一种社会结构和家庭结构,同时还是一种政治结构。这种结构的形成和稳定,对我国经济发展和社会治理产生了非常重要的作用和影响。①

乡村振兴是一个多维度、立体的实践过程,首先需要的是能够在乡村的空间区域内实现资源要素价值的提升。其次需要社区性的文化重塑和社会关爱体系的重新构建。而上述两点的实现离不开代际分化与不同业态的组合共建,也就是人与要素的有机结合,即父辈群体所牵连的传统业态的提质与子辈群体基于社区空间新业态的培育和发展。前者是眼前的当务之急却囿于社会的有限资源而提质乏力,后者是战略愿景但却迫于"机会成本"而难以"引凤回巢"。这就是当前乡村社会代际分化对于乡村治理与发展造成的社会结构层面的困境。

3. 乡村社会的价值多元与秩序认同的不足

伴随着以家庭承包经营为主要方式的农村集体经济产权体系重新安排而来的,是国家权力在村庄治理层面的作用方式的变化,从直接渗透到开始"收缩",并代之以村民自治为主的方式,其本意旨在推进乡村社会的自我管理、自我教育和自我服务。因此,理想中有效的村民自治秩序的达成不仅能够发展村集体公益事业,而且还能够不断促进现代公民素质的提高,进而实现对村干部行为的有效制约和规范。费孝通认为:地缘是从商业里发展出来的社会关系,是契约社会的基础,而血缘则是身份社会的基础。② 由此,在以血缘为纽带,以农业为主要生产方式的村域内部,村民的行为首先是以血缘关系所确定的"身份"为前提的,由此所形成的村民的行为规范我们称之为"身份伦理",具体表现为一个村民的姓氏、所属家族与谱系,以及在人与人关系的横向扩展和历史交往中所共同形成的习俗。

然而,作为现代经济基础性条件的市场经济体制的建立,使得农业生产方式从自然经济过渡到商品经济,交换方式及其交换的实现成为村民生活赖以持续发展的重要条件。由此,村民的行为逻辑就由血缘

---

① 杨华:《中国农村的"半工半耕"结构》,《农业经济问题》,2015年第9期。
② 费孝通:《乡土中国生育制度》,北京:北京大学出版社,1998年,第74页。

关系构成的"身份伦理"开始同时涉入了"地缘"关系(以及以地缘为空间表现的产业互动)所要求的需要以经济及法律强制性所保障的"契约"关系。村民的行为逻辑在"身份伦理"之上又增加了一个"契约伦理",具体表现为通过交换来获得利益的表达和利益的博弈等等。在村民是散在的状态下,这些追求自身利益的行为是弱质的,即存在着"小农户"与"大市场"的矛盾。费孝通认为这种从血缘结合转变到地缘结合是社会性质的转变,而且是社会史上的一个大转变。① 当前我国农村地区的社会整合难度不断加大,主要是因为村民的职业、收入及随之而来的价值观念的分化所致。一般来说,经济发展越快农民分化速度也就越快,反之,分化速度就越慢。这些社会变革都为乡村治理和发展提出了文化与价值观层面的新要求。

4. 乡村治理的基层组织服务能力弱化

改革开放以来,伴随农村家庭联产承包责任制的推行和随之而来市场经济体制的影响,农户之间、农户与集体之间的利益连接纽带发生了重大的变化,由过去被整合的同质性利益变成了多样化、分散化的个体和家庭利益,集体利益越来越处于"虚置"状态。在这个利益转变的过程中,村民自治组织作为集体经济实际代表而缺乏清晰的产权激励,无法为基于家庭经营为基础的经济合作提供必要的服务以降低交易费用,也不能整合和优化配置跨村落的社区性的资源要素。在农业税取消之后,特别是我国进入城乡统筹、全面建设小康社会阶段后,县乡基层政府的主要工作精力放在招商引资促发展和维护社会稳定上,村民自治组织村务活动的开展只能依靠政府的转移支付和"一事一议"筹资筹劳,加之当前村干部工资待遇过低,缺乏向上流动的机会,使村干部工作开展缺少动力,也难以吸引和留住有干劲、有能力的人才,造成当前农村"支应型"村委现象较为普遍。所谓"支应型"村委即在主观意识和实际功能上仅能起到"维持""支应"乡镇工作而缺少带动村庄发展的能力和动力的村委会组织。②乡村治理中基层组织服务能力的弱化造

---

① 费孝通:《乡土中国生育制度》,北京:北京大学出版社,1998年,第75页。
② 苑丰:《农民组织化:驱动农村社会管理创新的基础》,《行政管理改革》,2013年第9期。

成了乡村振兴的基础性短板。

三、"资源的文化网络":构建乡村振兴内生长效机制

随着经济社会的变迁,"权力的文化网络"概念中的各个权威主体在新时代文化网络中的具体形态及其地位在不断发生变化,其间的象征意义、价值观念、血缘、地缘及宗教信仰等因素在"权力的文化网络"中的影响力也在逐步发生变化。因此,适应经济社会的变革,在乡村振兴新的时代背景下,为重构农民的意义世界,建设充满活力的乡村社会,需要提出新的有解释力和建构意义的分析框架,这是回应乡村振兴需要、驱动乡村振兴实现的重要议题。

1. 社会转型对"权力的文化网络"的消解

伴随工业化、城镇化进程中乡村社会的人口外流,村民的"个体化"和异质性变化极大地增强,制度性安排的村民自治组织在乡村治理和发展中起到的作用日渐削弱,农民的期望越来越高并需要离开农村到城市中寻找,"权力的文化网络"对当下乡村的解释力受到新的挑战。[①]首先,"权力的文化网络"中的组织基础不复存在。诸如不同形式的庇护人和被庇护人、庙会、水会、商会、传教和信徒这些过往传统的组织形式和关系在中国的现代化进程中大多已经不复存在,乡村内部中青年村民已很少见到,乡村日益"留守化""空心化"。其次,"权力的文化网络"的价值基础已不复存在。如前文所述,转型期乡村的社会结构、道德价值及权力形态都发生了深刻而巨大的变化。当前乡村社会的庙会、宗教以及各种交往关系之间,更多地体现出直接的利益关系,而不是更多具有象征意义的"文化纽带"关系。再次则是村庄权力结构与作用形态发生了演变。村庄治理权力的结构与作用模式受国家政权与乡村社会二元关系的制约。当前"乡政村治"的制度安排不仅展示了国家政权与乡村社会之间的双向互动关系,而且亦暴露出村民参与不足和

---

① 傅琼,练艺:《权力文化网络视域下乡村治理问题及对策》,《地方治理研究》,2017年第1期。

社会自治不完全状态下"准合作治理"推进中的诸多障碍和难题。① 在取消农业税后,基层政府在行政村内的事务大幅减少,因此,"权力的文化网络"已不足以解释当前的乡土社会结构和秩序基础。

郑永君、张大维据此提出,在我国社会的转型过程中,乡村发生了从传统的"差序格局—伦理本位"的结构与运作逻辑到当下的"圈层格局—核心家庭本位"的运作逻辑的转换,内部结构上也在发生从"熟人社会"到"半熟人社会"的转变。乡村结构表现为利益网络格局,而非简单的文化网络格局。乡村权力结构发生了从"权力的文化网络"到"权力的利益网络"的转型,这是对传统文化网络格局的演替。②笔者认为,虽然对利益的考量是当下农民行为的主要逻辑,但是我们也不能因此而忽视文化存在的价值和意义。相反,在乡村振兴的背景下更应该把两者结合起来,乡村振兴如果单纯以社区空间、行政单位,甚至利益获取为核心,就会缺乏其内在发展的动力和能力。

2."资源的文化网络":一个乡村振兴视角下的分析框架

农村社会内生秩序能力的严重不足,提出了通过适当方式强化农村基层组织能力和输入外来资源以外生农村基础秩序的要求。这就要求我们应在既有组织体制中充实新内容,重构乡村治理主体的存在形式与作用方式③。构建适应乡村振兴需要的乡村治理形态,从学理层面进行阐释和剖析,进而从政策层面提出建议,需要解决以下三个问题:(1)在"乡政村治"这一新的权力结构形态下,如何发挥文化网络的作用,或者应该发挥怎样的文化网络作用,使村干部有动力、有能力更好地服务村民?(2)如何更加有效地动员、集聚乡村社会的存量资产,实现资源的优化配置,在经济和社会效益的实现中提高农民生活品质?(3)在村民自治的实践中如何赋予乡村社会文化网络以现代意义上的

---

① 吴春梅,石绍成:《文化网络、科层控制与乡政村治》,《江汉论坛》,2011年第3期。
② 郑永君,张大维:《社会转型中的乡村治理:从权力的文化网络到权力的利益网络》,《学习与实践》,2015年第2期。
③ 贺雪峰:《论农村基层组织的结构与功能》,《天津行政学院学报》,2017年第6期。

公共性？如何通过塑造这一共识纽带来实现国家政权与乡村社会的良性互动？这些问题在近年来"群众首创"的实践中得到了较好的回应和解答。比如以河南省信阳市郝堂村为代表，以"经营乡村"的理念把资源集中起来、经营起来，加以重整与盘活，为乡村振兴作出了示范。①其具体做法是在敬老扶贫、诚信互助、治理发展等价值理念下，构建"资源的文化网络"，由村两委倡导、乡贤发起、敬老扶贫、全员参与组建"村社全要素股份合作社"，再由"村社全要素股份合作社"驱动乡村产业、文化、人才、生态和组织的发展与振兴。② 这里的"资源"是指乡村发展的人力、资金、土地、房屋、山林、水面等产业要素资源。这里的"文化"是指敬老扶贫、诚信互助、治理发展等价值共识和文化理念。它一方面深植于传统文化，另一方面又因应社会变迁的现实需求。

"资源的文化网络"构成单位来源于政府、社会和乡村等多个层面。从制度化的正式组织看，它包括村党支部、村委会、农民专业合作社、企业、政府职能部门等组织。从非正式社会关联网络看，它包括民间组织、地缘利益共同体以及亲属、同学、老乡、生意伙伴等私人网络和关系，属于社会自身的结构范畴。"文化网络模式是准社会自治阶段'经纪统治'的产物，社会性赋权是其根本特征"③。

"资源的文化网络"以实现乡村的有效治理为依托。治理与统治不同，治理指的是一种由共同的目标支持的活动，其根本特征在于它是一个多元主体之间互动合作的过程，而不是仅仅强调政府的决定性作用或者资本的盈利追求。从社会结构网络的角度来说，治理为的是达到一种均衡性的网络结构，以维持秩序和平衡利益。资源的文化网络以社会性象征体系作为治理权力运转的基本范式，使得"一身二任"（村两

---

① 相关学术研究请参见：李昌平：《"内置金融"在村社共同体中的作用——郝堂实验的启示》，《银行家》，2013年第8期；杨华锋：《社会治理协同创新的郝堂试验及其可持续性》，《北京师范大学学报》，2015年第6期；吴国琴：《贫困山区旅游产业扶贫及脱贫绩效评价——以郝堂村为例》，《北京师范大学学报》，2017年第7期。

② 苑丰，刘武芳：《以机制创新实现精准扶贫"平台脱困"》，《岭南师范学院学报》，2017年第4期。

③ 吴春梅，石绍成：《文化网络、科层控制与乡政村治》，《江汉论坛》，2011年第3期。

委与合作组织的双重核心)的村干部得以调动资源要素及村民参与的积极性用于发展集体经济和村民个体经济,实质上是创新性地实现村党组织领导的充满活力的村民自治活动。

"资源的文化网络"以资源的有效组织、配置和经营,最终实现乡村发展为目标,以适应农业农村"村社全要素股份合作"现代产权结构和治理机制为保障,打破规制壁垒,优化资源配置,建设符合市场经济要求的,农民生产生活所需要的、有发展主动性的、再组织化的新体系。它能够在村社内部协同开展资金和资源互助,并以合作社经济组织的身份在村社内部要素合作的基础上,对接并导入外部市场资本,进而促进乡村产业的更大发展。

3. 从"权力的文化网络"到"资源的文化网络"

"资源的文化网络"分析框架的提出既是基于"权力的文化网络"基础的变迁而面临的解释无效,更是基于回应乡村振兴多维复合的未来取向和发展导向所要求的实践无效。在这里,党支部和村委会的既有权力是基于行政与自治的互动而实现。然而,权力的实现与增强本身不是目的,实现乡村治理的善治才是目的。① 但是,在"乡政村治"的权力结构下这个目的却不能通过权力直接实现,而必须借助于"文化网络"实现"资源"的组织、配置和经营,以市场经济的办法解决市场效益的问题。没有"资源"的借助和"文化网络"的有效组织、配置,就不能实现"权力"的善治,就没有乡村的产业、文化、生态和人才的发展和振兴。因此,在乡村振兴的多维复合、未来发展导向下,我们思考乡村的权力与善治,就不能把"权力"放在主要的地位,而是要使其隐退于"资源的文化网络"背后发挥其应有的作用(见图1)。

"资源的文化网络"与"权力的文化网络"的共同点在于它们都强调了"文化"及由文化所形成的社会关系"网络"在乡村社会秩序维系与发展中的作用。"权力的文化网络"关注的是中国乡村社会的权力形成及其结构;"资源的文化网络"关注的是中国乡村振兴所需要的资源要素的集聚和整合的途径与形式,而这种途径和形式需要助力于乡村社会的权力。"权力的文化网络"是一个更加侧重于描述性、解释性的分析

---

① 李昌平:《内置金融激活村庄活力》,《中国合作经济》,2017年第10期。

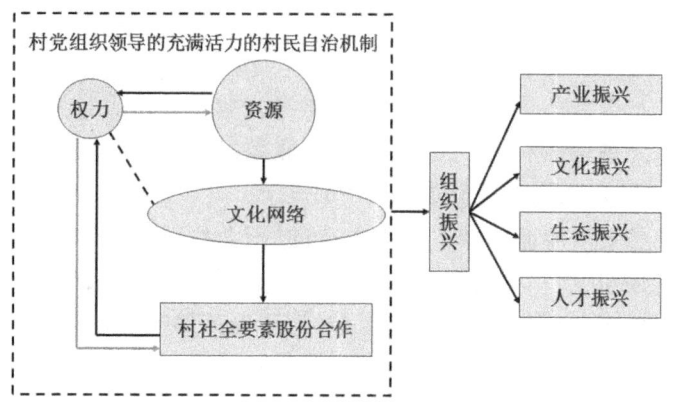

图 1　"资源的文化网络"结构功能示意图

框架,而"资源的文化网络"则是一个更加侧重因应乡村振兴需求的对策性、建构性的分析框架。也正因为如此,"权力的文化网络"是一个相对保守的概念,"资源的文化网络"则是一个具有进取性和发展性的概念。通过增强村两委治理和服务能力建构"资源的文化网络"的政治权威维度,通过支持农户和集体产业发展建构"资源的文化网络"的经济协作维度,通过敬老公益事业建构"资源的文化网络"的集体归属维度,通过敬老、诚信、孝道等文化的倡导,建构"资源的文化网络"的价值整合维度,最终建构出一个新型的、动态的、开放的乡村振兴内生长效机制。

四、"资源的文化网络"在乡村振兴实践中的作用

通过"资源的文化网络",村社全要素股份合作同时面向国家和社会支农资源的有效使用,面向村级组织的管理服务能力的提升,面向农户适应市场经济能力的组织化效益的实现,以社员间资金互助为纽带,可以把农户闲散资金、土地、山林、房屋、水面等资源采用多种方式流转到村社全要素股份合作社中来,政府辅以配套专项资金注入,搭建市场

导入和对接渠道等,实现城乡有效融合,以此构建乡村振兴内生长效机制。① 从全国其他地方的成功实践来看,以村社全要素股份合作为抓手实施乡村振兴的意义在于,以组织振兴为载体盘活农村资产,创新城乡融合发展的体制机制。为此,还应注意做好如下几个方面的工作:

1. 以要素优化配置促进乡村产业振兴

首先是要实现政府扶贫支农资金的"四两拨千斤"的撬动作用。村社全要素股份合作,是通过市场的方式把农民重新组织起来的过程,实际上是增置了乡村振兴"自我造血"和持续发挥作用的"蓄电池"的功能和作用,并通过这个"蓄电池"的周转和杠杆作用,让政府用于乡村振兴的财政投入可以更好地"撬动"和"激活"乡村社会的"巨量"资产存量。其次是降低企业谈判成本,促进村企共建。通过村社全要素股份合作社把村里的资源整合起来,以合作社为平台与企业谈判合作,可以有效降低谈判成本和毁约风险,提升合作效率,实现共建共赢。

2. 以敬老互助为纽带促进乡村文化振兴

首先是弘扬"敬老"传统文化,发挥年长者在乡村建设和振兴中的作用。一方面在合作社日常管理中将老年社员分成若干管理小组,以老年小组对社员的信用互助申请进行审批、监管等基础性管理;另一方面,村两委主持的全要素股份合作社在章程和实际执行中,把合作社盈利的促进30—40%用于老年社员的福利分红,以凸显敬老互助精神。其次是促进浓厚"互助诚信"乡情民风的形成。村社全要素股份合作在合作社章程中设定盈利的10—15%的公益金,用于社区互助、扶贫等事业,以对农村诚信体系建设发挥潜移默化的教育作用,进而更好地培育文明乡风。②

3. 多要素综合利用促进乡村生态振兴

首先,要积极促进绿色产业发展。村民通过全要素股份合作的方

---

① 通过这一"文化"纽带,使资源在村内实现整合和集聚,即"内合"。通过村社全要素股份合作整合才能更加便利和对等地与社会资本对接、谈判,即"外联",以实现共建、共赢和共享。

② 参见习近平:《扎扎实实把乡村振兴战略实施好》,《农村工作通讯》,2018年第5期。

式,参与到村庄建设和产业发展中来,以增强其"主人翁"意识,提高其生态保护和绿色产业发展意识。其次,加强农村突出环境问题的自我治理。在村两委的主持下,通过发挥社员的主人翁意识和能动作用,充分调动其创建安居乐业美丽家园的积极性和主动性,让青山绿水成为"金山银山",让良好生态成为乡村振兴的支撑点。

4. 培养人、吸引人,加速乡村人才振兴

首先是推动干部角色的转换,增强村两委的威信和服务能力。村社全要素股份合作的巨大优势是村两委干部和"合作社理事、监事"一身二职,干部不再只是"压任务""拔钉子",而是切切实实地有了助农致富、帮农发展的职能和"抓手",只有这样才能真正提升村级组织的服务能力和治理能力。其次是可以吸引城市人才的有序回流,拉近乡贤与故里的亲情,持续发挥这些精英人才各种潜在能力,为乡村振兴做出贡献。

5. 增强村两委治理和服务能力,实现乡村组织振兴

村社全要素股份合作有利于实现农村土地、闲置房屋、资金等要素的储备和经营,进而探索集体经济新的实现形式。在村两委的倡导和主持下,通过村民自建、自营、自管的全要素股份合作,既支持了农村产业发展,又促进了新形式集体经济的壮大。它很好地贯彻了中央所倡导的"要积极发展农民股份合作、赋予集体资产股份权能改革试点的目标方向,建立符合市场经济要求的农村集体经济运营新机制,探索集体所有制有效实现形式,发展壮大集体经济"的指示精神,① 有效突破了"分久难统"的困境,为完善农村基本经济制度(统分结合的双层经营体制)找到了有效的方法和路径。

五、结语

一般而言,对后发现代化国家来说,基于外生的现代化压力,往往需要采取"规划性社会变迁"模式。就此来看,在我国主要由计划经济

---

① 朱益飞:《论共享发展的社会主义伦理价值意蕴》,《马克思主义研究》,2018 年第 2 期。

向市场经济、传统社会向现代社会、全能政治向法治政治为特征的社会转型期,国家权力作用于乡村社会的方式、乡村自身的权力格局、城乡要素之间的重组与价值创造、传统文化与现代理念变迁中的诸多因素的综合作用使得乡村治理与发展处于新的时代背景与发展阶段之中,而"乡政村治"模式作为准合作治理阶段的制度产物,本身展示了国家政权与乡村社会之间的双向互动态势,但在实践中也展示出村民参与不足和社会自治不完全等诸多障碍和困难。实践已经证明,它的良性运转不仅需要"行政性"和"社会性"双重赋权,而且还需要"市场性"(市场的资源、渠道和形式)的赋权。适应新阶段、新要求,借鉴乡村治理"权力的文化网络"分析框架,探索和发现"资源"的利益整合及其价值创造功能,透过"资源的文化网络"形成农户与农户、农户与集体之间新的利益重组与整合机制,是对乡村治理与发展制度创新实践的有效总结与提升。我们看到"村社全要素股份合作"作为连接乡村制度性权力组织、经济生产组织和社会自治组织的桥梁,是市场经济背景下乡村社会系统得以有效存续和振兴发展的现实载体,它在政治权威维度、经济协作维度、集体归属维度和价值整合维度等多方面,建构出一个新型、动态、开放的乡村振兴内生长效机制。它既是乡村社会的一种内生需求,也是乡村振兴的一种创新性力量。

原载于《河南大学学报(社会科学版)》2019年第2期;《中国人民大学复印报刊资料》文化研究2019年第7期全文转载;《文摘报》2019年第5期论点转载;《社会科学报》2019年第5期论点转载

公民意识形成的内在机制及启示

蒋笃运　张雪琴①

当今世界,激烈复杂的国际竞争,归根结底是公民素质的竞争,而在公民素质的养成中,公民意识及其培育又是重要环节。党中央从加快中国现代化进程,实现中华民族伟大复兴的战略高度,明确提出了加强公民意识教育、培养合格公民的目标要求,为中国公民社会的形成和发展指明了方向。公民意识的形成是一个系统的、复杂的、反复的培育和提高的过程,既涉及国家共同体的经济、政治、文化和社会结构状况,又涉及个体生理、心理和思维的发展状态。国内学术界对公民意识的研究始于 20 世纪 90 年代,研究重点从最初的国外理论译介和中外比较研究逐步转移到公民意识培育上来。目前的研究多以影响公民意识形成的外部因素为切入点来探讨公民意识培育问题。陈永森在《市场经济与公民意识》(《福建学刊》,1997 年第 2 期)一文中指出公民意识是市场经济的客观要求,并分析了在市场经济条件下如何提高公民意识的问题。刘阿荣在《公民意识与民主政治的辩证发展——以台湾为例》(《学术研究》,2009 年第 5 期)中有力地论证了民主政治与公民意识的互动关系。周旭东在《论社会主义民主政治与公民意识教育》(《全球教育展望》,2008 年第 12 期)中指出,公民意识的培育要与民主政治发展相协调。郜爱红的《我国公民社会的兴起与公民意识的培育》(《中国特色社会主义研究》,2004 年第 6 期)和康宗基、庄锡福的《试论我国

---

① 蒋笃运(1954—),男,河南永城人,郑州大学马克思主义学院教授,博士生导师;张雪琴(1980—),女,河南商水人,郑州大学马克思主义学院博士生,河南师范大学政治与管理科学学院讲师。

社会组织的发展与公民意识的培育》(《科学社会主义》,2011年第2期),则以公民社会为视角深入系统地探讨和研究了如何培育公民意识的问题。陈联俊、李萍的《公民意识教育中文化传统的影响》(《北京交通大学学报》,2010年第4期)和杜峤的《孔子的"仁、义"观对培养当代中国公民意识的借鉴意义》(《东方论坛》,2009年第1期)从文化的视角对公民意识培育问题进行关注。山东大学朱彩霞的博士论文《当代中国公民意识问题研究——从自由主义和社群主义的争论谈起》认为,应该以市场经济、民主政治和法治国家为切入点对公民意识培育进行整体架构。这些研究对公民意识的培育和形成进行了多方面的探讨和研究,但遗憾的是,大都停留在影响公民意识形成的外部环境上,几乎没有人关注在外界环境影响下,现代公民意识如何内化为个体自身的观念系统,并在一定条件下转化为公民行为的问题。本文试图对这一问题进行系统的分析和探究,并从中找出规律性的东西。

一、公民意识的内涵及特征

关于公民意识,国内学术界目前尚无统一的定义,学者们均从不同的角度对其进行解读。笔者认为:所谓公民意识,就是在一定社会历史条件下,公民对自身在共同体中的地位及其与共同体关系的理性认识,是公民对一定社会的政治、经济、文化问题的态度、倾向、情感和价值观的综合反映,是现代国家与社会得以稳固存在的文化价值观念基础。公民意识是一个复杂的观念形态系统,有其一定的内在逻辑联系与层次结构。其中,公民身份意识是基础,公民权利和义务意识是核心,公民道德意识是不可或缺的组成部分。公民身份意识是个体对自身在共同体中法定地位的认识,这种法定地位是公民与共同体之间各种关系的基础;公民权利是公民作为国家和社会主人的具体体现,公民只有享有广泛的权利,才能真实地反映其与国家、社会之间的关系。义务与权利是相对应的概念,没有无权利的义务,也没有无义务的权利,公民意识成熟的公民,是在享有权利的同时努力为他人、为社会和国家尽义务,并承担相应的责任。公民道德意识是公民制度意识的升华,传承已久的爱国主义、忠诚、团结、积极的政治参与等均属于公民道德意识的范畴。

公民意识作为社会意识中的个体意识,是人们对一定时期社会存在的反映,简单来讲,公民意识的特征主要表现为:一是个体性。公民意识来源于人的大脑,其发展变化要通过个体思想意识变化来体现,其改善与变化离不开个体素质的提高,培育公民意识的目的是实现个体全面而自由的发展,这些都是公民意识个体性的体现。二是社会性。所谓社会性就是指公民意识内容来源于社会,其形成与提高受到社会各种因素的影响和制约,如政治的民主程度、经济的发展水平、社会的分层结构等等。一般来说,公民意识同社会发展呈正相关关系,即"现代社会中公民意识水平越高,社会发展越快;公民意识水平越低,社会发展越慢"①。三是历史性。历史性是指公民意识总是在一定社会历史条件下意识的存在状态,它不可能摆脱其历史文化传统的影响而存在,这些可以从公民意识的发展史中得到验证。

二、公民意识形成的内在机制

"在社会科学领域中,机制多用以表示社会的政治、经济、文化活动各要素之间的相互关系、运行过程及其形成的综合效应或社会组织、机构的内部结构及其运行原理等。"②公民意识的形成机制是指在公民意识形成过程中,影响个体的各种内外因素由于某种机理而形成的因果联系和运转方式。在公民意识形成的过程中,外部因素虽然对其发生、发展产生重要影响,但是公民个体并非消极被动地接受外部影响,而是作为能动体在与外部环境相互作用的过程中接受外部影响,任何外界因素都要通过人的内在因素起作用。影响公民意识形成的内在因素是指公民个体的认知、情感、意志、行为等诸要素,它们的辩证关系及其在外界因素影响下的矛盾运动的复杂过程就构成了公民意识形成的内在

---

① 陈联俊:《关于"公民意识"的几个基本问题》,《辽宁大学学报(哲学社会科学版)》,2010年第6期。
② 邱伟光,张耀灿:《思想政治教育学原理》,北京:高等教育出版社,1999年,第205页。

机制。一般认为,公民个体这种自我调节、自我教育、自我管理的内部机制主要包括内化过程和外化过程。内化过程是指将社会要求的符合公民本质精神的思想观念内化到个体的意识结构之中;外化过程是指将个体已经内化的思想观念转化为个体相应的行为和形成行为习惯。

(一) 公民意识形成的内化过程

内化是人的一种心理过程,是行为主体从内心深处相信并接受他人和集体的观点,将这些观点纳入自己的价值体系,成为自己观念体系中的一个有机组成部分。① 公民意识的内化过程就是指个体在教育者或其他社会因素的影响下,对与公民精神相关的思想、观念和态度的认同、筛选和接纳,并将其纳入自己意识结构之中,变为自己的观点、信念,成为支配、控制自己思想、情感、行为的内在力量的过程。这一过程主要有三个环节,而且每个环节的形成都有其相应的条件。

1. 注意环节

教育者和其他教育因素传递的有关公民意识教育的信息作用于个体,引起其感官反映,并在其头脑中形成有关表象,这一过程被称作注意环节。这是公民意识内化过程的第一个环节,是个体对有关公民意识教育的信息和刺激产生心理活动的指向性的过程。这种关注受到主观因素和客观因素的影响,其中,能够引起个体"注意"的主观因素有以下三个方面:一是个体的需求,如果公民意识教育的信息符合个体的需求,个体就比较容易对此产生注意,反之,个体就很难产生注意。比如,在培育公民权利意识时,教育者要重点研究哪些具体的权利意识是公民缺乏并且需要的,以此来确定公民意识培育的目标体系。只有把培育目标与个体需要结合起来,培育活动才能引起公民的注意。其二是个体的特殊情感。公民个体在以往经验中产生的肯定性或否定性情感,会促使其对公民意识教育的信息产生注意或者消退注意。公民的特殊情感的形成,依赖于公民个体所在社会的经济、政治、文化的发育程度。一个市场经济发育成熟、政治民主化程度较高、公民文化氛围浓厚的社会必将会生成个体接受公民意识培育的肯定性情感,反之则会

---

① 时蓉华:《社会心理学》,上海:上海人民出版社,1986年,第144—145页。

生成否定性情感。其三是个体的兴趣。兴趣是个体积极认识某项活动的心理倾向,它建立在个体原有的知识经验之上,并对新的外部刺激保持一定的心理联系,如果外部刺激能使个体获得新经验的愿望得到满足,兴趣就会得到强化,相反兴趣就会逐步消退。

影响公民个体"注意"程度的客观因素主要是外部刺激,它是影响个体公民意识形成的外部因素的总和。外部刺激要有一定的强度和创新性,才比较容易引起个体的注意。这就提示我们,在公民意识培育过程中要创造一些主体鲜明、形式新颖的活动,积极创新培育的载体和方法,就会比较容易引起培育对象的注意,完成公民意识形成的内化过程。

2. 理解环节

在个体已形成的表象的基础上,分析理解有关公民意识教育信息的准则及其社会价值,形成新的认知,这就是理解环节。它是个体在注意的基础上对公民意识教育信息的继续认知。理解分为改述、归纳和外推三个层次。改述是一种较低层次的理解,它是个体用自己的语言表述公民意识教育所传递的内容。归纳是个体对接受到的教育信息的进一步解读,它是在把握教育内容精神实质基础上的总结。外推是个体根据已有信息和理解,做到概念演绎和逻辑推理,是个体真正理解后的创造性发挥。理解环节是个体思想矛盾反复斗争的阶段,个体原有的思想观点和新接受的思想观点在头脑中交汇,表现出一系列的矛盾冲突。冲突的结果要么是否定自我,改变自己原有的认知,将新接受的观点内化到自身的观念体系之中;要么是否定新接受的观点,坚持原来的思想观点并使之得到强化。因此,理解是内化过程的关键环节,往往需要经过多次反复才能完成。新的思想观点要战胜个体原有的认知,其内容必须是符合个体需要的,唯有需要,才是个体接受的重要动力。比如,在公民责任意识的培育过程中,关键是教育者要想办法让个体了解公民责任的价值,尤其是个人价值,只有这样,个体才能理解公民责任意识教育,为接下来的接受环节打下良好的基础。

3. 接受环节

接受是个体对已经理解的教育信息在比较和鉴别的基础上进行选择与摄取,并与自己原有认知结构融为一体的过程。接受是公民个体的认知结构对教育信息的"编码"过程,当教育信息通过个人接触进入大脑,如果个体缺少"编码"程序,没有被纳入个体的认知结构,这些信息只能作为暂时接受而进入"短期记忆";而一旦这些信息通过"编码"被纳入到一个有序的结构之中,它就可能被长期接受而储入"长期记忆",只有这样才有可能对个体的行为产生持续影响。教育信息能否被"长期记忆"取决于以下四个方面的因素:一是教育信息要具有一定的社会价值和个人价值。我国公民意识培育的目的是要实现个人的全面自由发展和社会的进步,它体现了个人价值和社会价值的统一。二是教育信息要基本符合个体已有的认知结构。所谓基本符合,是指教育信息虽然和个体已有的认知结构有一定的矛盾,但又不是完全冲击个体原有的认知结构,只有这样才易于引发个体的好奇心和好胜心,从而推动个体接受教育信息。我们在进行公民意识培育的过程中,要注意对公民的群体差异性和个体差异性进行研究,以此决定对不同个体和群体进行公民意识培育的策略选择。三是教育信息要有恰当的表达方式和方法,反映在公民意识培育过程中,就是要注意培育方式和方法的选择与创新。四是教育信息的内容要符合受教育者的心理特征和需要。公民意识培育是否立足于个体需要、培育内容和方法是否考虑个体的差异性等,都会影响到个体对公民意识培育的接受程度。

(二) 公民意识形成的外化过程

从教育心理学的角度看,内化是变"社会要我这样做"为"我要这样做",外化则是变"我要这样做"为"我正在(已经)这样做"。[①] 就公民意识形成来说,外化就是把已经内化了的思想观点、价值信念等自觉地转化为符合社会要求的公民行为,并多次重复这些行为使之形成习惯的过程。公民意识形成的外化过程主要由以下三个环节所组成。

1. 行为方式的选择

在这个阶段,动机与行为结合是在公民个体心里实现的。内化了的思想观念会产生新的动机,动机若能找到相应的行为方式,就会在正

[①] 张耀灿,郑永廷,吴潜涛,骆郁廷等著:《现代思想政治教育学》,北京:人民出版社,2006年,第335页。

在形成的公民特性中完成自己的作用;动机若找不到合适的实现形式,就意味着个体在内化阶段所形成的思想观念可能会消退。因此,在公民意识培育过程中,为个体设计合适的实践方式至关重要,比如举行"成人礼"仪式以增强青少年的公民身份意识,基层法院在农村开庭办理案件以提高农民权利意识和法治意识等,都是公民意识形成的有效方式。如果没有这些有效的方式,再成功的观念灌输也会流于形式,如果内化阶段形成的认知与现实行为发生矛盾,已有的正确认知还有可能转化成其他错误观念和意识。

2. 行为习惯的养成

个别行为往往带有偶然性和情境性,很难真实地反映一个人的思想和观念,行为只有经过反复训练成为习惯后,才有可能转化为稳定的习惯,从而反映个人的意识状况。这个过程要在实践情境中,在完成各种活动的过程中实现,因此,必须反复加强和巩固所选择的活动行为并使之转变成习惯,以培育良好的公民道德意识。

3. 行为习惯转化成稳定个性

习惯只有在一定条件下才能形成个性。巴拉诺夫指出:"习惯本身还不是个性,但在一定条件下它可以成为个性。一些性质相同的习惯如果结合到一起,就能达到这种转变,这种由结合而形成的习惯具有广泛的转移性,不仅在固定的、严格规定的条件下起作用,而且在培育对象的多种多样、经常变化的生活与活动情境中起作用。"[①]可见,行为习惯只有形成稳定的个性,才能比较全面、客观地反映一个人的思想状况。因此,成熟稳定的公民个性,通常被看作是公民意识形成的标志。

三、内在机制原理对公民意识培育的几点启示

从前文分析可知,公民意识的形成是在一定外部因素的作用下,个体逐步自觉地将一定社会要求的思想观念内化到自身的意识结构之中,再将这些已经内化的思想观念外化为个体的公民行为,公民行为经

[①] 转引自鲁洁,王逢迎:《德育新论》,南京:江苏教育出版社,1994年,第275页。

过反复操练逐步形成行为习惯,习惯在一定条件下形成稳定的公民个性的过程,至此,公民意识才最终形成。这种连续的转化过程是个体极其复杂的思想矛盾运动过程。要顺利地实现这一系列的矛盾运动与转化,就必须注意做好以下几点。

1. 坚持公民意识培育中的主体性原则

公民意识培育作为个体政治社会化的实现方式,同时存在着两个方面的活动:一方面是个体通过接受教育和参加社会实践获得符合公民精神的认知、态度和观念,在这个过程中,个体是公民意识培育的主体;另一方面是社会凭借各种手段传播符合公民精神的思想和观念,进而使社会成员接受这些思想和观念。在这个过程中公民个体虽为客体,但是该过程的完成和实现仍然离不开个体的需要和努力,离不开个体自身内部因素的相互作用。只有当个体具有吸收社会所传播观念的需要和接受这些观念的能力时,公民意识培育才能顺利完成,反之,则可能导致公民意识培育的失败。因此,在公民意识培育过程中,要坚持主体性原则,即充分发挥培育对象的主体性,在承认和尊重培育对象的主体地位和主体人格的基础上,发挥培育者的主导作用,让培育对象成为具有自主性和能动性的积极活动主体。

坚持公民意识培育的主体性原则,就要深入研究培育对象的身心发展规律和思想意识形成规律,关注公民个体的需要,让培育对象自觉地认同培育目标,并独立地作出判断和选择,进而在实践中不断完善自身。培育对象主体性发展的落脚点是尽可能地使其从被教育走向自我教育,从他律走向自律,这既是培育对象高度自觉,其主体性发展到一定阶段的产物,也是其主体性发展的必然结果和归宿。在当代中国,随着民主政治和市场经济的发展、教育水平的提高以及信息化生活方式的作用和影响,公民作为社会主体的特征越来越明显,面对复杂多样、瞬息万变的社会环境,他们并不是简单地接受和内化外部影响,而是具有了一定的分析辨别能力,能够对各种教育信息进行判断、选择、吸收和改造。因此,确立培育对象的主体性地位,发挥其主观能动性,是公民意识培育必须坚持的基本原则。

2. 遵循公民意识培育的基本规律

公民意识形成的内在机制本质上是对公民意识培育过程中规律的

揭示,只有在遵循其基本规律的前提下选择适当的培育内容和方法,才能提高公民意识培育的实效。对公民意识培育基本规律的揭示是建立在对其内在矛盾的正确把握上,结合前文对公民意识内在机制的分析,可将公民意识培育过程中的基本矛盾表述为:公民意识培育过程中的基本矛盾,是一定社会所要求的能够体现现代公民精神的思想意识与社会成员现有意识结构之间的矛盾。这一基本矛盾具体体现在公民个体的知、情、意、行诸因素的不平衡发展中,并贯穿于公民意识培育的全过程,规定和制约着培育过程的其他问题与矛盾。因此,把握培育过程中的基本矛盾,处理好它与其他具体矛盾的关系,才能正确地化解矛盾,指导公民意识的培育。

公民意识形成的内在机制要求我们,在把握公民意识培育过程的基本规律时,要特别注意研究和遵循人的身心发展规律和意识形成规律。遵循这些规律就要坚持一般与特殊相结合的方法和原则,不仅要认识培育对象身心发展和意识形成的一般规律,而且还要认识其身心发展和意识发展的特殊规律,同时更要注意研究不同公民群体身心发展的规律。

3. 创新公民意识培育的方法

公民意识培育的方法,是培育主体为达到一定的目的,在认识和影响培育对象思想和行为过程中采取的手段、途径、策略和操作程序的总和。公民意识培育的方法是解决培育过程中基本矛盾,实现培育内容融入培育对象并转化为具体行为不可缺少的中介。然而,科学的方法不是培育者主观意志的自由创造,而是在实践基础上对公民意识的形成和发展规律的正确概括和总结。常用的公民意识培育方法有理论教育法、实践教育法、形象教育法、典型教育法、隐性教育法、自我教育法等等。在选择运用培育方法时要注意以上诸方法的综合运用。只有在实践中多种方法综合运用,才能提升方法体系的整体效应,形成公民意识培育的合力,产生综合教育的最佳效果。

从公民意识形成的内在机制的各个过程和环节看,方法选择是否得当,对公民意识的形成有直接影响。例如,在公民意识形成的内化阶段,影响个体"注意"的主观因素有个体需要、特殊情感、兴趣等,这就要求培育者在选择方法时充分考虑个体的需要、兴趣和心理发展特征,尽量选取"贴近实际、贴近生活、贴近群众"的方法。在公民意识形成的接受环节,外部信息只有通过个体"编码"才能被纳入个体的认知结构,才有可能储入"长期记忆"之中,这就要求在选择培育方法的时候要注意方法的针对性和灵活性。另外,在公民意识形成的内化阶段,要注意把理论教育法和实践教育法有机地结合起来;在使用理论教育法的时候,要把讲授法、研讨法、宣传教育法结合起来;在使用实践教育法的时候,要把参观考察、劳动锻炼、社会服务等形式结合起来,只有这样才能取得比较理想的效果。

在公民意识形成的外化阶段,如果个体的动机能找到相应的行为方式,就会顺利地实现其内在动机向外在行为的转化,并进而形成稳定的个性心理特征。前苏联心理学家列昂节夫的"活动一个性理论"指出,活动是意识和个性的决定因素,游戏、学习、社会公益劳动、交往等都是促进个体内外交流的重要方式。因此,培育者要有意识地设计一些社会实践活动,让已经内化的思想意识在这些活动中完成由意识向行为的飞跃和转化。

在公民意识形成的内在机制中,教育者的教育方法既要有针对性,又要有创新性。方法的创新既是公民意识形成规律的内在要求,也是人的发展与社会发展相统一这一基本规律的客观要求。随着时代的发展,不同公民的群体特征和个体特征越来越明显,如何巧妙地有针对性地选取和使用各种教育方法,是公民意识培育方法创新的关键。社会进步和科技创新既是公民意识培育方法创新的重要动力,也为其方法创新提供直接的工具和智力支持。如互联网的普及和应用,为公民网上学习、参与各种社会活动、行使公民权利、履行公民义务、担当公民责任创造了良好的条件和广阔的空间,培育主体必须学习掌握和充分运用这些新的技术和手段,以实现公民意识培育方法的现代化。

4. 优化公民意识培育的社会环境

"人创造环境,同样,环境也创造人。"① 环境以其自身独特的形象潜移默化地感染人、熏陶人,使人在不知不觉中受到教育和影响。公民意识不是人们头脑中固有的,也不会自发生成,它是在实践的基础上主

---

① 《马克思恩格斯选集》第1卷,北京:人民出版社,1995年,第92页。

观对客观的能动反映。在其形成过程中,个体自身内部的矛盾变化是内因,推动和促进个体意识结构发生变化的外部事物及其不断发展是外因,内因是事物发展变化的根本,"外因是事物发展变化不可缺少的条件,不具备一定的外部条件,事物也不会发展变化"①。因此,在公民意识培育过程中,既要注重对个体公民意识形成和发展规律的研究,又要重视公民意识形成的外部环境的优化,通过对环境的优化与有效利用,增强公民意识培育的效果。所谓公民意识形成的社会环境是指公民个体所处社会历史进程中各种社会关系的总和。这些社会环境可以分为两个部分,即宏观环境和微观环境。宏观环境一般包括社会经济制度和经济生活条件、社会政治制度和现实政治状况、社会文化及各种文化活动。微观环境一般包括家庭环境、学校环境、单位组织环境、社区环境、个体所处群体环境等等。优化公民意识培育的环境,就是要充分利用环境中的积极因素,并将环境中的消极因素转化为积极因素,使各种环境因素形成合力,充分发挥其积极作用。

从社会历史的角度来考察,现代公民意识产生的社会条件大致可以概括为四个基本的方面:一是市场经济的发展。市场经济以平等交换为基础,它要求参与者要具有平等的地位和身份,并能够履行权利职责和承担义务。个体要在市场经济中生存,就必须遵循市场经济的规则,从而加强对自身地位、权利、义务、责任的认识,形成健全的公民意识。我国市场经济取得了很大的发展,推动了公民意识的形成。但是,市场经济的逐利性也导致了人们公共意识的弱化和责任意识的缺失。对当下中国来说,公民意识培育不仅要求进一步发展社会主义市场经济,而且还要健全相关的监督和制约机制,为公民意识成长提供稳固的经济基础和良好的市场环境。二是民主政治的发展。民主政治在本质上是多数人掌握和运用权力的制度模式,它内在地要求个体要具备公民权利意识、责任意识和政治参与能力。改革开放以后,我国的政治民主化程度不断提高是公民意识得以生长和发展的一个重要原因。党的十七大报告强调加强公民意识教育,树立社会主义民主法治、自由平

---

① 赵家祥,聂锦芳,张立波:《马克思主义哲学教程》,北京:北京大学出版社,2003年,第153页。

等、公平正义理念,这是对公民意识与民主政治关系的高度概括,并为二者的发展指明了方向。"政府应该出台有力的政策机制,保证公民的政治参与,又要以法律和政策所形成的机制性力量激发公民的参与意识、责任意识和法治意识,从而使自主与共同意识、富裕与和谐、个体性与责任感融合在一起,建设有序的和谐社会。"①三是公民社会的发育。公民社会是培育公民意识和公民能力的大学校,其自组织功能和公共参与功能对于培养公共理性、团结友爱精神、公民参与能力、公民监督能力等都具有积极作用。四是公民文化的形成。公民文化是民主政治和公民社会等制度形态在观念领域里的反映,它本质上是一种民主的参与型文化。文化的预制性使公民文化成为公民意识形成的条件,臣民文化对中国人的思想意识有着根深蒂固的影响,阻碍着现代公民意识的形成,需要构建公民文化为公民意识培育营造良好的文化氛围。这种构建不是简单的学习和移植西方文化,而是立足中国国情,在马克思主义思想的指导下,找到传统文化与现代政治文明的契合点,实现由传统到现代的转化,形成一种民主的、民族的、科学的公民文化。

另外,公民意识形成的微观环境或许同个体的联系更为直接,家庭环境主要是指家长的思想观念和行为规范对家庭成员尤其是子女的影响氛围,从儿童心理学的角度看,家庭教育的影响将决定一个人的性格和品行,一个融洽、友爱、民主的家庭环境将有利于现代公民意识的形成。学校是有目的、有计划、有组织地进行公民教育的场所,也是公民意识形成和培育的主渠道。科学合理地设置公民教育课程,塑造和谐、民主的校园文化,对青少年公民意识的养成起着尤为重要的作用,应发挥学校教育的主渠道作用,为公民意识的培育和公民社会的形成提供良好的条件,奠定坚实的基础。

原载于《河南大学学报(社会科学版)》2011年第6期;《高校学术文摘》2012年第1期论点转载

---

① 谢舜:《和谐社会:理论与经验》,北京:社会科学文献出版社,2006年,第268页。

现代化进程中的社会分化与整合

吴晓林①

分化与整合是分析现代化的两个重要概念。美国社会学家曾经这样描述过分化与整合的时序:"分化是人类历史的第一章,整合是第二章。"②显然,与具有自然冲动的"分化"相比,"整合"更具有主观建构的意味。从某种意义上讲,社会学正是在"应对分化,关注整合"的议题中诞生出来的,随后这个议题逐渐向政治学等学科扩展。由于"分化"往往先于"整合",大多研究者将关注点放在"整合"议题上,并且陆续出现了涂尔干的非契约性社会整合理论、帕森斯的宏大社会整合理论,以及进入后工业时代的微观意义上的"沟通、规则与交换"整合理论;③在政治学领域,则出现了"沟通主义、功能主义、新功能主义、治理"等整合理论。④ 但是,各个学科囿于自己的关注点,常常仅关注一个整合向度,而忽略了其他向度。例如,很多研究都将社会和政治发展视为目标,却将个体关怀忽略了。显然,应对分化、实施整合的目的,并不仅仅只有单维目标,本文就将从个体、社会、政治三个层面分析分化与整合的关系,试图探讨现代化进程中三者协调发展的意义与可能。

---

① 吴晓林(1982—),男,山东莱阳人,中南大学公共管理学院讲师,政治学博士,中央编译局博士后。
② Lester F. Ward, "Social Differentiation and Social Integration", *The American Journal of Sociology*, No. 6 (1903).
③ 吴晓林:《20世纪90年代以来国外社会整合研究的理论考察》,《广东行政学院学报》,2011年第1期。
④ 吴晓林:《国外政治整合研究:理论主张与研究路径》,《南京社会科学》,2009年第9期。

一、分化与整合:现代化进程的双重逻辑

社会分化与整合自社会学诞生之日起就是一对重要的研究课题,二者一度占据社会学研究的主导地位。这样的理论主张,对于现代社会的发展依然具有相当的解释力。

1. 分化:一个解释社会发展的动力模型

领域分离与社会分化被视为解释现代化过程的重要模型。涂尔干首先使用分化的概念分析现代化,在他看来,社会发展取决于对"社会分工潮流"的选择与背弃。在社会分工的图景下,一方面,职业专门化和劳动分工的发展与细化,将人们逐渐与传统的"角色集合体"分割开来,获得前所未有的自由空间;另一方面,由于职业差异因素的存在,人们又相互依赖,越来越依赖于社会团结维持整体和谐,因而个体又成为"整体的一个部分,或有机体的一个器官"①。卢曼则以系统的观点来分析社会,认为整个社会是个"功能分化"的系统,现代社会的快速发展取决于社会本身的分化所需要的必要机制的发展。②

分化作为社会发展的动力机制,其作用主要体现于两个方面:首先,人们社会角色的分化,意味着"在一个制度领域内任何一个特定角色的获得并不自动地带来政治和文化角色的占有"③,原来捆绑式、先赋性的身份体系,被代之以契约性职业角色体系,因而有助于解放个体生产力。其次,人们原来依靠亲缘关系、等级制度建立起来的"机械团结"模式,逐渐被分化的力量打破,异质性的职业分工提出了"有机团结"的诉求,人们可以较为自由地通过职业和兴趣进行结合,这就促使社会结构更具弹性和活力。

2. 整合:一种维护社会秩序的转换机制

---

① 涂尔干著,渠东译:《社会分工论》,北京:生活·读书·新知三联书店,2005年,第4页。
② 马尔图切利著,姜志辉译:《现代性社会学——二十世纪的历程》,南京:凤凰出版集团、译林出版社,2007年,第128—130页。
③ S.N. 艾森斯塔德著,张旅平译:《现代化:抗拒与变迁》,北京:中国人民大学出版社,1988年,第3页。

社会分化并非仅仅具有积极的一面,它在提升个人自由和社会发展的同时,也为个体自由和整体社会之间楔入了复杂的张力。最先提出社会整合概念的涂尔干,就关注"混乱(Anomie)、利己主义(Egoism)、缺乏合作、强迫性劳动分工"①等等反常的,乃至病态的分化现象,并且力图通过提升"劳动分化和道德提升之间的内在关系"②,来重建社会秩序。一般而言,社会秩序存在三个层次:最低层次是冲突与混乱,中间层次是既不冲突、又不合作,最高层次则是动态稳定,既不冲突、又积极合作。不加控制的分化不可能形成理想的社会秩序,只有实施整合,才能应对秩序问题。

首先,有效的整合机制能够限制个人主义的扩张。社会分化本身是一个传统秩序解构的过程,它在打破旧有社会结构的同时,也为个人发展释放了广阔的自由空间。但是,个人主义的无限上纲和"原子论"的扩散,必将"进一步造成'要求的通货膨胀'""系统自身在不停地激励着个人对次系统不断地优化自己的绩效提出希望和要求"③。这样,个人主义的扩张和整体秩序之间就形成了结构性紧张,只有通过有效的整合,才能在个体与社会之间建立起一种内在的联系,以维持个体与社会之间的平衡。

其次,有效的整合机制能够应对社会冲突的威胁。社会分化并非一个能够自我调整、自我平衡的过程,分化程度过大则容易引发冲突。在现代化进程中,社会分化的速度明显加快,人们的利益格局迅速发生变化,各种社会主体针对资源配置、社会角色、权力获取等利益竞争,形成了大量或潜在或显在的矛盾与冲突。在个体层面,存在着主观世界与现实社会之间是否适应的问题;在社会层面,存在着利益冲突、阶层

---

① Durkheim Emile, *The Division of Labor in Society* (1893), Free Press edition, 1933, 353—410; Durkheim Emile, *Suicide* (1951), New York: Free Press edition, 1966, 145—240.

② Jonathan H. Turner," Emile Durkheim's Theory of Integration in Differentiated Social Systems", *The Pacific Sociological Review*, No. 4 (1981).

③ Luhmann, Niklas: Anspruchsinflation im Krankheitssystem. In: P. Herder－Dorneich/A. Schulter (Hg.): *Die Anspruchsspirale*. Stuttgart: Kohlhammer, 1983, 29.

冲突、文化冲突等压力,要预防和解决这些问题,没有一种整合机制是不可能的。

再次,有效的整合机制能够促进社会合作的展开。社会分化本身就是异质性因素增强的过程,分化的力量越强,社会主体之间的界线就越清晰,基于身份认同的排斥和孤立主义就越明显。虽然"社会分化提出了使社会整合成为可能的文化意义或功能原则的建立问题,"①然而,社会凝聚和社会合作并不能自动生成,而是"完全依靠,或至少主要依靠劳动分工来维持的"②,只有建立和形成有效的整合机制,才能为社会分化设定边界,并为社会发展提供良好的秩序。

3. 分化与整合的平衡:稳健的现代化之路

分化与整合是社会发展的一体两面,二者辩证统一于现代化过程之中,维持二者之间的均衡,是促进现代化稳健发展的必由之路。

首先,有分化无整合,社会必然撕裂。在任何一个社会,没有分化或整合是不可能的。本文在这里使用"有"和"无"来修饰分化与整合,只是说明其程度的高低。现代化的历史表明,在整合程度较低的社会,无序的分化与差异将社会推向撕裂的边缘,最终阻碍着现代化的进程。在亨廷顿看来,不少发展中国家出现政治暴乱和政治动荡的原因,正是由"社会急剧变革……政治体制的发展却又步伐缓慢所造成的"③。以脱离殖民统治获得独立的撒哈拉以南的非洲为例,对"32个非洲样本国家的研究发现,社会不稳定并非一国发展道路中的偶然经历,而是与整合程度低下紧密相关"④。在拉美国家,大多数地区整合程度远远低于分化程度,"占总人口10%的富人占有国民收入的40%,而占总人口

---

① 马尔图切利著,姜志辉译:《现代性社会学——二十世纪的历程》,南京:凤凰出版集团、译林出版社,2007年,第18页。

② 埃米尔·涂尔干著,渠东译:《社会分工论》,北京:生活·读书·新知三联书店,2000年,第26页。

③ 塞缪尔·P.亨廷顿著,王冠华译:《变化社会中的政治秩序》,上海:上海人民出版社,2008年,第4、6页。

④ Donald G. Morrison and Hugh Michael Stevenson," Integration and Instability: Patterns of African Political Development", *The American Political Science Review*, No. 3 (1972).

30%的穷人只获得国民收入的 7.5%,这一比重在世界上是最低的",①民众对政府不满的情绪不断增加,各阶层之间的矛盾和冲突"再次进入高潮期"。② 中国也有类似的教训,新中国成立之前的很长一段时间内,由于缺乏一套有效的整合机制和有力的整合主体,整个社会长期处于四分五裂、动荡不安的状态,现代化的努力屡屡受挫。

其次,有整合无分化,社会必然冻结。对社会进行整合是必要的,但是过度整合却也是可怕的。卢曼就认为,"现代社会如若整合过度,就会因此而受到危害"。其一,过度的社会整合导致过高的社会同质性,就会降低个体的积极性和社会的活力。前苏联时期的过度整合就使得整个国家付出了惨重代价,过于强调整合、权威主义泛滥,"会形成使政体破裂的危险",斯大林时期的高度整合就"造成经济大崩溃"③。新中国成立初期的高度整合虽然有助于巩固政权和国家统一,并在短期内促进了国民经济的迅速恢复与发展,但是随着整合力度的不断增强,个人自由的空间被不断压缩,社会经济发展的进程也就被破坏,"从1958 年到 1978 年二十年时间,实际上处于停滞和徘徊的状态"④,各项事业遭到破坏。其二,过度的整合同时破坏政治发展进程。施密特分析 20 世纪 30 年代的苏联以及法西斯国家,发现国家完全控制了社会,"这将导致国家与社会高度重合"⑤。这样,整个社会"不复存在一个独立的、以履行国家职能为己任的专门机构"⑥,也就无所谓政治结构的专门化了。国家依赖过度动员推进政策意志,对于建构现代国家的合法性权威几乎是无益的。

---

① 江时学:《拉美国家的收入分配为什么如此不公》,《拉丁美洲研究》,2005年第 5 期。

② 袁东振:《拉美国家的社会冲突》,《拉丁美洲研究》,2005 年第 6 期。

③ Claude Ake," Political Integration and Political Stability: A Hypothesis", *World Politics*, No. 3 (1967).

④ 《邓小平文选》第 3 卷,北京:人民出版社,1993 年,第 237 页。

⑤ Carl Schmitt. *The Concept of the Political*, Rutgers University Press, 1976, 22—23

⑥ 李强:《从现代国家构建的视角看行政管理体制改革》,《中共中央党校学报》,2008 年第 3 期。

可见，分化与整合共同构成了社会发展的拱门，任何一方力量过强对于个体发展、社会稳定和政治发展都是有害的。

二、中国社会分化的历史性回归与整合机制面临的挑战

中国社会从来没有像现在这样分化过，但是整合与分化的不同步性、非均衡性，又容易造成个体、社会与国家之间的结构性紧张，进而引发社会矛盾与冲突。在前所未有的大变局中，如何将日益分化的社会单元整合起来，营造一个积极稳定的现代化框架，成为理论工作和实践领域共同面对的问题。

1. 改革开放与社会分化的重启

新中国成立后，强大的政权网络彻底扭转了旧中国"一盘散沙"的局面。强调集体力量的国家缔造者们，通过"国家—单位"这样一种整合机制，"将全中国绝大多数人组织在政治、军事、经济、文化及其他各种组织里"①，促使国家行政系统延伸至社会的各个角落。在特定的时间内，整合优先、控制分化的变革方向，对于巩固国家政权、完成重大建设任务起到了重大的推动作用。但是，整个社会同时也形成了对单位和国家的严重依赖，社会发展的空间被高度压缩，个体积极性受到严重挫伤，政治发展进程被严重干扰。随着时代的发展，这种重整合抑分化的模式越来越阻碍了社会的发展。

改革开放虽然并未明确地提出社会分化的议程，但却在客观上重启了社会分化的步伐，分化的逻辑与现实得到历史的统一。原有的"两阶一层"的社会结构迅速分化为"千层饼"式的差异性结构。总体来看，社会分化不但解放了被束缚已久的生产力，扩展了现代社会的文明因素，而且还为公民社会的成长提供了空间，加速了中国民主和法制化的进程。

2. 社会分化对整合机制的挑战

社会分化在增强社会异质性的同时，还引发出诸多社会问题，许多个体被甩出快速变迁的社会结构，面对"断裂"的社会迷茫连连，缺乏适

---

① 《毛泽东选集》第5卷，北京：人民出版社，1977年，第9—10页。

应和融入的能力；在社会层面，人们利益意识觉醒，在资源竞争过程中滋生出这样那样一些矛盾，威胁社会稳定。不断分化的社会也给原有的整合机制带来了重重挑战。

首先，计划经济向市场经济的转变，改变了整合的基础。改革之前，国家最大限度地掌握着资源配置的权力，只要收紧资源配置的限度，就可以把社会整合起来。引进市场因素以后，资源配置的功能越来越多地由市场来承担，原有的整合机制就逐渐受到分解；同样，国家原来依靠基层单位控制社会的机制，也随着单位的解体而大打折扣，尤其是"一些非单位体制的出现，比如社会群体如下岗群体、流动群体及一些新阶级群体雇主阶级、中产阶级等的出现，很大程度上代替了人的主导的依附群体——行政单位组织"①，这样，国家就不得不考虑对整合组织的改革。

其次，身份社会向契约社会的转变，改变了整合的向度。改革之前，一切以国家需要为杠杆，国家主导一切，社会成员基本上都被划入了工人、农民和干部这三大彼此之间界限森严的身份圈，几乎每个人都具有一种严格的阶级身份。在集体主义思想指引下，国家成为社会生活的最根本向度，为了国家建设什么都可以牺牲。国家往往重汲取轻服务、重发展轻民生，为后来的发展留下了许多后遗症。改革促使身份社会向契约社会转变，扭转了那种"控制－服从"的整合向度，以"权义互约"的形式，明确了国家与社会、国家与公民之间的互动逻辑。

再次，一元社会向多元社会的转变，改变了整合的诉求。改革开放之后，一元化的社会格局被打破，各类社会组织从原有的社会肌体中裂变出来，在公民个体与国家之间形成了一种结构性的张力。它们不但拥有联系各自群体成员的号召力，而且还以不同的形式，向政治系统输入各种压力。一些优势阶层逐渐在政治系统中寻求到有利资源，形成了资源与权力"互强"的态势，拉大了与其他阶层的差距。这一局面的出现对社会结构的现代化相当不利，怎样才能做到既维持社会的多样性，又维护各阶层之间的相对平等关系，对整合机制提出了新的要求。

总而言之，社会发展已经从"抑分促合"的单向整合逻辑，转变为

---

① 周怡：《市场转型理论与社会整合》，《社会》，2005年第1期。

"分化－整合"互动均衡发展的逻辑,寻求社会分化与整合的均衡点,已经成为维护国家改革、发展与稳定的紧迫课题。

三、整合的三种向度:个体适应、社会和谐与政治发展

洛克伍德将整合划分为"系统整合"和"社会整合"两种,前者"关注的是组成社会系统的社会单元之间的关系,后者重点关注的是行动者之间的或有序或冲突的关系"①。实际上,基于研究立场的不同,自整合概念提出以来,它被不同的研究者赋予了三种基本向度。

1. 个体整合:关注主观个体对客观世界的适应

西方自文艺复兴和启蒙运动以来,个人主义的思潮逐渐盛行,人们往往在批判整体优先的过程中,追求个体自由,否认社会作为整体存在的先赋性意义,将个体视为组成社会的细胞。翻看西方社会整合的研究文献,可以看到:追求个体整合的研究向度,滥觞于对"系统整合"理论的批判。在帕森斯之后的大多研究,都关注个体对现代社会的适应问题。例如皮埃尔·布迪厄,其整合概念就十分微观,力图达到个体客观结构与心理结构之间的一致。这种整合的向度由于追问作为自身存在的意义,从而造成20世纪中叶以后关注个人对社会的适应问题,并逐渐成为研究的主流。

2. 社会整合:关注社会各个系统之间的和谐

追求社会和谐是社会整合的重要目标,社会整合概念的最初诞生就与其密切相关。最初使用社会整合概念的涂尔干,在社会分工的基础上提出了"社会团结"的命题,认为"道德结构的完善"和"法人团体"②是社会整合的基础和力量。帕森斯是社会整合宏大理论的集大

---

① D. Lockwood, 'Social Integration and System Integration'; in G. K. Zollschan and W. Hirsh (eds), *Explora－tions in Social Change*, London, Routledge,1964,244－256.

② Durkheim, E. *Professional Ethics and Civic Morals*. Routledge & Kegan Paul LTD, 1957,75.

成者,他在将社会划分为四个子系统的基础上,提出了系统整合框架,认为维持或改变一个社会系统诸力量的平衡就是整合的目标。而芝加哥学派的社会整合也关注解体的社会与个人之间取得一种平衡。后来的吉登斯则更关注社会秩序,从时间与空间的分离、组合来解释社会整合,指出社会的整合就是"考察现代制度是怎样'适应于'时间和空间的"①。大多数中国研究者也认为,"社会整合是指社会利益的协调与调整,促使社会个体或社会群体结合成为人类社会生活共同体的过程"②,主要研究目的是寻求社会体系内各因素的均衡状态。

3. 政治整合:关注政治与社会之间的协调

与社会学家将国家视为社会系统普通的组成部分不同,政治学学者强调国家政治整合的独特作用,认为国家是社会发展和变迁的支点。个体整合与社会整合虽然大多依赖社会力量自我完成,但是,这一过程在很大程度上受到所在政治共同体的制约和影响。

"简单来说,政治整合就是占优势地位的政治主体,将不同的社会和政治力量,有机纳入到一个统一的中心框架的过程。"③从某种意义上讲,不论是个体整合还是社会整合,都或多或少地需要一定的政治力量的干预,社会整合尤其如此。因此,国内的一些学者往往将社会整合与政治整合不加区别地混用,其实二者还是有区别的。政治整合处理的是政治与社会的关系,而社会整合则比较宏大,处理各个系统单元或个体与社会之间的关系。就所依靠的整合力量来看,社会整合多倚重于社会自身,如社区、公民组织等,而政治整合则必然要以政治力量的介入为前提。

总体来看,个体整合、社会整合与政治整合是整合的三个基本向度(见表1),并构成了应对分化的三种应对机制。社会整合的理论,一般较为宽泛和抽象,视角较为宏观;个体整合则关注个体内心世界和适应

---

① 安东尼·吉登斯著,田禾译:《现代性的后果》,南京:译林出版社,2000年,第13页。
② 郑杭生:《社会学概论新修论》,北京:中国人民大学出版社,2003年,第42页。
③ 吴晓林:《国外政治整合研究:理论主张与研究路径》,《南京社会科学》,2009年第9期。

问题,因而较为微观;政治整合作为一种亟待建构的理论,应聚焦于政治和社会的关系,需要在微观和宏观理论之间,努力构建一种中观理论。

表 1 三种整合类型的比较

类别	所处理的核心关系	第一层目标	第二层目标	主要依靠力量	学科领域
个体整合	主观世界与客观世界	个体适应	个体发展	社会力量	心理学、社会学
社会整合	社会系统之间关系	社会稳定	社会发展	社会力量	社会学
政治整合	政治与社会关系	政治(社会)稳定	政治发展	政治力量	政治学

四、寻找社会分化与整合的均衡机制

市场主导的社会分化已经不可逆转,追逐本体利益的分化机制虽然激发了社会活力,但是分化与整合之间的失衡,又是构成社会结构性紧张的主要原因。与此同时,社会分化与整合又同时面临着自身的困境。前者既面临分化空间不足的问题(如工农阶层向上层流动困难),又面临分化程度过高的问题(如贫富差距过大等);至于整合,则既缺乏一套全面而现代的整合意识(如个体的发展没有得到充分重视),又面临局部过度整合的问题(如户籍制度仍然束缚人们社会流动)。在现代化进程中,寻找分化与整合的均衡,就必须将个体发展、社会和谐和政治现代化统一起来(见表2),三者缺一不可。

表 2 现代化进程中的整合"五部曲"

整合环节	主要内容	处理关系	解决问题	主要目的
有效容纳	充分就业、提高竞争力	个人与市场关系	解决市场资源配置问题	个体适应
维持秩序	打破阻碍社会分化的梗阻	市场与社会的关系	保障社会分化的秩序	社会稳定

续表

整合环节	主要内容	处理关系	解决问题	主要目的
社会建设	平衡社会结构	社会各群体的关系	解决社会资源分布问题	社会发展、个体发展
政治参与	赋予政治功能	社会与国家的关系	协调社会与国家关系	政治稳定、政治发展
双向认同	权利与义务互约	个体与国家的关系	调整公民与国家关系	个体发展、政治发展

有效容纳。这里的容纳主要指的是市场容纳,在现代化进程中,市场是社会分化的主要动力,能够获得就业机会是社会分化的前提,反之,失业问题不但会引发个人问题,阻碍社会分化进程,而且严重时还会破坏社会稳定。因而,要继续支持市场在资源配置中的基础性地位和作用,将社会成员最大限度地纳入现代化建设中来。但是,市场只负责提供机会,却不能确保人人都能够把握机会,有些阶层要么被排斥在市场以外,要么缺乏向上流动的能力与机会,很容易造成他们与中心制度和其他阶层的疏离。要解决这些问题,只能依靠"有形之手"进行干预。首先要充分确保市场配置资源的地位,减少行政干预;其次,通过有计划的教育培训促使各个阶层具备参与市场的能力;最后,发挥公共权力的"兜底"功能,确保未进入市场的群体的安全,通过二次分配促使获益较少或利益受损的阶层分享社会发展的收益。

维持秩序。最大范围地将社会成员纳入社会中心之后,促进社会良性分化、维持阶层关系,就要更多地依靠政治整合的力量了。由于初始条件、机遇机会和能力差异等因素的作用,社会上还存在着不少不公平和不公正的现象,严重威胁着正常的社会流动和分化的秩序。究其原因,在市场经济的制度安排下,权力因素不但具有干预市场的合法地位,而且还能直接参与部分资源的配置,这就为权力参与阶层再生产甚至寻租提供了可乘之机。部分与行政权力紧密相连的阶层,力图继续保持身份上的优越,继续从社会转型中获利。他们或者自身就是权力与资本的结合体,或者积极寻求与其结盟。在优势阶层抱团维护利益,其他社会成员分散追求生计的背景下,甚至连"处于发育期的'新中产阶层'也正在遭遇'精英陷阱'",①导致社会结构变迁呈现出"上层阶级化、下层碎片化"②的总体图景,必须摒除权力对阶层分化的不规则干预,打破阶层固化和阶层继承的不公平堡垒,为社会分化确立公平合理的秩序。

社会建设。在政府主导的发展模式下,社会力量的成长客观上是受到挤压的。在分化社会中,一个政府、市场、社会各司其职,互相配合的功能体系,才能成为变革社会的稳定框架。因此,社会建设的工作必须引起我们充分的重视。从内容上看,社会组织的功能理应包含两个方面,一是组织和参与公共生活,通过互助合作,在一定范围内自我管理社会事务,促进各阶层对社会的适应;二是介入政治生活,既要填补国家权力退场之后的空白,又能形成制约权力膨胀的社会力量,避免政治系统对社会的过度整合。前者为后者提供政治参与的经验和素养,后者则为前者提供支持资源和能力。当前,社会民间组织虽然得到了相当的发展,但是其作用空间和分布领域都受到客观条件的制约,在一些急需组织共同生活和争取发展资源的领域,还缺乏必要的组织形式,影响了社会结构的平衡。因此,应当鼓励和培育社会组织的成长,保持社会组织在公民生活中的积极作用。

政治参与。社会分化之后,公共权力与谁结合,向谁倾斜,成为影响社会分化、社会均衡的有力杠杆。将新兴阶层和新生力量纳入进政治体制,是适应社会结构变化,维护社会稳定的必然要求。改革开放以来,党和国家面对各种新兴社会阶层,开展了有针对性的整合,例如先后通过保护合法财产、赋予合法身份、政治吸纳等措施对新兴阶层进行整合。但是,这种选择性的整合措施,却促使传统阶层也是主要阶层(农民和工人)的社会地位相对下降了。这种关注于"点"而忽视"面"的整合机制,可能又会引起新的不均衡。因此,在分配政治资源时,必须要具有全局意识,促使社会适时地进入"总体整合"的时代:既赋予新阶

---

① 张宛丽:《中国"新中产阶层"面临"精英排斥"》,《人民论坛》,2007年第9期。

② 孙立平:《警惕上层寡头化、下层民粹化》,《中国与世界观察》,2006年第3期。

层、新结构以相应的政治功能,促进政治结构的专门化和政治能力的提升;又尊重和重视其他各阶层参与现代化建设的行为和贡献,营造一种有序参与的"公民意识",完善国家与社会互动的政治过程和公共政策,促使社会进步成果的公平分配。

双向认同。一般而言,整合成功的标志在于个体对组织的认同和忠诚,但是,在现代社会中,"只讲服从不讲利益",或者"只讲义务不讲权利"的单向整合,已经越来越缺乏影响力,尤其是在身份社会向契约社会的转换过程中,契约规定了各自的权利和义务,社会中的个体与他人或组织之间转化为一个"双向互约"的过程。在权利意识和法制意识觉醒的时代,不论是国家还是公民都应该认识到,公民参与既是国家政治生活的需要,也是公民的权利。我们过去奉行的由政府包办的"国家主义"不能解决所有问题,而且还留下了很多服务于个体发展的历史旧账。只有在承认和维护共同利益的框架内,充分保护公民权利,尊重公民参与政治、自我管理的意愿,转换整合的思路,才能更柔性地吸纳社会各个层面的意见,提高政府在社会中的公信力和合法性,从而达到政治与社会、国家与公民之间的相互认同。

通过以上五个环节,才能有效地应对社会分化带来的问题,促进社会分化有序进行,同时,充分发挥市场、社会和政治系统的作用,维护社会稳定,进而促进个体的发展和政治的现代化。

原载于《河南大学学报(社会科学版)》2012年第3期;《新华文摘》2012年第14期论点转载;《中国社科文摘》2012年第10期转载

社会冲突的常规化管理：必要性、障碍与路径选择

韦长伟①

频繁发生的群体性事件折射了转型时期中国社会冲突的激烈性、对抗性和暴力性。以街头式集体行动呈现的冲突，从某种意义上说是公众表达和维护自身利益的一种非理性的过激行为，即一种机制性抗争。但是，它无疑会冲击社会秩序和社会稳定，需要政府的干预和管理。而且如果处理不好，对抗和暴力容易升级，造成重大的负面效应和社会损失。可以说，当前政府对冲突的管理体现了更多的应急性色彩，而常规管理则显不足，经常是"亡羊"后的"补牢"行为。这种撞击—反应式的应急性逻辑在实际的冲突管理中往往是借助公权力的强制性和施压机制，虽然能够取得冲突的快速解决，有时甚至是必不可少的，但是暂时的表面平静并不足以确保深层的、长期的稳定。因此，如何在规范应急化管理之余，探索社会冲突的常规化管理机制，促使冲突管理进入常态轨道、纳入制度框架，这才是走出当前"越维越不稳"怪圈的关键。

针对中国社会多发的冲突事件，很多学者从应急化管理角度进行了深入的探索和研究。有研究指出，地方政府在冲突应急处理中的机会主义行为不仅延误了最佳处理时机，而且直接导致了冲突扩大化，②所以加强应急化管理是当前政府应对冲突的直接而有效的重要课题和

---

① 韦长伟(1984—)，男，山东临沂人，南开大学周恩来政府管理学院博士生。
② 刘德海：《群体性突发事件中政府机会主义行为的演化博弈分析》，《中国管理科学》，2010年第1期。

任务。为此,学者们主要集中关注了以下几个方面的问题:1.作为政府应急化管理指导性框架的"一案三制";①2.处理重大突发事件的九大应急机制;②3.作为应急处置主体的政府在冲突中的主要作用;③4.政府在冲突过程中如何开展舆论引导与危机公关;④5.政府从事冲突应急化管理的过程和内容;⑤6.政府的冲突应急能力存在的问题及改善,⑥等等。此外,在冲突的现场应急处置研究中,学者们强调了"三个慎用""四可四不可"的指导原则,以及地方领导第一时间亲临现场,直接与群众面对面交流和对话,及时疏导情绪、疏散人群等等。

从以上的论述不难发现,目前的研究大都将冲突纳入突发事件的范畴,从应急化管理视角探讨政府的应对行为是否适当、如何改进。就目前而言,中国的冲突管理实践和研究更多的是关注如何应急,在西方则恰恰相反,西方社会的冲突管理已经成为一种常态行为。应急化管理侧重于迅速平息事态、恢复秩序,只要控制冲突不再升级就算完成了任务,它集中体现了政府在突发事件和紧急情况下的常规化管理的能力。因此,冲突的应急化管理固然很重要,但是这还不够,从实现深层稳定的意义上讲,如何在加强应急处置水平的基础上提高常规化管理能力,通过常规管理防止冲突的扩散和升级,应当引起我们更多重视和关注,本文试对此作一系统的探讨和研究。

---

① 钟开斌:《"一案三制":中国应急化管理体系建设的基本框架》,《南京社会科学》,2009年第11期。
② 王宏伟:《重大突发事件应急机制研究》,北京:中国人民大学出版社,2010年,第13—14页。
③ 陈月生:《群体性突发事件与舆情》,天津:天津社会科学院出版社,2005年,第107—177页。
④ 邹建华:《突发事件舆论引导策略》,北京:中共中央党校出版社,2009年,第7—64页。
⑤ 李丽华:《群体性事件应急决策支持系统的研究》,《中国人民公安大学学报(自然科学版)》,2009年第3期。
⑥ 肖文涛,林辉:《群体性事件与领导干部应对能力建设论析》,《中国行政管理》,2010年第2期。

一、实现冲突常规化管理的必要性

冲突的常规化管理,是指在常态条件下政府通过建构明确的制度和程序,安排专门人员、部门,合理规划资源布局,加强技能培训,发挥社会力量的协同作用,在日常生活中实现对各种冲突问题的常态化、经常化和规范化管理。冲突的应急化管理则是针对冲突发生后特别是扩散和升级阶段,对冲突的强度和烈度进行及时控制和妥善处理的过程,它实际上体现了非常规条件下政府的管理能力。

从常规化管理与应急化管理的关系来看,应当加强冲突管理的常规化。常规化管理和应急化管理的区别主要体现在四个方面。首先,实施主体不同。前者是一种"一主多元"的模式,即以党政机关为主导,充分发挥企业和各种社会力量的互补和协同作用;后者在实际中明显以党政系统尤其是行政机关为主体,社会性的冲突化解机制相对不足。其次,存续时间不同。两种管理方式"占据两种交替性的、互不隶属的时间结构,即短暂的时间结构和连续的时间结构"①。也就是说,常规化管理是一种经常性、连续性的管理,先于应急化管理而存在;而应急化管理则强调冲突发生之后的紧急处理和善后救济,是一种紧急事态下的快速反应状态,具有时限性,并且最后还必然要回归常规化管理状态。再次,行政权力介入的强度不同。与常规化管理不同,应急化管理要紧急反应和快速应对,因而行政权力的介入更集中,更明显,强度更大。最后,程序要求不同。应急化管理面对的是突发性、破坏性、严重性的无序冲突,与常规条件下管理要遵循较为严谨规范的程序不同,这时的管理目标是抑制冲突的扩大和蔓延,迅速控制事态,程序上要求简便和高效。② 前者追求长期而深层次的平稳,而后者则要求实现即时性、直接性的立竿见影的效果。

从当前中国社会冲突的生成过程来看,偶然中蕴含着必然,非常规

---

① 戚建刚:《行政应急化管理体制的内涵辨析》,《行政法学研究》,2007年第1期。

② 戚建刚:《行政紧急权力的法律属性剖析》,《政治与法律》,2006年第2期。

的爆发中耦合了日常管理不当与失位,所以对冲突的管理必须实现常规化。中国目前处于社会转型时期,同时也是冲突的多发期,冲突成为社会发展的常态。进入新世纪以来,冲突及其管理成为政府和社会一个老生常谈的问题。冲突一次次突发,一波比一波剧烈,而政府却是每每出现管理的无效和缺位,其行为饱受争议和批评。从冲突发生和激化的过程不难发现这样的规律性:"起因一般很小-基层反应迟钝-事态升级爆发-基层无法控制-震惊高层-迅速处置-事态平息";①冲突中反映的都是群众关心、关注的最基本的问题,并且长期得不到有效处理;经历了"民怨-民愤-民怒"的漫长发酵,"小事托大、大事托炸",最终怒气不期然地大爆发,以致地方政府经常措手不及。为什么政府的管理总是滞后于冲突的产生和爆发?为什么在报道中见到的总是各地政府疲于"救火""亡羊补牢"?为什么在一次次如此惨痛的教训面前仍然不知所措?这一个个问题、一次次冲突说明地方政府的常规化管理做得不到位,职责没有履行好,服务没有保障好。因此,在当前冲突及其各种诱发因素已然成为社会常态的情形下,有必要将其纳入日常管理的范畴,在常态管理中提升应急能力。

二、实现冲突的常规化管理所面临的障碍

社会变迁本身并不必然导致大规模的冲突,只有当一个社会的冲突及其管理不能及时实现制度化、常规化时,社会变迁才会成为冲突生发的温床。从西方国家的冲突管理经验来看,冲突的常规化管理非常重要,否则,冲突就会以破坏性的方式冲击社会制度,破坏社会秩序,危害社会稳定。冲突管理的有效性无形中已经成为当前和今后相当一段时期内政府威信和权威的重要来源,为此,实现冲突的常规化管理就具有重要的作用和意义。但是,在目前状况下,中国实现这一目标面临着各种各样的体制性和现实性障碍。

---

① 黄豁等:《"体制性迟钝"的风险》,《瞭望新闻周刊》,2007年第24期。

(一) 压力型体制平添维稳压力

所谓压力型体制,是指"一级政治组织(县、乡)为了实现经济赶超,完成上级下达的各项指标而采取的数量化任务分解的管理方式和物质化的评价体系"。它实际上是一种政治承包制,主要评价方式是一票否决制,即"一旦某项任务没有达标,就视其全年工作成绩为零,不得给以任何先进称号和奖励"①。其中,经济发展和社会稳定是最重要的两个指标。压力型体制将这种指标作为领导干部考核提拔的依据带有"零和博弈"的性质,完成任务指标就是"一切"和"全好",否则就是"零"和"全坏"。以社会稳定为例,近几年来凡是发生较大群体性事件的地方,主要负责官员几乎都遭受了党纪和政纪处分。为了稳定目标,地方政府怪招频出,例如设立"维稳基金"、缴纳社会稳定"保证金"、上访闹事"株连制"等等。身处稳定压力下的地方政府往往追求形式上的、表层的平静,只要不出事、没有闹事、没有上访、不发生群体性事件就是"稳定"。从实际效果来看,压力型体制是导致"越维越不稳"的主要根源。

(二) 社会管理行政化导致"一家独大"格局

当前中国,在其他社会管理主体尚未成熟的情况下,政府一直作为社会管理的重要主体,甚至是唯一主体,社会对政府管理形成了路径依赖,造就了政府主导的社会管理格局。但是,在现实社会生活中,政府并不是现代社会管理的唯一主体,随着市场经济的不断成熟和公民社会的逐步成长,大量的企业组织和社会组织可以逐渐承担起越来越多的社会责任,整合各种社会资源,从而推动多中心社会治理格局的形成和发展。然而,习惯了大包大揽和发布行政命令的政府,在短时期内很难摆脱全能主义的施政观念和行为惯性,以致政府惯于揽事,经常忙于"划桨",这样做的结果便是经常面对各种冲突、疲于应付、不堪重负。政府在冲突管理中出现了定位不准、角色混淆、忽视社会力量的积极作用等问题,总是处在冲突的风口浪尖,从管理者、仲裁者降格为冲突的

---

① 荣敬本等:《从压力型体制向民主合作体制的转变》,北京:中央编译出版社,1998年,第28—35页。

一方,成为冲突矛头的指代对象甚至是替罪羊。

(三) 行政惰性滋生体制性迟钝

行政惰性是指行政主体在管理中缺乏主动性和创新意识,做事依赖"等"(等领导批示、命令)、"靠"(依靠集体或组织分散责任)、"拖"(拖延、慢作为)、"推"(向上或向下推给别人)。行政惰性容易滋生体制性迟钝,即在冲突已经成为转型社会的常态时,地方政府在冲突的产生和发展过程中仍然"反应迟钝,信息失真,处理失当,往往走入'小事拖大,大事拖炸'的怪圈,集中暴露出应急能力的薄弱"①。根据媒体报道和相关研究,近几年多数冲突事件的爆发尽管有其偶然因素,但是大都经历了"民意—民怨—民怒"这样一个从量变到质变的发展过程。而在这个冲突能量不断积聚的过程中,地方政府的预警系统、矛盾排查和调处机制对此却"毫无觉察"或是行动迟缓,原本在乍现之初就能及时发现、有效化解的冲突在不断累积中达到爆发的极值或拐点。正如达仁道夫所言:"冲突能量的聚集与日俱增,形成日益紧张的对峙。形势犹如一个火药桶,只需要一点儿火星——一点儿希望的星星之火……或者一点儿动荡不安的星星之火……随即就会轰隆爆炸。"②

(四) 冲突过程兼具合法性与非法性造成管理困境

身处转型期的中国,缺乏利益表达、利益协调和利益整合的有效制度和通畅渠道,制度外的街头集体行动无奈成为最后的表达方式和救命稻草。冲突的制度外表达和释放增加了政府要面对的不确定性和无序性,"制度外的集体行动面临严重的合法性困境,因为难以制度化而缺乏存在的空间,而只有处在制度化边缘的群体利益表达行动具有某种含糊的合法性"③。这可以从当前中国频繁的冲突事件中得到印证,

---

① 黄豁等:《"体制性迟钝"的风险》,《瞭望新闻周刊》,2007年第24期。
② 拉尔夫·达仁道夫著,林荣远译:《现代社会冲突——自由政治随感》,北京:中国社会科学出版社,2000年,第8页。
③ 应星:《草根动员与农民群体利益的表达机制——四个个案的比较研究》,《社会学研究》,2007年第2期。

参与群众的合理要求与不合法行动、无理要求与非法行动,杂乱无序地交织在一起,因为合理而底气十足,因为得不到解决而试探性地打擦边球。在这种情形下,冲突要么因为合法性不足而诱发强制性处置,要么因其半合法性而遭遇管理上的两难困境。也就是说,冲突本身表现出的合法性困境和不确定性使之很难实现常规化的管理。

(五) 地方政府公信力不足引发公众的不信任

换个角度来看,政府的公信力即社会公众对政府的信任,是对政府角色和行为的一种正向预期。在冲突的第三方干预中,信任是影响冲突管理过程和效果的一个重要因素。有学者对中央、省、市、县、乡五个层级的政府信任调查发现,公众对政府的信任从高到低呈现一种递减的趋势,越到基层,对政府的不信任程度就越高。① 对地方政府的不信任是各种谣言滋生蔓延的温床,而谣言的急速传播反过来又进一步加剧了对其的不信任。公信力衰弱对政府作为第三方成功地管理冲突构成了极大的潜在障碍,针对政府的谣言几乎在每一个冲突性事件中都或多或少地存在着,并激化着已有的矛盾,刺激了情绪狂躁的人群,最终酿成公众与地方政府的激烈对抗。

三、改进冲突常规化管理的路径选择

采用冲突发生时的思维模式不能真正有效地使冲突得到解决,冲突的应急化管理其结果也只能是治标不治本。从根本上说,成功的冲突管理有赖于常规化管理的加强。因此,作为管理者,要转变思维,变被动应急为主动出击,做到早发现、早控制、早处理,由事后救火到事前防火,推动由侧重冲突的应急化管理向更加重视常规化管理转变。当前,实现常规化的冲突管理可以进行以下一些尝试。

(一) 实现冲突管理的常态化

冲突管理的常态化,是指允许冲突以理性的方式、通过制度化的渠

---

① 胡荣:《农民上访与政治信任的流失》,《社会学研究》,2007年第3期。

道进行正常的表达,使冲突表达趋向正常化,使冲突及其管理成为常态社会生活的一部分,而不再是一种过度的、异常的突发现象。社会转型时期的中国,冲突已经从隐性变为显性,从零星化的、原子化的个体行为走向集体行动。但冲突并非社会病态,而是任何一个处于变革和转型时期的社会所共同面临的问题。当前中国出现的冲突主要源于利益纷争和利益诉求,可以说是一种特殊的利益表达方式,属于人民内部矛盾,因此对冲突不应过于敏感,相反应该"脱敏"。中国社会冲突爆发的偶然性、突发性较强,预防系统失灵,一方面源于缺少常态化的冲突表达渠道,另一方面是因为已有的表达渠道淤塞,无法实现有效地降温、减压。

实现冲突管理的常态化,首先是提供常设的表达渠道和互动平台,除了学者们一般述及的途径外,要进一步改善和创新表达方式。例如设置公共论坛———一种"在交往行动中产生的社会空间",它可以设置于公园、广场,也可以设置在虚拟的网络。它是一种意见和观点的互动平台,经表达、过滤和综合集束成为公共意见或舆论,并使之有机会进入政策制定的议程。① 其次是冲突应对和管理所需资源、机构和专门人才的常态设置。西方国家大都建立了专门处理冲突的部门,如法国的共和国安全连,英国的警察支援小组等。当然,我国政府成立的综治办、维稳办等,可以说是常态化管理的有益探索,但是,居于冲突调处一线的工作人员特别是警察的管理观念有待转变,同时还应掌握一定的沟通技巧、心理战术、劝导策略等。冲突调处一线的工作人员现场应对经验不足,多是由于紧急抽调,仓促上阵,结果往往是应对不当,管理者反而成为群众的"出气筒"。

(二) 实现冲突管理的制度化

冲突管理的制度化,是指冲突管理由不固定方式转化为固定化模式,创设冲突管理的各种规则架构,以制度为依据干预、调整、控制社会成员的相互关系和互动行为,将冲突和冲突管理纳入制度管理的框架,

---

① 哈贝马斯著,童世骏译:《在事实与规范之间——关于法律和民主法治国的商谈理论》,北京:生活·读书·新知三联书店,2003年,第445—446页。

使制度化成为冲突管理的长效机制。制度以条文的形式对冲突管理的内容、范围、方式,对冲突各方和冲突管理者在冲突中的责任和权利等做出明确的规定,引导和规范各方的行动使其符合角色期待。通过这种方式,使人们建立起合理的社会预期,进而来影响行动者的行为。这种影响可以通过两种方式和途径发挥作用:一是提供其他行动者如何行动的信息;二是提供对不遵守规则的人给予应有制裁的合理预期。① 从西方国家冲突管理的实践经验来看,冲突的有效管理在很大程度上取决于社会制度对冲突的容纳和调适能力,取决于社会制度的自我调整和创新能力。最有效的冲突管理无疑要依靠必要的制度体系,在各种制度规范内展开的对抗、冲突,不会对社会稳定和社会体系造成过度的冲击。

冲突管理的制度化给予公众一种相对稳定的、正向度的社会预期,它有助于重塑公众对政府的信任,防止因预期不固定而产生恐惧感和不确定行为。因此,对于一个成熟的社会而言,建立和完善各种制度体系以及培养社会成员对制度的认同、服从更甚于直接的冲突管理。这里所说的制度必须至少满足以下三个要件:首先,制度安排本身必须是公正的,符合善的标准。邓小平曾经指出:"制度好可以使坏人无法横行,制度不好可以使好人无法充分做好事,甚至会走向反面。"②如果制度体现了公平、正义的价值,则认同率和支持率就高;反之对制度的认同率就会较低,反抗率也就较高。其次,要严格执行制度,照章办事。最后,对违规行为的惩罚设计是制度运行的保障。

(三) 实现冲突管理的程序化

冲突管理的程序化,是指根据冲突的具体情况,依照法定的程序安排和调用警力,并采取相应的措施。程序是实现制度化的基石,其要义

---

① 杰克·奈特著,周伟林译:《制度与社会冲突》,上海:上海人民出版社,2009年,第51—56页。
② 《邓小平文选》第2卷,北京:人民出版社,1994年,第333页。

在于它明确地告诉人们所要采取的行动步骤和方式。① 在冲突中,各方对什么是公平的结果可能持有不同的观点,有限的资源不可能满足所有冲突当事人的需求,况且也不可能实现绝对的公平,但是对程序的认可和遵从能够使当事人更容易接受和执行冲突管理所产生的最终结果。中国的法律传统和社会管理恰恰缺少对程序的重视和关怀,目前中国对冲突的处理多以原则性规定为主,缺乏专门、细致的法律操作程序。因此,要提高政府冲突管理的有效性,建立和遵循公平的管理程序尤为重要。当前应该在两个方面有所侧重:一是冲突管理的启动程序,主要涉及"由谁决策,判断事件属性、危急程度及警力配置等一系列问题"。目前启动冲突管理的主体是地方党政领导,但是要进一步落实启动程序的制度化建设,减少其随机性和盲目性。二是具体的管理控制程序,主要涉及"警察强制措施、警械以及武器使用等问题",对执法中自由裁量权的行使设置"必要界限"和"底线"②,同时以固定程序来明确在何种冲突情境、何种冲突水平下采取(或不采取)一定的强制性的措施。

(四) 实现冲突管理的层次化

其一,引导性管理。引导性管理的目标在于实现有序的、理性的冲突表达。冲突管理者与冲突参与者实现积极互动,变被动处理为主动管理,变滞后反应为超前预防。一定程度的组织化有利于对冲突的管理,但现实中,很多冲突并"没有明确的组织者""找不到磋商对象",如近两年兴起的集体"散步""购物"。当前中国的集体抗议行动大都是处于弱组织化状态,没有强有力的组织形态为依托,③在群体利益表达过程中即使存在草根动员,可以在一定程度上增强行动的组织性和理性

---

① 陆平辉:《论现阶段我国社会利益冲突的法律控制》,《政治与法律》,2003年第2期。
② 魏新文,高峰:《处置群体性事件的困境与出路——以警察权的配置与运行为视角》,《中共中央党校学报》,2007年第1期。
③ 徐晓军,祝丽花:《"弱组织"状态下乡村集体行动的产生逻辑》,《青年研究》,2008年第10期。

控制，但是并不具有正式甚至非正式的组织形式，仍属于弱组织化状态。引导性管理就是要引导公众学法、守法、用法，在法律的范围内理性地对待冲突，按照法定的程序进行意见表达，运用法律的途径维护正当权益。这种管理主要是在冲突之前，明确告知参与者应该遵守的法律、拥有的权利和法律禁止的行为；与组织者进行协商，并提供建议和指导，这样就会在无形中引导冲突的表达遵照必要的规则和程序进行。

其二，控制性管理。控制性管理的目标在于控制事态发展，避免冲突升级。巴黎警方在游行期间的一系列执法行动是控制性管理的最好例证，这些行动包括"沿线巡察，做好安全防范工作；分段戒严，部署警力；隐蔽待命，避免正面冲突；冷静观察，适时介入"①。在冲突过程中，由于不适当的情绪传染、流言传播等偶发因素，难免使事态发展出现扩散和升级的趋势，如果对这种趋势不加注意和控制，管理者的消极作为很可能向参与者传递错误的信息，误导参与者做出进一步的行动，致使冲突危害扩大化，进而加大冲突管理的难度。因此，这一阶段的管理就是要控制和约束参与者出格和越界的倾向和行为，将冲突控制在一定的范围内，避免事态的扩大和升级。

其三，强制性管理。强制性管理的目标在于抑制暴力，恢复正常的秩序。这一阶段的管理针对的是冲突过程中违法破坏行为和暴力行为。法律的权威和尊严是以强制和制裁作保障的，对待那些不法行为决不能姑息养奸。对于藐视法律、破坏社会秩序的行为，不应该存在强制力的过度慎用现象，否则只会造成施暴者的有恃无恐。强制性管理阶段做出的惩罚必须是有效的，能够切实达到对违法犯罪行为的威慑和遏制的效果，防止骚乱事件的滋生和蔓延。这样的惩罚必须是迅速的、可靠的、公正的，和强有力的，足以让违规者有所顾忌，从而尽快平息事态，恢复社会正常秩序。

原载于《河南大学学报（社会科学版）》2012年第4期；《新华文摘》2012年第18期转载

---

① 范明：《中外"群体性事件"问题比较研究》，《中国人民公安大学学报》，2003年第1期。